乡村人居环境营建丛书

浙江大学乡村人居环境研究中心

王　竹　主编

乡村社区空间形态低碳适应性营建方法与实践研究

吴盈颖　著

国家自然科学基金重点资助项目:“长江三角洲地区低碳乡村人居环境营建体系研究”(51238011)

东南大学出版社
SOUTHEAST UNIVERSITY PRESS
·南京·

内 容 提 要

"重规模轻结构，重建设轻管理"，"揠苗助长"的城镇化挤压了乡村社区的边缘界态，其空间形态受到规模增长和结构重塑的双重压力。当低碳视野下对人地关系的关注不足时，易形成技术的简单堆砌，而呈现空间形态结构的失稳、失调和失和。

本书提出"空间形态低碳适应性"内容体系，建构基于复杂适应系统思维和视野下的研究框架。从碳脉结构识别、适应单元构造、影响因素分级、过程机制建构再到最终形态营建，研究空间形态各组分与碳排放在空间形态适应性过程中的相关性，并调适与诊疗其中的关键路径，以实现降碳减排目标。

图书在版编目(CIP)数据

乡村社区空间形态低碳适应性营建方法与实践研究/吴盈颖著.—南京:东南大学出版社，2017.11

(乡村人居环境营建丛书/王竹主编)

ISBN 978-7-5641-7467-5

Ⅰ.①乡… Ⅱ.①吴… Ⅲ.①乡村规划—研究—中国 Ⅳ.①TU982.29

中国版本图书馆 CIP 数据核字(2017)第 270842 号

书　　名:乡村社区空间形态低碳适应性营建方法与实践研究

著　　者:吴盈颖
责任编辑:宋华莉
编辑邮箱:52145104@qq.com

出版发行:东南大学出版社
出 版 人:江建中
社　　址:南京市四牌楼 2 号(210096)
网　　址:http://www.seupress.com

印　　刷:南京玉河印刷厂
开　　本:787 mm×1 092 mm　1/16　　印张:15.5　　字数:336 千字
版　　次:2017 年 11 月第 1 版　　2017 年 11 月第 1 次印刷
书　　号:ISBN 978-7-5641-7467-5
定　　价:58.00 元

经　　销:全国各地新华书店
发行热线:025-83790519　83791830

本社图书若有印装质量问题，请直接与营销部联系。电话(传真):025—83791830

序

本书源自于吴盈颖2016年完成的博士学位论文《乡村社区空间形态低碳适应性营建方法与实践研究》。2011年，吴盈颖作为我的直博研究生进入浙江大学学习。在读博期间参与了浙江省安吉、德清等地多个乡村营建的调研与规划设计的实践，随后前往日本北九州大学进行访学和联合培养，期间对人居环境低碳减排策略与方法等进行了学习与研究。回国后，我们进行了深入的学术交流，她表达出了对乡村空间营建中的低碳适应性策略与方法产生了较大的兴趣，这样就顺其自然地进入到了我承担的国家自然科学基金重点资助项目“长江三角洲地区低碳乡村人居环境营建体系研究”的课题研究中。

乡村中的农居建设是城镇的3～4倍，过去相当长一段时间城乡经济差距的拉大，并未突显出乡村能耗消费比重的重要性，随着城乡收入差距逐步缩减，农居建设进入第三次更新换代的高峰时期，短短五年间，我国新建乡村住宅面积已近30亿m^2，乡村人居环境的能耗水平亦随之发生巨大变化。此外，人居环境的能源结构异动调整、非生态性消费型城市社会风气的传播和土地利用的持续粗放发展，均对乡村地区整体碳排放的降低构成较大阻力。乡村人居环境营建需要科学、合理的引导，以“控制碳源、调配碳流、构建碳汇”为出发点，形成以优化、制约的机制协调和基于乡村整体营建、社区单元管控、建筑形态建构等方面的策略。显然，低碳化发展是资源约束条件下，建设乡村人居环境可持续发展的理性必然选择，可化解城镇化引发的可能高碳风险以及防止乡村异质化的发展倾向。

从“低碳乡村”的概念出发，其重点应围绕“乡建”展开。乡村走低碳化路线，是应对全球性气候变化与能源危机，响应国家行动与政策、社会文明转型的理性选择，也符合乡村本身的核心价值和长远价值。结合中国乡村实际，低碳乡村是自然、经济、社会复合的低碳系统，包括意识形态、生态环境、基础设施、用能结构、建筑营造等多方面，是一种可持续的乡村建设与发展模式。

基于上述乡建的背景与问题，本书中的研究内容针对当前发达地区乡村人居环境建设中出现的功能失调、发展失序、增长失衡的现象，提出乡村人居环境低碳化营建理念的必要性，从调控具有适应性特性的乡村空间形态入手，提出“空间形态低碳适应性”的观念和方法，对乡村空间形态的营建与发展进行了深入思考与研究，研究内容具有重要的理论价值与现实意义。本书借用了相关学科的原理和成果，以复杂性思维为视角，从整体上建立起乡建与建筑学本体的关联，并开展了内容广泛、工作量充足的研究工作。建立了基于“空间形态低碳适应性”的研究框架、内容体系和计量模型，剖析了乡村空间形态与碳排放之间的相关性，从低碳的定性研究延伸到量化对比分析，建构了一套较为完整的模式机制与方法体系。这些结果对于推动乡村社区的低碳发展提供了有益参考。

在该书付梓之际，将该书推荐给广大读者，希望有更多的乡建参与者们去探索“低碳乡村”的营建方法与途径，为实现乡村振兴做出贡献。

王竹

2017 年 10 月于求是园

前 言

“揠苗助长”的城镇化挤压了乡村社区的界面边界和空间组织，使“重规模轻结构，重建设轻管理”渐成“新常态”。乡村社区空间形态正受到规模增长和结构重塑的双重压力，具体表现为建成区与外部环境的共生关系不明，内部团组布局的关联度降低，单体宅院加建与增生频发，秩序语言混乱，主旨不明晰。空间形态映射下的土地与自然环境，不再是唇齿相依的伙伴而逐渐沦为背景，变得简单而机械化。“乡愁”，“愁”的不仅仅是对过去乡土风情的怀念，更是在面对乡村人居环境凸显种种问题时，对未来乡村资源如何合理利用的担忧，其现状发展和城镇区域一样，需要低碳化的良方加以约束与引导。

本书正是基于乡村人居环境低碳化发展诉求的迫切现状，以及导师国家自然科学基金重点资助项目(51238011)“长江三角洲地区低碳乡村人居环境营建体系研究”的学术背景而展开。依循研究缘起、原型识别、理论架构、路径推导和体系营建的逻辑顺序，进行论述分析和实证研究。

第 1 章，从全球气候极端变化、城镇化进程下乡村社会发展的需求出发，提出乡村人居环境低碳化诉求的必要性和理性转型的必然性。明确主要研究对象和基本概念，并对低碳认知误区进行反思，梳理相关理论、研究动态和实践现状。

第 2 章，对长期而固有的乡村社区空间形态，从纵向的层次构成到横向显隐性结构要素的组织关系，进行抽析厘清和深度剖析，揭示空间形态的共通“形式结构”和一般原则，判断其结构碳锁定作用，即碳循环过程的强度、方向和速率受制并影响空间形态的利用方式、规模和效率。明确从调控空间形态的适应性能力入手，是提高碳循环效率、缓解碳输出压力的重要手段。

第 3 章，为进一步阐释空间形态的适应性能力和结构碳锁定作用，引入复杂适应系统理论，并据此提出“空间形态低碳适应性”的内容体系，进一步明晰适应性对象、研究思路、理论基础和实践路径，试图建立起第 2 章与第 4、5、6 章之间的理论架构桥梁。

第 4 章，选取浙北地区 15 个乡村社区作为样本，对其碳脉信息进行梳理和研究；在形态识别中，对空间形态生发的适应性能力进行测度参数指标选择、特征描述与对比分析。同时，建立基于空间形态的碳计量方法。

第 5 章，首先对空间形态映射下，表征土地利用结构关系的测度参数指标与碳排放强度进行相关性量化分析，建立起空间形态低碳适应性控制要素在用地控制和容量调控两方面的关联框架，完成在空间维度上对空间形态低碳适应性营建模式的构建。其次，以空间形态的适应性作用规律为基础，借助复杂适应系统理论，在获得低碳适应性控制要素的基础之上，加入随机而偶然的主观因素调控，结合积木机制的“叠加融合”，实现新组分更新与结构层进的迭代重组。从短程通讯、信息共享、协同竞争直至集聚涌现，产生具有低碳适应性的弹性“序”之空间形态，进而完成对“空间形态—环境碳行为—活动碳排放”适应性机制的构建，在时间维度上对空间形态低碳适应性营建过程进行引导。

在第 6 章、第 7 章中，“空间形态低碳适应性”的提出正是基于时间和空间两个维度的综合表达。在社区层级，注重择居与控形；在邻里层级，调整布局与择径；在宅院层级，控制筑体与节能。以微介入式针灸法对适应性过程机制进行组织优化与协调，并建构低碳适应性评价指标体系，加强其稳定性、持续性和可操作性。同时，以浙江安吉景坞村的改造规划为案例，实践空间形态低碳适应性模式语言的“在地参与”策略与过程机制的协调。

本书从复杂性思维视角，将乡村社区的低碳化营建转换到空间形态结构的生成与组织层面上，对空间形态的低碳适应性进行重新认知，在空间维度上对土地利用布局进行调整，在时间维度上完善了低碳适应性生成的过程机制，并在此基础上提出对未来乡村人居环境低碳建设诉求的若干建议、模式策略和方法运用。

吴盈颖
2017 年 10 月

浙江大学乡村人居环境研究中心

农村人民环境的建设是我国新时期经济、社会和环境的发展程度与水平的重要标志，对其可持续发展适宜性途径的理论与方法研究已成为学科的前沿。按照中央统筹城乡发展的总体要求，围绕积极稳妥推进城镇化，提升农村发展质量和水平的战略任务，为贯彻落实《国家中长期科学和技术发展规划纲要（2006—2020 年）》的要求，为加强农村建设和城镇化发展的科技自主创新能力，为建设乡村人居环境提供技术支持。2011 年，浙江大学建筑工程学院成立了乡村人居环境研究中心（以下简称“中心”）。

“中心”主任由王竹教授担任，副主任及各专业方向负责人由李王鸣教授、葛坚教授、贺勇教授、毛义华教授等担任。“中心”长期立足于乡村人居环境建设的社会、经济与环境现状，整合了相关专业领域的优势创新力量，将自然地理、经济发展与人居系统纳入统一视野。截至目前，“中心”已完成 120 多个农村调研与规划设计项目；出版专著 15 部，发表论文 200 余篇；培养博士 30 人，硕士 160 余人；为地方培训 3 000 余人次。

“中心”在重大科研项目和重大工程建设项目联合攻关中的合作与沟通，积极促进了多学科的交叉与协作，实现信息和知识共享，从而使每个成员的综合能力和视野得到全面拓展；建立了实用、高效的科技人才培养和科学评价机制，并与国家和地区的重大科研计划、人才培养实现对接，努力造就一批国内外一流水平的科学家和科技领军人才，注重培养一批奋发向上、勇于探索、勤于实践的青年科技英才。建立一支在乡村人居环境建设理论与方法领域方面具有国内外影响力的人才队伍，力争在地区乃至全国农村人居环境建设领域处于领先地位。

“中心”按照国家和地方城镇化与村镇建设的战略需求和发展目标，整体部署、统筹规划，重点攻克一批重大关键技术与共性技术，强化村镇建设与城镇化发展科技能力建设，开展重大科技工程和应用示范。

“中心”从 6 个方向开展系统的研究，通过产学研的互相结合，将最新研究成果运用于乡村人居环境建设实践中。（1）村庄建设规划途径与技术体系研究；（2）乡村社区建设及其保障体系；（3）乡村建筑风貌以及营造技术体系；（4）乡村适宜性绿色建筑技术体系；（5）乡村人居健康保障与环境治理；（6）农村特色产业与服务业研究。

“中心”承担有两个国家自然科学基金重点项目——“长江三角洲地区低碳乡村人居环境营建体系研究”“中国城市化格局、过程及其机理研究”；四个国家自然科学基金面上项目——“长江三角洲绿色住居机理与适宜性模式研究”“基于村民主体视角的乡村建造模式研究”“长江三角洲湿地类型基本人居生态单元适宜性模式及其评价体系研究”“基于绿色基础设施评价的长三角地区中小城市增长边界研究”；四个国家科技支撑计划课题——“长三角农村乡土特色保护与传承关键技术研究与示范”“浙江省杭嘉湖地区乡村现代化进程中的空间模式及其风貌特征”“建筑用能系统评价优化与自保温体系研究及示范”“江南民居适宜节能技术集成设计方法及工程示范”“村镇旅游资源开发与生态化关键技术研究与示范”等。

目　录

1 绪 论

联合国政府间气候变化专门委员会(IPCC)第五次评估报告①是近期重要的全球气候变化分析文件,其进一步确认了在1951—2020年全球平均地表温度值的升高,一半以上是由人为温室气体排放量的增加所导致。其中,碳基能源的燃烧碳排放和非持续性土地利用的碳排放通量变化是主因②。

"当前的能源危机无论是从资源短缺,还是从能源碳排放引发的生态退化和环境污染来说,都是对人类生存与发展的极大挑战"③。

人口转迁流动、城镇化高速发展推动作用下的大规模拆扩建,是乡村社会挣脱可持续"缰绳"后的非秩序性单向发展模式。深入研究并探讨如何实现人居环境与气候变化、能源利用的动态振幅影响最小化,是乡村乃至整个国家和地区区域化转型升级的重要内容。

1.1 研究背景

1.1.1 城镇化进程中的乡村人居环境

尽管过去十年国内外大量文献研究指出,节能减碳、应对气候变化的主要载体及关键战场均在城市④,但随着乡村就地"准城镇化"⑤"类西方化"⑥"趋自由化"⑦,城市技术的移植

---

① United Nations Intergovernmental Panel on Climate Change(IPCC). Climate Change 2013: the physical science basis[M/OL]. Cambridge: Cambridge University Press, 2013[2013-09-30]. http://www.climatechange2013.org/images/uploads/WGIAR5_WGI12Doc2b_FinalDraft_All.pdf.

② 注:非持续性土地利用的碳排放量仅次于碳基能源,在过去的150年间,土地利用变化累计释放136(±50)—156 Pg C,占人类活动总碳排放量的30%以上,对温室效应的贡献值达24%(数据来自 Houghton R A. The annual net flux of carbon to the atmosphere from changes in land use 1850—1990[J]. Tellus, 1999(51):298-313.;Goldewijk K, Ramankutty N. Land cover change over the last three centries due to human activities: the availability of new global data sets[J]. Geo J, 2004(61):335-344.)。

③ 包庆德,王金柱.生态文明:技术与能源维度的初步解读[J].中国社会科学院研究生院学报,2006(2):34-39.

④ UN-Habitat. Cities and climate: policy directions[R]. Global Report on Human Settlements,2011.

⑤ 准城镇化:大拆大建、撤村迁并,将自然村落规划合并成几个居民点,这种人为集中居住使村民的生活方式有了根本性改变,当外部引导由分散变为集中,建筑本体失去了可再生资源获取所需的土地和相应空间资源,"准城镇化"发展后,村民的用能方式、意识和水平都将逐步接近城镇水平。按照目前城镇能源消耗水平估算,我国农村住宅能耗将增加1.4亿tce(吨标准煤)。

⑥ 类西方化:沿袭了传统村落布局和"独门院落"的建筑形制,但在建筑材料和形式上追求西方别墅做法,传统的砖木结构、土坯墙体逐渐减少,新建砖混结构房屋墙体仅为24 cm或12 cm,建筑层数从1~2层增加到3~4层。在用能结构上,这类住宅已经抛弃了传统生物质能利用,依赖商品能源维护。由于单体民居的体形系数远大于多层建筑,且分散布局、密度低的特性会导致一部分民居在能源输送方面由于距离的加长,降低输送效率,总体能耗水平反而会与城镇持平或反超。

⑦ 趋自由化:当地政府机构缺乏引导,由村民根据喜好任意发展,处于一种无序状态,富裕起来的村民抛弃原有传统住宅,建起现代化高能耗住宅,这些民居一味追求大而高却忽视实际需求,而后富裕起来的村民受到这些"样板"的影响纷纷争相模仿或攀比,构成负面不良引导。

与嫁接屡见不鲜,“超稳态”①的传统乡村人居环境正面临城镇化冲击和制约下的“重写”②,对生态环境容量和资源承载能力构成较大考验。

1) 空间形态的失调与自然生态环境趋恶

1990—2005年,我国城镇人口增长了88%,而城市建成区域面积则扩大了140%③,这是以牺牲大量城市边缘区乡村用地为代价的,在耗费建造能源的同时,未过多考量乡村的实际荷载能力以及经济社会基础的差异性④,致使一部分乡村空间形态的破碎化程度加剧。

乡村空间形态的破碎化直接导致了粗放与低效的土地开发利用模式不断被复制。大量自然生态空间遭受挤压和破坏,乡村“脸盲”“失语”“营养不良”等病症层出不穷;土地高商品经济价值的追求,蒙蔽了村民对空间可持续发展的思量。传统空间形态的传承和延续,在缺乏了适宜内外机制的指引后,被各种外部集结力量试图替代内部逻辑关联,使乡村的自发性及价值意义被逐渐忽视⑤。

部分乡村的空间形态在弱化了的产住关系下被撕裂、分散⑥。村外超级扩张式异质化集聚发展:农耕面积不断缩小⑦、水资源承载力和适应性遭受较大考验,城市高碳功能向乡村渗透和转移逐渐成为一种趋势;而村内空废、空心化现象突出,甚至出现“村落终结”态的消极被动演进发展,表现为“人减地增”或“建新不拆旧”。

2) 能源结构的异动与非生态性消费行为蔓延

外部城镇化势力在不断挤压乡村空间形态的同时,亦在逐步探索乡村社会共同体,使其开放程度日益加大。“过去握紧的拳头被逐步打开”,费孝通笔下“村民们是黏在土地上”的景象不再复现,大量乡村劳动力涌入城市,而村内则多为“386199部队”⑧。

对社会资本和自然资源的趋利掠夺,弱化了村民对乡村的认同感和归属感,使村民“无选择性”地一切向城市“看齐”,不断复制和照搬城市发展模式,甚至不再关心邻里单元的消解与破坏,而更在乎直接反映城市美好生活的物质载体,甚至将无根的空间形式移植入乡村中,遗失与传统相适应的地域营建智慧⑨。攀比的民风、偏离的价值观,使非生态性消费行为蔓延。

另一方面,乡村产业结构正在发生快速转型和集聚,村民借由经济基础的提升与改善,逐步向具有高碳倾向的公共基础设施和生活行为习惯转变,引发能源结构的异动与调整:由

① 金观涛,刘青峰.兴盛与危机:论中国封建社会的超稳定结构[M].北京:法律出版社,2011.

② 段威.浙江萧山南沙地区当代乡土住宅的历史、形式和模式研究[D].北京:清华大学,2013:7.

③ 清华大学建筑节能研究中心.中国建筑节能年度发展研究报告[M].北京:中国建筑工业出版社,2012:46.

④ 张群,成辉,梁锐,等.乡村建筑更新的理论研究与实践[J].新建筑,2015(1):28-31.

⑤ 贺雪峰.乡村治理的社会基础——转型期乡村社会性质研究[M].北京:中国社会科学出版社,2003:35.

⑥ 注:《中国乡村发展研究报告》(刘彦随等,2011)指出,超过2.3亿(该数据在2013年达到2.69亿人)农村人口不再从事农业相关产业,他们以“离土又离乡”的方式与渐进化发展的乡村空间形态发生碰撞、冲击,引发乡村建成环境的“外扩内虚”现象凸显。

⑦ 注:根据《中国环境状况公报》(2009年)的内容,由于生态环境破坏引发的现状水土流失面积已达356.92万km^2,人均耕地面积从1995年的2.82 hm^2降至1.38 hm^2。

⑧ 注:“38”代指妇女,“61”代指儿童,“99”既是重阳节、亦代指老年人。“386199部队”是城市化快速发展下,农村留守的一个特殊群体。

⑨ 魏秦.黄土高原人居环境营建体系的理论与实践研究[D].杭州:浙江大学,2008.

“自给自足”的非商品能源，向依赖“外部输入”的商品能源趋近(图 1.1)，使得能源消耗与碳排放总量持续上升。

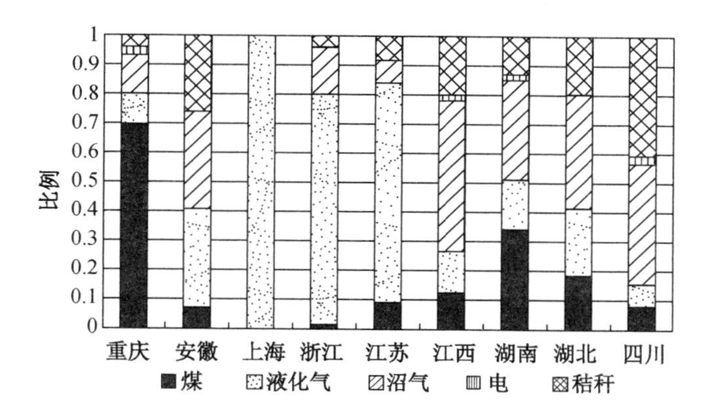

图 1.1 全国各主要省份能源结构构成图

(资料来源：中国建筑节能年度发展研究报告，2008：35.)

1.1.2 乡村人居环境的低碳建设诉求

“究竟是农民‘愚昧’，还是我们‘愚昧’地想象农民；是乡村不动还是没有找到动起来的方法?”①

乡村人居环境建设并非简单的城镇化可替代，城镇化发展对乡村来说既是契机，也附加了诸多“水土不服”。单一环境要素作用下的传统乡村，在面临多元化外界驱动力介入的重塑要求时，其整体演进难免出现紊乱而亟须调整与转型②。从计划经济到市场经济，从乡土中国到城市中国，乡村不可能因为对城镇化“恶势力”的批判而倒退回传统乡村社会发展模式。但当村民的消费结构从满足基本“衣食”上升到“住行”甚至更高层级时，对乡村土地利用形式、居住空间布局与能源消耗之间的关联，以及对室内热舒适性的要求，就不得不引起重视和思考。

1）城镇化趋势决定乡村低碳转型的必要性

过去相当长一段时间，城乡间经济鸿沟差异并未突显出乡村能源消费比重的失衡。改革开放以来，乡村城镇化速度加快，城乡间收入差距锐减，农居建设经由“草房变土房”“土房换砖房”，进入“砖房升别墅”的第三阶段更新高峰期(图 1.2)。短短五年，我国新建农居住宅面积已达 35 亿 m^2，且多集中于长三角等沿海经济较发达地区，而大部分农居的围护结构既无保温构造，又缺乏通风性能考量，大幅拉高了乡村农居建造能源消耗和生活用能水平③(表 1.1)。韩俊等对浙江某失地新安置农户家庭的调研发现，新迁安置用房后，农户年均生

---

① 贺雪峰. 乡村治理的社会基础——转型期乡村社会性质研究[M]. 北京：中国社会科学出版社，2003：2.

② 王鑫. 环境适应视野下的晋中地区传统聚落形态模式研究[D]. 北京：清华大学，2014：4.

③ 注：根据建设部统计数字显示，我国城乡新建房屋 80%以上为高能耗建筑；现有既有建筑近 400 亿 m^2，95%以上是高能耗建筑(全国建筑耗能现状[EB/OL]. [2013-05-03]. http://wenda.so.com.)。到 2020 年，预计全国城乡房屋建筑面积将新增约 300 亿 m^2。若不采取有力节能措施，建筑每年将消耗 4.1 亿标准煤和 1.2 万亿度电，几乎是现今全国建筑能耗的 3 倍。(转引自彭军旺. 乡村住宅空间气候适应性研究[D]. 西安：西安建筑科技大学，2014：1.)

活支出从原来的 11 617 元激增至 15 706 元，前后增幅达 35%，而大部分增幅是为了维持与平衡建筑用能相关的能源消耗量的增加①。

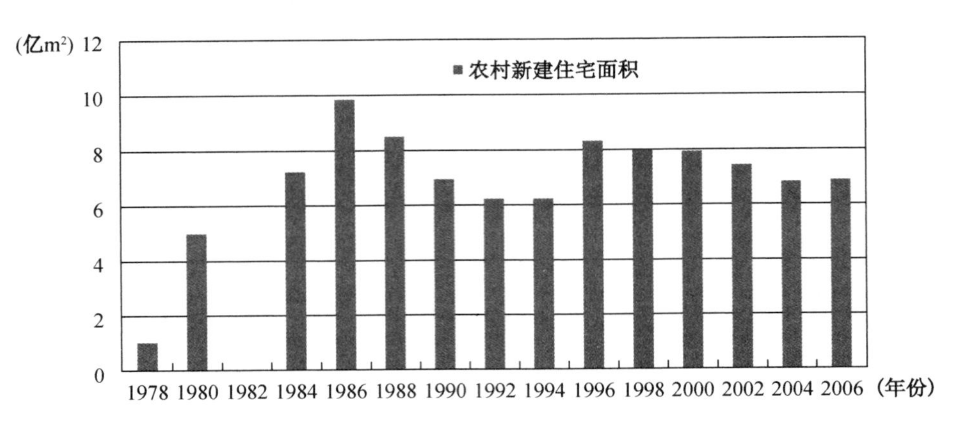

图 1.2 我国农村住宅建设的两次高潮区间示意

（资料来源：图表数据根据国家统计局历年资料整理绘制）

表 1.1 我国建筑能源消耗的分类和现状(2010 年)

	总面积(亿 m²)	电力(亿 kWh)	煤炭(万 t 标煤)	液化气(万 t 标煤)	煤气(万 t 标煤)	生物质(万 t 标煤)	总商品能耗(万 t 标煤)
农村	240	830	15 330	960	—	26 600	19 200
城镇住宅(不包括采暖)	96	1 500	460	1 210	290	—	7 820
长江流域住宅采暖	40	210	—	—	—	—	740
北方城镇采暖	64	—	12 340	—	—	—	12 740
一般公共建筑	49	2 020	1 740	—	—	—	9 470
大型公共建筑	4	500	—	—	—	—	1 760
建筑总能耗	389	5 060	29 870	2 170	290	26 600	51 730

（资料来源：清华大学建筑节能研究中心. 中国建筑节能年度发展研究报告 2012[M]. 北京：中国建筑工业出版社，2012：4.）

与此同时，我国传统村落在城镇化驱动下正以惊人的速度或消失或被遗弃，具有气候适应性能的传统民居逐渐被拆除或荒废，而新建乡村民居住宅空间大多缺乏具备适宜气候适应性和对环境承载量的充分思量。超级异质化式土地占用、废弃式土地滥用等非持续性的土地粗放利用，也逐渐成为了另一种极易被忽视的非低碳表达。

2）整体管控建设的缺位与偏差

当我们在反思乡村规划现状时不难发现，宏观政策“催生”且塑造了较为良好的建成环境，却在实践中频繁出现非常态化②。部分乡村人居环境建设或仅偏重村容村貌的同一化

① 韩俊，秦中春，张云华. 引导农民集中居住存在的问题与政策思考[J]. 调查研究报告，2006(254)：1-20.

② 王艺瑾，吴剑. 基于精明增长理论的美丽村庄规划研究[J]. 广西城镇建设，2014(7)：33-37.

涂脂抹粉，忽视农居住房热舒适性环境需求；或盲目照搬城市模式，圈地并村做表面文章；或大拆大建割裂历史文脉、抹杀乡村记忆、追求政绩与经济效应，遗失对文化认同感的维系。当迷失前进方向，缺少科学性、系统性的营建思路作为引导时，容易仅关注"看得见"的外部物质环境改善，而对乡村内部的逻辑生发关联、资源环境承载的调控与管理，以及社会人文的再组织与重建，选择"视而不见"，失去全局性的判断能力，结果导致对空间形态——"重颜值轻内涵"，对整体布局——"重物质轻生活"，对营建方式——"重规模轻效率"，对生态塑造——"重绿量轻循环"。

显然，"乡村不应成为荒芜的片区、留守的孤地和记忆中的故园"①。

3）乡村低碳转型需求的自身优势

乡村的低碳转型具有自身不可比拟的碳排放潜力和优势资源条件。

首先，乡村地区拥有丰富而易得的生物质能、太阳能等可再生资源。郑伯云、刘路云②通过对新疆乌鲁木齐西山新城低碳示范区内建筑、产业、交通、碳汇四方面碳排放数据的对比研究发现，城市绿地的碳汇功能仅能消除总碳排放量的千分之一，即在城市范围内仅依靠增加绿地面积是无法平衡并缩小区域性碳源和碳汇之间排放量的差额。而在乡村地区，冯真③对安吉县鄣吴镇景坞村碳排放清单构成的研究表明，碳汇的降碳能力远高于碳排放效率，也就是说，乡村碳汇拥有较为充足的空间面积，给予碳排放更多缓和空间。如若将这些可再生资源引入城市人居环境，除需大量资金的投入之外，对土地再配置利用引发的资源荷载与其他环境问题始终会成为考验。

其次，无论从碳排放总量还是人均数据来看，农居能耗消费都暂时低于城市居住建筑能耗④，是投资相对较小的实践阵地。此外，乡村低碳营建不管从目标、内涵还是实现路径来看，与生态、可持续理念都有共性特征：遵循传统文化中"敬天惜物"的哲学理念，讲求顺应内部的逻辑关联，是"顺其自然"的过程⑤，绝非"无中生有"。

可见，乡村人居环境营建是一个复杂命题，一味输血或是任之流血都无益于问题的解决，其关注重点应是如何让乡村通过自身造血及结构转型，适应内外驱动力作用下的新介态，而不仅仅将其作为城市的附庸品。显然，从低碳入手，是资源约束条件下应对气候极端变化、寻求价值回归的一种低成本且行之有效的诉求方案，也是乡村社会可持续发展的理性必然选择。

---

① 注：2013 年，习近平总书记在湖北省鄂州市考察农村工作时，就如何看待城市化与乡村农业现代化、新农村建设间的辩证关系时，提出的推进城乡一体化发展的目标要求。

② 郑伯红，刘路云. 基于碳排放情景模拟的低碳新城空间规划策略——以乌鲁木齐西山新城低碳示范区为例[J]. 城市发展研究，2013，20(9)：106-111.

③ 冯真. 浙江山区型乡村用地低碳规划模拟分析研究[D]. 杭州：浙江大学，2015：12.

④ 注：2010 年我国建筑商品能耗总量为 6.78 亿 tce，相应的碳排放量约为 23 亿 t，其中城镇和农村住宅用能碳排放分别为 16 亿 t 和 7 亿 t。从单位建筑面积或是人均数据来看，乡村地区的碳排放量远不及城镇的 1/2（转引自清华大学建筑节能研究中心. 中国建筑节能年度发展研究报告 2012[M]. 北京：中国建筑工业出版社，2012：121.）。

⑤ 清华大学建筑节能研究中心. 中国建筑节能年度发展研究报告[M]. 北京：中国建筑工业出版社，2012：121-123.

低碳，与其说是改造，不如说是对乡村的另一种守护和学习。①

1.2 概念辨析

1.2.1 乡村社区②

乡村，始终呈现的是与村民生产生活息息相关的全部要素，其中，不仅包含自然环境、土地利用、气候条件、居住空间等物质要素，也涵盖随时间渐进积淀而形成的与社会、经济、文化相关的非物质要素③。不同于乡村概念的系统性和全面性，社区④除却物质属性要素之外，有关社会情感交往的内容是更主要的内在属性。其在一定程度上优化物质要素的同时，又反向引导非物质要素的传承和发展，是面临城镇化各种矛盾、挑战和实践的最直接场所⑤。

由此，乡村社区的社会本质可归纳为“家庭”和“土地”，其秩序亦是通过这两个不同维度来体现。“家庭”，是人行为交往关系和文化价值认同感的缩影；“土地”，则是基本社交单元投射下承载宅院单体空间的外部条件，亦是影响“家庭”内外关系和行为模式的因素之一。以宅院单体空间为起点，以乡邻间的亲疏社交关系、文化价值认同感为纽带，通过串并联聚集形成大小、方向、距离各异的宅院单体空间群，进而构成乡村社区主要空间结构的秩序组织。“家庭”和“土地”，包含了社会关系和空间实体，突出“乡建”和“人建”。

传统乡村社区，是由具有血缘关系的自然人在适宜耕种区域内，基于环境适应性原则，共同生产、生活而自发形成。现阶段不少因撤村迁并而建成的新型乡村社区，则被赋予了浓厚的行政色彩和人治思想。除却地域生活共同体的基本内涵外，对经济发展的影响力、自然资源环境的合理利用和发展规模的适宜性等均提出一定要求，使现代乡村社区成为多层次的复合共生体⑥（图 1.3）。

---

① 张尚武，李京生，王竹，等. 乡村规划与乡村治理[J]. 城市规划，2014(11)：23-28.

② 注：当城乡关系互动增多、人口非农化大行趋势下，当代社会生活的发展形式已改变了传统乡村与农业生产间的必然联系，乡村的本源不再是农业，农业生产活动不再是经济活动的主体构成之一。在这里，用乡村替代常用的农村社区概念，似乎更贴近本书研究中涉及的经济产业发展状况良好和城镇化影响下生活状态发生多元化转变的人居环境现状。

③ 王韬. 村民主体认知视角下乡村聚落营建的策略与方法研究[D]. 杭州：浙江大学，2014：31.

④ 注：西方对“社区”研究最早发轫于德国古典社会学者费迪南·滕尼斯(Ferdinand Tonnies)，他在其成名作《共同体与社区——纯粹社会学的基本概念》（又译为《社区与社会》）中提出了共同体（即社区）概念。在滕尼斯的经典用法中，“社区”的含义十分广泛，不仅包括地域共同体，还包括血缘共同体和精神共同体，人与人之间具有共同的文化意识是其精髓（胡鸿保，姜振华. 从“社区”的语词历程看一个社会学概念内涵的演化[J]. 学术论坛，2002(5)：123-126.）。当“社区”进入中文语境后，费孝通先生突出了社区的地域标签，“一定地域范围”“共同需求、认同感”及“相互依赖的交往关系”构成了社区最基本的要素特征（费孝通. 社会学概论[M]. 天津：天津人民出版社，1984：213-214.）。

⑤ 黄杉. 城市生态社区规划理论与方法研究[M]. 北京：中国建筑工业出版社，2012：2.

⑥ 张璇. 我国农村社区发展问题综述[J]. 安徽农业科学，2013，41(6)：2744-2746.

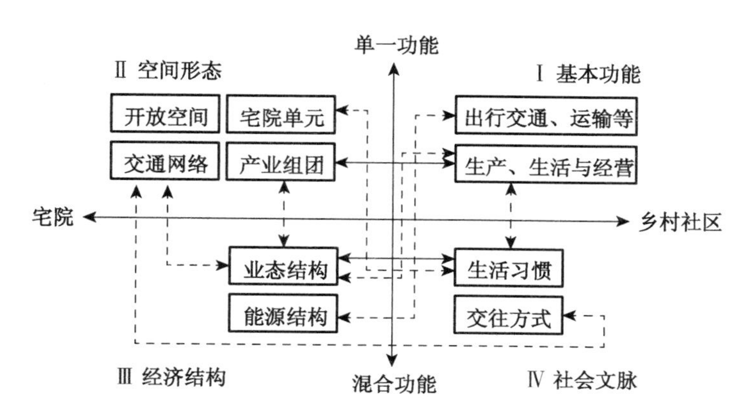

图 1.3 乡村社区构成要素

(资料来源:作者自绘)

1.2.2 低碳

1) 从生态、可持续到低碳

低碳,最初从人类经济发展领域产生,而第一次作为正式书面用词则出现在英国 2003 年发表的《我们未来的能源——创建低碳经济》白皮书中,即低碳是通过较少量的自然资源消耗和较低限度的环境污染,以获得高产出、高生活品质的实践路径。随后,低碳概念由经济领域扩展至社会等其他领域,其内涵也在逐步深化。

"生态""可持续"和"低碳"三者在概念、目标、内涵上有共性相似点,但侧重各异。不同于"生态"的系统性以及"可持续"的多维度①,"低碳"以降低能源消耗、减少碳排放为核心目标,用可量化的路径来实现目标诉求。"低碳"是"生态"的必要条件,与"可持续"呈现充分关联条件②。通过生态、可持续和低碳乡村多维度内涵的比较,更能明显发现三者的差异和相似性(表 1.2)③。

表 1.2 生态乡村、可持续乡村、低碳乡村多维度内涵比较

维度	生态乡村	可持续乡村	低碳乡村
哲学维度	以系统论探讨人与自然和谐共生	以能源合理利用为原则,营造适宜紧凑生活环境	侧重从减少碳排放视角构建和谐人居环境

① 韩笋生,秦波.低碳空间规划与可持续发展——基于北京居民碳排放调查的研究[M].北京:中国人民大学出版社,2014:8.

② 注:低碳不一定完全等同于生态,例如风电资源属于可再生的非碳基能源,但是风电场的电磁辐射以及释放的噪音对周边环境的土壤、动植物会有负面影响(转引自秦波,邵然.低碳城市与空间结构优化:理念、实证和实践[J].国际城市规划,2011,26(3):73.)。

③ 沈清基,安超,刘昌寿.低碳生态城市的内涵、特征及规划建设的基本原理探讨[J].城市规划学刊,2010(5):49;Virginia W Maclaren. Urban sustainability reporting[J]. Journal of the American Planning Association, 1996(2):185-202; Alberti M. Managing urban sustainability[J]. Environment Impact Assessment Review, 1996(16):213-221;山东省建设发展研究院《东晋低碳生态城市发展战略研究》。

续表

维度	生态乡村	可持续乡村	低碳乡村
生态维度	人居环境与自然环境形成共生系统	避免生态失衡，创造适宜生态人居环境	削减碳排量对生态系统及人居系统的影响
经济维度	以循环经济为核心，重视各要素之间的循环利用	单向线性经济发展模式，投入成本较大	以低碳经济为核心，实现生产过程高效低能
社会维度	以生态理念为指导，协调人与自然生态互动关系	受生态学理论影响，强调人与自然环境的共生	提高村民的低碳意识，培育共同价值观
空间维度	重视自然生态环境空间，体现多样性和共生性	注重空间形态的再生长与再利用，控制资源浪费	尊重既有村落肌理结构基础并实现空间形态的良性降碳化

（资料来源：根据文献整理绘制）

从某种程度上说，“低碳”是定性和定量的结合，从 Energy Saving 到 Energy Conservation 再到 Energy Efficiency，既是目标也是手段，更是“生态”“可持续”的具体表达和进一步深化与拓展①。

2）“低碳”多维度架构

虽然相关学者在各自领域对“低碳”概念作出了诠释，但始终未有全面而精确的解读，且常浮于片面认知。例如，将那些占用绿化用地作为地面停车的绿色建筑冠以“低碳”称号；因构建了满足可达步行距离，而忽略建造维护过程中对建材使用、能源消耗和资金投入存在过量现象的混合功能社区……因此，只在局部或者微观层面探讨低碳问题已然不合时宜，也难具有可持续性和环境适宜性②。“低碳”是一个联系的、复杂的而非孤立的观点，强调系统性的动态发展过程。更确切地说，其发展目标和内容始终在发生调适和修正，受自然资源、经济技术和政策制度影响，并随时间动态变化。这一特性可用函数表征为：

$$C = f(e, n, s, t) \tag{1-1}$$

式中：C 为低碳绩效，e 为经济技术，n 为自然资源，s 为政策制度，t 为时间。

由此可见，“低碳”，“低”在“过程”，即“通过利用经济技术、政策制度、自然资源，缓解对碳基能源和自然资源的过度掠夺和浪费”；又“低”在“状态”，即“借助量化指标，衡量并表征能源利用与降碳情况”；还“低”在“发展”，即“在形成降碳刚性约束的同时，保证经济和生活品质的稳步提升”③。

1.2.3 空间形态

1）形态与空间形态

当代语境下的“形态”（morphology），来源于古希腊语 μορπηε（morphe）和 λόγοσ（logos）

① Low N, Gleeson B, Green R, et al. The Green City, Sustainable Homes, Sustainable Suburbs[M]. London: Routledge, 2005.

② [美]道格拉斯・法尔. 可持续城市化——城市设计结合自然[M]. 黄靖，徐燊，译. 北京：中国建筑工业出版社，2013：41.

③ 吴盈颖，王竹，朱晓青. 低碳乡村社区研究进展、内涵及营建路径探讨[J]. 华中建筑，2016(6)：27.

的结合①。在现代科学研究中，“形态”作为一种研究对象的方法，最初被运用于生物学领域，研究生物体外在形式(形状、色彩等)、内在结构与外部环境之间的关系②。

当“形态”从抽象的生物学领域进入视野更为宽阔的城乡领域时，其外延获得了延伸和拓展，表现为机体不断适应外部环境的持续性变化，而内部自主调适功能、结构与环境间的协调共生关系③。此时的形态研究，既关注机体共时性(formation)的要素构成，也聚焦历时性(transformation)的发展脉络④。

不同学科背景下，形态学研究呈现出多样视角，成为跨学科的主要研究对象。

地理学科中的形态，主要研究土地、聚落、人口等要素构成的“文化景观”⑤，突出与经济、社会功能在空间地理上的互动关系，并提出三大形态分析的具体要素：街道平面布局、建筑风格与土地利用⑥。

城乡规划学科中的形态，以“社会人”为标尺，关注形态演变的社会、经济、环境因素，以及功能与形态、构图与形态、景观与美学，通过将个体与整体形态相联系，探讨不同人类活动行为在相关区域范围内产生的空间投影与关联影响，试图在动态中把握形态发展规律⑦。

传统建筑学基于中微观的空间发展视角，关注美学和心理学，强调以“生物人”作为主体对象，对客观事物进行认识与感知，探究序列组织关系，反映整体形态的综合意象，“呈现人知觉所能感知的所有表现形式”⑧。

空间形态作为“形态”的狭义物质态语义表达，偏向于从空间视角研究形式与结构的外在表达，是对空间资源配置的一种过程调适机制。本研究所限定的空间形态，反映了系统中各物质要素构成及相互作用关系，即是由具象几何单体、抽象内部结构组织关系及其相互作用映射而成的动态而开放的空间机体。其不断与周围环境以“流”的形式进行物质、能量和信息的交换，维系机体内部要素的涨落和梯度差额。

---

① 注：μορπηέ(morphe)意指形态、形式、造型，λόγοσ(logos)意为分析、研究。可见，古希腊语中的形态概念无关乎功能，是关于形式的研究。

② 注：段进等认为“早期形态学的关注焦点一直是人体解剖学”(段进，邱国潮. 空间研究 5：国外城市形态学概论[M]. 南京：东南大学出版社，2009.)。郑莘等认为，形态学始于生物研究方法，是生物研究的术语，是生物学中关于生物体结构特征的一门分支学科，研究动物及微生物的结构、尺寸、形状和各组成部分的关系(郑莘，林琳. 1990 年以来国内城市形态研究述评[J]. 城市规划，2002(7)：59-64.)。转引自苏毅. 自然形态的城市设计——基于数字技术的前瞻性方法[M]. 南京：东南大学出版社，2015：12.

③ 余颖. 城市结构化理论及其方法研究[D]. 重庆：重庆大学，2002：15.

④ 注：谷凯概括了不同方向的形态学获得两个基本思想面，其一是从局部到整体的分析过程，认为复杂的整体由特定的简单元素构成，且是获得客观结论的适宜途径；其二是强调客观事物的演变过程，事物的存在具有时间上的关联意义，可以帮助理解研究对象过去、现在和未来的完整序列关系，以便获得某种预测(谷凯. 城市形态的理论与方法——探索全面与理性的研究框架[J]. 城市规划，2001(12)：36-41.)。

⑤ 注：德国地理学家奥托・施吕特尔(O. Schlüter)在其著作《人文地理学的形态学》中提出。

⑥ [英]康泽恩(M. R. G. Conzen). 城镇平面格局分析：诺森伯兰郡安尼克案例研究[M]. 宋峰，许立言，侯安阳，等，译. 北京：中国建筑工业出版社，2011.

⑦ 注：具有突出价值的成果有《皖南村镇巷道的内结构解析》《江南小城镇形态特征及演变机制》《乡镇形态结构演变的动力学原理》《空间研究》系列等。

⑧ 武进. 中国城市形态：结构、特征及演变[M]. 南京：江苏科学技术出版社，1990.

2）空间形态与空间结构

“结构，是一种关系的集合，事物各组分之间的相互依赖是以它们对全体的关系为特征的”①，即一个具体事物存在的意义并不完全取决于该事物本身，而取决于相同情境中事物与其他事物之间的关联，这种关联作用便是结构②。也就是说，空间结构由其组成部分及决定组成部分间相互作用的关系共同确定③；而空间形态，是人类活动水平和土地利用关系的表象映射，并在一定程度上限定了空间结构的发展④。

图 1.4 埃舍尔的版画《启示》

注：最上面的小鸟是自然形态层面，下面三角形是理性的结构层。上层的小鸟形态似乎是由底部的三角形形态结构转换而来，由于不同位置而引起的信息表现不同，使得形式表达不同。

（资料来源：王昀. 传统聚落结构中的空间概念[M]. 北京：中国建筑工业出版社，2009：14.）

虽然两者存在如此紧密的关联，但依旧存在差异。空间结构倾向于一种相对静态的组织关系原则，表征各物质要素的空间分布特征及组合规律⑤，连接并组织了空间机体系统内各要素的秩序排列关系，具有“整体性、转换性和自调性”⑥。

相较于空间结构的这种要素的功能性逻辑表达，空间形态则是动态、易于察觉且更直接而客观，其规模的大小、扩张速率的快慢、集聚密度的疏密差异等外显表征，均反映了内在组织原则的调适与变化。也就是说，对空间形态的分析是认识空间结构的前提，两者形成一定映射关联（图 1.4）。空间形态和空间结构，“一个从表层切入，由表及里；另一个从内里至深，由内向外”⑦，两者从不同向度、深度和路径，相互制约而又促进影响。

3）空间形态营建

基于上述关于空间形态、空间结构概念的思辨，本研究将以乡村社区建成区域内的宅院单体空间群为研究对象，力图从区域化的城乡外部几何形态、秩序化的内部邻里团组形态和结构化的宅院单体空间组织形态，对空间形态的结构构成要素进行层次分析，描述和定量这些要素和形态之间的关联。在宏观层面，对乡村社区及其所在区域形态建构良性互动关系；在中观层面，对系统内部邻里团组的几何形态、边界与中心、密度与向度组构等进行整合和秩序化；在微观层面，则考虑对宅院单体空间的序列组织、材料使用等进行结构化调整。

空间形态的营建针对不同层次外在表现特征，回答了“是什么”的描述说明性研究；又通

① [瑞士]让·皮亚杰(Jean Piaget). 结构主义[M]. 倪连生，王琳，译. 北京：商务印书馆，1984.
② 孟建民. 城市中间结构形态研究[M]. 南京：河海大学出版社，1991：3.
③ [法]Serge Salat. 城市与形态——关于可持续城市化的研究[M]. 北京：中国建筑工业出版社，2012：37.
④ 杨磊. 城市空间形态与居民碳排放关系研究——以珠江三角洲为例[D]. 北京：北京大学，2011：11.
⑤ 胡俊. 城市：模式与演进[M]. 北京：中国建筑工业出版社，1995：2-3.
⑥ 段进，季松，王海宁. 城镇空间解析：太湖流域古镇空间结构与形态[M]. 北京：中国建筑工业出版社，2002：12.
⑦ 陈泳. 城市空间：形态、类型与意义——苏州古城结构形态演化研究[M]. 南京：东南大学出版社，2006：3.

过不同空间形态层次间的制约与影响分析，解答“为什么”的“源”关系研究；此外，在“是什么”和“为什么”的基础上，探讨空间形态与环境概率论①以及人的主观认知和行为选择之间“怎么样”的相互作用关系，由此，构成空间形态营建的主要内容。而对这些问题的一一解答，一方面明晰了乡村社区空间形态的构成、特征与组织机制，另一方面，为研究空间形态结构碳锁定作用下的降碳减排，提供了原理性补充。

1.3 研究意义

1.3.1 研究缘起与反思

本书的选题主要基于以下三方面的思考：

其一，国家基金课题项目的学术背景。“乡村社区空间形态低碳适应性营建”的研究起点来源于国家自然科学基金重点资助项目“长江三角洲地区低碳乡村人居环境营建体系研究”(51238011)，由此构成主要研究对象、研究方法与基本框架。长江三角洲地区是我国经济社会高速发展的缩影，其乡村人居环境正发生分化、异质甚至扭曲，功能的失调、发展的失序和增长的失控，使其居住空间布局、土地利用结构、社会人文情态、能源消耗方式等均发生了较大转变。

作为国家基金课题的参与者、学习者和实践者，结合上述现状问题的认知、多个乡村规划实践案例的研习与总结，以及对课题内容的更深层次挖掘，笔者对乡村社区空间形态低碳适应性的探索产生兴趣，从而提出研究的题旨，有针对性地探讨基于经济较发达地区乡村社区低碳营建的方法和实践路径。

其二，对现有低碳研究和实践某些误区的思辨。2014 年笔者有幸参与了日本北九州大学交换生支撑计划(Student Exchange Support Program, SESP)的国际研修项目，在参与学习的半年期间，参观了包括住宅展示在内的多个低能耗示范项目区。低能耗技术开发的多样化、成熟化和智能化，已逐渐成为未来日本集落住区的发展趋势。研修所在的响野(Hibikino)校区利用生物质能发电供给，是以自给自足的能源循环理念建立的(零能耗)生态示范校区，是集产、学、研为一体的综合性研究与实践基地。然而，新技术的开发运用抵抗不住每年设备运行和检修成本的高投入负担，“自给自足”理念在施用五年后被迫停止。

这不禁让人思考，合理的低碳规划是技术规划，还是金钱抑或是政治规划？

对技术万能论的过度痴迷和盲目，往往容易忽略从宏观人类栖居的视角思考问题，割裂

① 注：环境概率论是介于环境决定论与环境可能论之间的一种更温和、非绝对化的观点，它立足于普遍常识，认为在环境与行为之间存在着一定的规律性关系，地理、气候与生理等并不主宰一切，任何地点都存在着大量的潜在机会与供选择的可能性，只要仔细研究，可以发现机体、行为与环境之间的持久关系。运用概率模型，个人的决定不能完全预测，但其做出决定的幅度以及选择其中一种行为概率是可以判断且相对客观的(参见李道增. 环境行为学概论[M]. 北京：清华大学出版社，1999：135.；陈玮. 现代城市空间建构的适应性理论研究[M]. 北京：中国建筑工业出版社，2010：5.)。

自身与自然环境之间的自调适关系①,将环境问题归结为狭隘的技术问题,而忽略由此带来的双面效应,忽视对本质归因的寻求②。这种速成补救式的对策,以可能牺牲并消耗更多能源为代价,在扼杀民间智慧的同时,易引发新一轮的技术“反弹效应”③。一味以碳减排技术为手段,过度制约乡村空间形态自身的逻辑性生发,是极其不明智的。

其三,对乡村低碳营建本质的思量。上述思考之其一、其二,回答了乡村低碳化营建现状的必要性和紧迫性,那么从专业视角,作为建筑师可以关注什么,且能做些什么?吴良镛先生指出,“若对产生长期结构性影响的合理土地利用方式再不给予更多重视,建筑学将会逐渐萎缩为某种枯竭衰落的技术美学”④。

西方发达国家发展低碳,往往借助机械技术手段,创造并调控适宜的小气候环境。投入大量人力、物力和财力,这对我国量大面广的乡村地区来说显然是一份“不能承受之重”。但这也恰恰成为了一种契机,即将视角转向通过追求建筑与外部环境、建筑与人之间真实的关联形态来实现降碳减排,将抛给机械工程师的责任重新握回至建筑师、规划师手中。这就需要对不同国情与发展阶段存在的各种客观资源条件进行认真甄别并区别对待,以探寻一种适宜的方法,否则,盲目套用只能是一种粗糙行为⑤。

此外,布里斯托瓦(Bristowa)等人的研究已发现,若忽略行为变化的考量,即使利用再先进的技术也无法满足低碳目标⑥。这促使笔者在考虑降碳减排的同时,思考如何从意识形态和环境行为视角,利用空间形态的转型与更替,影响并引导行为人的主观认知和行为选择,进而反向促进空间形态低碳营建的再组织或重构。

1.3.2 研究视角与意义

1) 尺度选择

从“社区”尺度入手,是基于三方面的考虑:其一,从结构上看,社区作为人类居住的基本形式之一,是单体向空间群域进行规模化和功能态扩张的各层级关联点,是衔接宏观城乡区域与微观宅院单体的中观聚居地,也是最直接的观察载体和切入点;其二,从功能上看,社区是上层调控机制的基层推动者⑦,跨领域、跨尺度涉及各个层级。纵向组织,大到区域网络,小到宅院单体;横向构成,大到多村联合,小到单个自然村,为研究提供多样化的层次对比;其三,从“社区”尺度探讨乡村低碳,既是空间形态的结构和功能要求,

---

① [美]道格拉斯·法尔.可持续城市化——城市设计结合自然[M].黄靖,徐桑,译.北京:中国建筑工业出版社,2013:9.

② 秦红岭.建筑的伦理意蕴[M].北京:中国建筑工业出版社,2006:196.

③ 注:例如,一幢本身具有生态可持续性的低能耗办公楼,但其办公人员却需要每天长距离开车上班;或一座绿色沃尔玛购物中心,其服务范围却超过35英里;或者在沙漠中,搭建高成本的太阳能利用示范屋([美]道格拉斯·法尔.可持续城市化——城市设计结合自然[M].黄靖,徐桑,译.北京:中国建筑工业出版社,2013:9.)。

④ 吴良镛.建筑学的未来[M].北京:清华大学出版社,1999:49.

⑤ 李晓东,华黎.从建筑本质感知乡村——李晓东对话华黎[J].城市·环境·设计(UED),2015(93):158-159.

⑥ Bristowa A L, Tight M, Pridmore A, et al. Developing pathways to low carbon land-based passenger transport in Great Britain by 2050[J]. Energy Policy, 2008,36(9):3427-3435.

⑦ 黄杉.城市生态社区规划理论与方法研究[M].北京:中国建筑工业出版社,2012:2.

也是人文情态[①]的需求:社区突出了集群共同体的社会属性,村民的社会交往和认知行为在共同体范畴内更易受到相互影响。

2) 研究意义

本书的研究不满足于宏观定性的概念描述与理论框架体系的搭建,而是加强了对低碳概念及内涵的深化与外延拓展,对乡村人居环境营建机制和类型化模式的合理建构,对空间形态适应性、活动碳排放及环境碳行为的适应性过程机制进行建立。从定性描述,量化分析到内在机制研究,获得营建方法的提升与扩展,进而更好地把握空间形态特征与能源消耗间的关联关系。其主要研究意义可归纳为:

(1) 提出"空间形态低碳适应性"内容体系,建构基于复杂适应系统思维和视野下的空间形态低碳适应性研究框架,从碳脉结构识别、适应单元构造、影响因素分级、过程机制建构再到最终形态营建,创建了一套理论方法体系。

(2) 量化空间形态测度参数指标与碳排放强度间的相关性,结合浙北地区 15 个乡村社区样本的实际碳计量数据,进一步把握空间形态适应性特征与能源消耗的关系。

(3) 引入社会学的研究方法,强调非经济文化因素、行为人主体的营建行为对空间形态低碳适应性的重要影响,探索深藏在形态背后的规律性深层结构,并建立"空间形态—环境碳行为—活动碳排放"的适应性过程机制。

1.4 研究动态

1.4.1 传统乡村聚居的"和"智慧启示

"建筑之始,产生于实际需求,受制于自然条件,非着意于创新形式,更无所谓派别。其结构之系统、形制之派别,乃其材料、环境所形成"[②],"聚落与民居的生态意义在于'顺应自然,为我所用',或'改造自然,加以补偿',而不是一味掠夺和征服"[③],"那些朴实的工匠,深深领悟到增长的必要性及建筑本身的极限性,很少会因追求利益而置大众福祉于不顾"[④]。

传统建筑形制和空间集群是自然与人文在演进过程中相互对话的产物,显示出一种映射的函数关系,自明示般诠释了对所处基地环境充分认知后,构筑并赋予的特定秩序,传递

① 注:人文情态强调"以人为本"的文化特性,强调在伦理基础上的文化价值,所谓"人文思想"就是人为一切价值的出发点和源泉,以人为尺度或标准去考察事物、衡量一切价值的精神,并且是以广大平民阶层的集体利益和文化情操为基础,共同构成乡土的文化主体。单德启先生指出,"中国民居的'情态'是指民居聚落环境和民居建筑洋溢的充满人情味和宜人尺度,它更多地表现为精神层次的东西,然而又附着于实实在在的环境和建筑之中,渗透了乡土情、家族情和邻里情。"(单德启. 从传统民居到地区建筑:单德启建筑学术论文自选集[M]. 北京:中国建材工业出版社,2004:20;王小斌. 演变与传承——皖、浙地区传统聚落空间营建策略及当代发展[M]. 北京:中国电力出版社,2009:20.)

② 梁思成. 梁思成全集(第四卷)[M]. 北京:中国建筑工业出版社,2001:7.

③ 单德启. 从传统民居到地区建筑:单德启建筑学术论文自选集[M]. 北京:中国建材工业出版社,2004:80.

④ [美]伯纳德·鲁道夫斯基(Bernard Rudofsky). 没有建筑师的建筑:简明非正统建筑导论[M]. 高军,译. 天津:天津大学出版社,2011.

出原生态的“精神植被”[①]，其聚居空间的起承转合顺应于机体自适应的整体协调。费孝通认为乡村本质是“乡土”的，正是这种在地之“土性”及“礼乐”之约束，揭示出其与天地万物之间“惟和”[②]的理念，这里的“和”包含三个方面的含义：

(1) 和协，即与境域之“天地和”，注重基址选择与自然环境关系。

(2) 和合，即与万物之“阴阳和”，考量规模、开间、体量与气候环境条件关系。

(3) 和宜，即与万民之“礼乐和”，遵从差序格局和礼俗规范。

“适者，可以致和；和者，可以致谐；和谐者，可以致安也”[③]。“惟和”理念贯穿于自然生命的每一过程，受制于固有法则，“有所为，有所不为”，体现事物存在和发展的相对最佳结构形态。创造“和”之空间形态、追求“和”之人文情态，恰恰是乡村社区朴素的低碳理念起点。

1）境域观：顺势与厚生的“天地和”

英国著名学者李约瑟(Joseph Needham)在《中国科学技术史》(*Science and Civilisation in China*)第二卷中指出，“再没有其他地域的人民表现得如中国人那般，如此热衷‘人不能离开自然’这一原则”[④]。

回顾我国古代聚落城邦的择地选址，尽管当时并不存在现代语义上的生态或低碳概念，但依循儒家天人相合的思想体系，已然出现了词源含义上的生态理念，即栖息地的逻辑构成：《易传·系辞上》认为“在天成象，在地成形，变化见矣”；“相形取胜”[⑤]、“相土尝水”[⑥]是“法天地之位，象四时之行”的主要内容。“择中、象天与地利”[⑦]的择址布局原则，直观体现出对“土”的依恋。由此形成的境域观从根本上决定了必须借助对生命的体验和感知，来把握并顺应节律的脉络，“奉天因时，便利适生，以达厚生”[⑧]。

传统乡村民居集聚点，或依山而居，扼山麓之咽喉，随地形坡度不同而灵活布局；或屏挡

---

① 注：参见民族民间文化是人类的精神植被[EB/OL]. [2004-4-11]. http://www.folkcn.org/news/class/pczn/tysh/22138632.htm。资华笃在2000年人类学国际会议上提出“精神植被”的理念，认为各种民族民间文化犹如人类的精神植被；人与自然的协调发展，即各种文化相互之间的对话、交流、融合，需要保护精神植被。从某种意义上说，文化是在漫长历史演进中，相对聚居人群的一种特定的生活方式和表达情感的方式。那些在民间自然状态传衍着的文化更接近于人性之本真，凝聚着民族的生命力，蕴含着深层次的人文价值的传统聚落蕴含丰富而珍贵的传承信息(转引自李宁. 建筑聚落介入基地环境的适宜性研究[M]. 南京：东南大学出版社，2009：16.)。

② 出自《尚书·虞书·大禹谟第三》：“禹曰：‘於！帝念哉！德惟善政，政在养民。水、火、金、木、土、谷，惟修；正德、利用、厚生，惟和。九功惟叙，九叙惟歌。戒之用休，董之用威，劝之以九歌俾勿坏。’”金属冶炼、土木工程、农业生产的要点在“修”，具体实施“正德、利用、厚生”三原则的要点在“和”，“惟”在这里有“在于”的意思。

③ 王贵祥. 中国古代人居理念与建筑原则[M]. 北京：中国建筑工业出版社，2015：166.

④ 秦红岭. 建筑的伦理意蕴[M]. 北京：中国建筑工业出版社，2006：108.

⑤ 注：指通过对山川地貌、地形、地势等自然元素方面的观察和考虑，而选用优胜之地达到“背山、向阳、面水”的理想环境。

⑥ 注：指通过对居所的水土品质验证，而选用健康之地，避免水土不服的不利物质代谢，“相土”的标准是“土细而不松，油润而不燥，鲜明而不暗”。

⑦ 注：“择中说”是匠人营国制度的思想体系，“地利说”是指“因天材，就地利。故城郭不必中规矩，道路不必中准绳”(吴庆洲. 中国古城选址与建设的历史经验与借鉴[J]. 城市规划，2000(9)：31-36.)。

⑧ 出自《春秋左传·文公六年》，“闰月不告朔，非礼也。闰以正时，时以作事，事以厚生，生民之道，于是乎在矣。不告闰朔，弃时政也，何以为民?”

冬日寒风，或向阳吸收采暖，或缓坡促排避涝，满足基本构造和生活需要；或伴水而筑，或处岔流之冲要①，依寻水系走势和宽窄条件，形成临水或绕河汊等形式，利于水陆风效应的形成②。因此，在讲求顺势与厚生的传统境域观表达下，乡村民居集聚点选址取决于外界地势与水势，土地耕植与林木质量，以适应厚生的需求（表 1.3）。

表 1.3 不同地势条件下空间形态的顺势走向

类型	顺势作法	案例	
沿水系	夹河流轴线	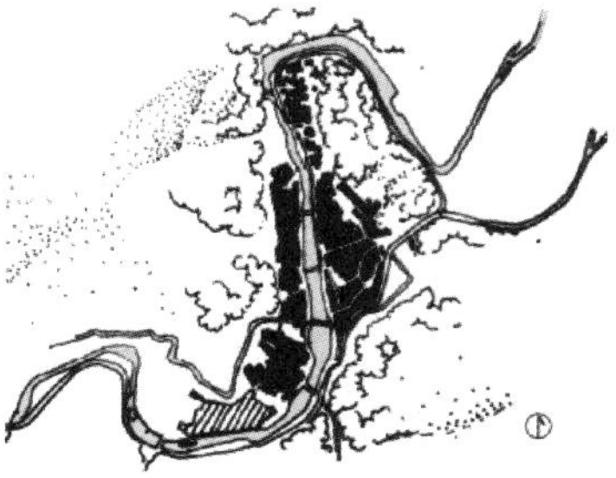 江西瑶里镇	
沿水系	平行河道延展	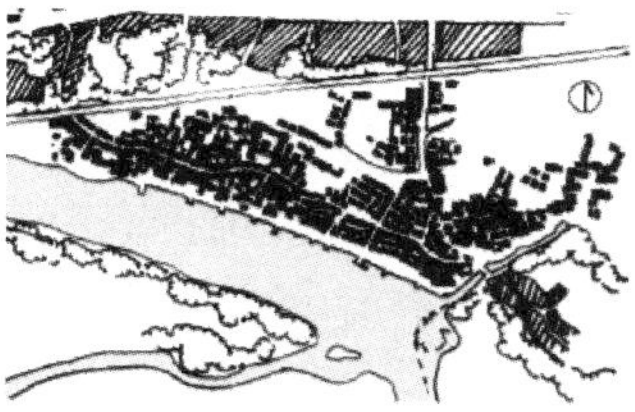 广西大圩镇 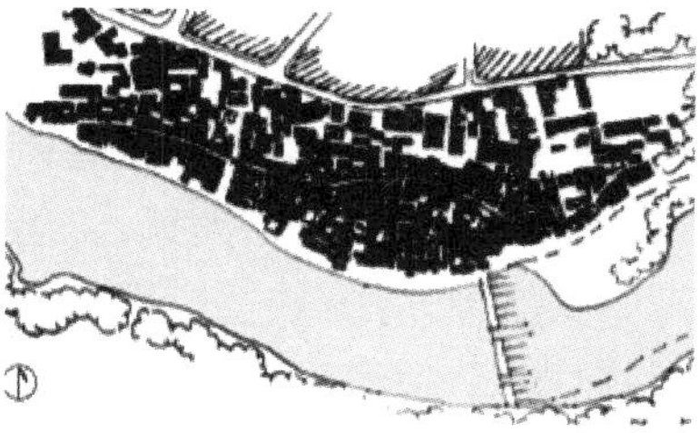	安徽渔梁村
沿山势	蜿蜒婉转	 湖南张谷英村	

（图片来源：李蕊．中国传统村镇空间规划生态设计思维研究[D]．天津：河北工业大学，2012：38.）

① 李宁．建筑聚落介入基地环境的适宜性研究[M]．南京：东南大学出版社，2009：54.

② 魏秦．黄土高原人居环境营建体系的理论与实践研究[D]．杭州：浙江大学，2008：38.

2）营建观：适形与正德的“阴阳和”

适形[①]论最早出现在《吕氏春秋》，它从阴阳和合视角解答建构“有度”的观点。

从微观看，适形是宅院受气候适应性影响下，在空间布局、体量控形和营建构造上，追求“冲气以为和”[②]理念的结果。水平方向，经由门窗户牖的启闭开合，使阴阳气流往来贯通，保持室内阴阳调和；垂直方向，遵循“柱以阴气上升，天以阳和下降”，利用天井、屋顶将阳气渗透下降，而沿由柱身将阴气传输上升，通过阴阳交泰达到气流的“往来不穷”[③]，保证适宜温度和采光，避免晦涩阴郁的暗空间以及燥热明朗的炫目光线。因而，在具体建构方法上，注重控制建筑单体空间的大小与高低度量，“室大则多阴，台高则多阳；多阴则蹶，多阳则痿。此阴阳不适之患也”，“室中度以几，堂中度以筵，宫中度以寻，野度以步，涂度以轨”[④]，强化“适形而止”[⑤]、以人体为度，构建恰当而无过与不及的秩序格局。在构造材料的选取上，以“物候为法”，形成具有一定识别意义的地域空间，让空间本身亦成为一种可用资源。

从宏观看，我国先儒在探究如何处于自然资源受限影响的传统农耕时代，解决“居者有其屋”“耕者有其田”的困境时，主张土地利用规模与自然环境相适应的“有度”平衡关系。孟子曾提出“五亩之宅，树墙下以桑”[⑥]，这是最早的理想社会雏形。此外，清朝《黟县志》中“居宝地不能敞，唯寝与楼耳”的描述同样反映出节地的态度。土地的丰腴与贫瘠，限制了耕作距离，影响了聚居点的分布密度与规模大小，进而影响宅院民居形制的选择[⑦]。分布的疏密决定了宅院集群的前后遮挡度，决定了是否有利于外部风压环境的形成，是否能促进宅院内外气流“阴阳和”的实现。如东北地区普通民居院落因地广人稀，一般占地面积较大，而江浙地区尤其浙北一带，地少人稠，院落面积占地较小，常采用提高建筑密度、加长进深、拼联排建（纤堂式房屋）等方式适应现有用地条件，且多有垂直向度发展的倾向。

与此同时，适形观念也已上升到礼俗道德层面，其本质是“正德、利用、厚生”[⑧]三原则中“厚生”[⑨]理念的衍伸。与西方世界以“和谐美”来评价建筑有所不同，传统社会将构筑物的结构、形态是否合乎使用者的身份等级与道德品行作为评价标准，使物“各得其分”[⑩]。这虽

---

① 注：“适形”论试图从理论上解答建造“适度”的问题，“室大则多阴，台高则多阳；多阴则蹶，多阳则痿。此阴阳不适之患也。是故先王不处大室，不为高台，味不众珍，衣不燀热。燀热则理塞，理塞则气不达；味众珍则胃充，胃充则中大鞔，中大鞔而气不达。”（出自《吕氏春秋·孟春纪第一》）

② “道生一，一生二，二生三，三生万物。万物负阴而抱阳，冲气以为和。”（出自《老子·道德经》下篇）

③ 出自《周易·系辞上》。

④ 出自《周礼·考工记》匠人营国篇。

⑤ “曰：礼，天子之宫在清庙，左凉室，右明堂，后路寝，四室者，足以避寒暑而不高大也，大高近阳，广室多阴，故室适形而止。”（出自《艺文类聚》卷61）

⑥ 王贵祥．中国古代人居理念与建筑原则[M]．北京：中国建筑工业出版社，2015：3.

⑦ 赵之枫．传统村镇聚落空间解析[M]．北京：中国建筑工业出版社，2015：34.

⑧ 出自《尚书·虞书·大禹谟第三》，“禹曰：‘於！帝念哉！德惟善政，政在养民。水、火、金、木、土、谷，惟修；正德、利用、厚生，惟和。九功惟叙，九叙惟歌。戒之用休，董之用威，劝之以九歌俾勿坏。’”

⑨ 所谓“正德”，就是在道德上受到约束与规范，昭示出一种“譬如北辰”的聚合性力量，使有限的物力与人力集中在最为重要、关乎天下命运与百姓生活的“六府”之事上。

⑩ 朱子言：使吾之身一处乎此，则上下四方，物无之际，各得其分，不相侵越，而各得其中。校其所占之地，则其广狭长短，又皆平均如一，截然正方而无有余不足之处。（出自《钦定四库全书》）

然在后来被认为限制了传统建筑的想象力和创造力，但不可否认的是，在一定程度上避免了构筑的过量化，强化个体自我约束意识，不损害左右邻里的宅基用地，维持小型居住社会环境的整体协和，达到“利者义之和”①的境界。

3）人居观：和居与至善的“礼乐和”

德国近代哲学家马丁·海德格尔认为，“建筑的本质是让人安居下来，只有先定居下来，人类才会想到建房”②。这种安定下来的前提，就是建立一种和居理念。透过“天地和”的境域观、“阴阳和”的营建观，传统乡村聚居空间的人居观整体显现出和居与至善的“礼乐和”，使人类具有“参赞化育”的生态使命③。

古代《宅经》论述了民居与环境间的有机关联，“宅以形势为身体，以泉水为血脉，以土地为皮肉，以草木为毛发，以舍屋为衣服，以门户为冠带。若是如斯，是事俨雅，乃为上吉”④，“人因宅而立，宅因人得存。人宅相扶，感通天地，故不可独信命也”⑤。而在宅院内部，掌权者、工匠、村民在尺度、规模、等级方面较少随意僭越。这显然是受到内在协和思想的牵制，是基于传统封建乡村社会差序格局特点的延续，以一种“卑宫室”⑥的态度，追求“止于至善”。建筑的存在首先是满足遮风挡雨的处所功能，表现为适度而中道，而后表征建造者和使用者的自身道德修养，承担形成礼制人伦关系的责任。

传统乡村聚居社会境域观、营建观和人居观的“和”智慧体现出了先验的低碳意愿：与山林、草木等自然资源和谐共处，对宫室营建、土地利用的“适形有度”，不仅关注宅院自身与内外环境的阴阳和，也注重人际社会的和谐与和睦，并与养民厚生的思想相结合，以一种反躬自问式的内省与精神价值，引导人与自然的有机互动，形成整体外“适”内“和”的在地人居思想。

反观现代乡村社区显然在社会人文及与自然环境共生方面均有不少失“和”表现。

1.4.2 国内外研究进展及述评

1）低碳城市研究现状与进展

（1）城市空间形态与碳排放的相关性研究

城市空间形态与碳排放之间的相关性，是对碳排放驱动因素进行挖掘的重要研究，主要有两种思路：一种以传统建筑学、类型学、城市形态学为基础，以自下而上的视角研究形态与能耗的关系，关注中微观尺度下形态因子与碳排放驱动因素的关联关系。塞尔日·萨拉（Serge Salat）在《城市与形态——关于可持续城市化的研究》一书中，将

---

① 《文言》曰：“元者善之长也，亨者嘉之会也，利者义之和也，贞者事之干也。君子体仁足以长人，嘉会足以合礼，利物足以和义，贞固足以干事。”（出自《周易正义》）

② [美]卡斯滕·哈里斯. 建筑的伦理功能[M]. 申嘉. 陈朝晖，译. 北京：华夏出版社，2001：149.

③ [法]Serge Salat. 城市与形态——关于可持续城市化的研究[M]. 北京：中国建筑工业出版社，2012.

④ 汪晓茜. 生态建筑设计理论与应用理论[D]. 南京：东南大学，2002：90.

⑤ 出自《宅经》卷上。

⑥ 所谓宫室，可以理解为中国古代建筑的通称，其中不仅包括帝王的宫殿，也可以包括士人的住宅，佛道的寺院与宫观，甚至庶人的堂舍屋宇。这里“卑宫室”已不是简单的建筑营造，而是将人居环境营建的价值取向上升到了人伦道德高度的境界，通过“吾日三省吾身”的长期修炼，具备“慎独”的自我约束。

城市的外部形态与内部组织性能转化为可量化的测度参数指标，包括紧凑度、密度、连接性、自然光可利用率、被动空间、街道布局复杂性等，运用能源与环境公式，建立中间尺度城市形态与能耗的简化模型并进行分析对比，从而获得建构可持续的、低碳的城市形态方法与关键路径。

另一种则以人文地理学、统计学、城乡规划学、形态学、区域经济学为理论支撑，以自上而下的视角关注区域城市化进程中人口规模、经济收入、交通流量、住房类型、城市热岛等指标的变化，从宏观视角对土地利用布局及社会经济发展现状进行相关指标数据的收集与统计分析，考量受此影响下空间形态与能耗的关联。

南京大学黄贤金教授的研究认为，人类活动对碳排放的影响在很大程度上是通过城市空间形态映射下的土地覆被利用变化来实现的。生活消费行为方式和乡村城镇化扩展速率受其影响，进而对碳排放量产生促进或抑制作用①。卡南和克劳福德（Canan and Crawford）认为②，这种因土地覆被利用变化而导致碳排放强度变动的现象存在三种作用影响：其一是土地利用所承载的产业生产消费碳排放，形成直接驱动力；其二是用地类型转化所释放的碳排放，如森林或草地转化为城市建设用地，形成间接驱动力；其三是人口规模、环境容量、自然环境、经济技术、政策制度和社会文化的流动与变迁，对土地利用碳排放形成的潜在驱动力。

在肯定了城市空间形态映射下土地覆被利用变化对碳排放的影响后，城市空间形态与碳排放的相关性研究首先将视角落在了城市交通布局。纽曼（Newman）等通过对世界100个主要大型城市的数据分析认为，在机动车主导的大城市中，城市密度和土地利用混合度是影响交通碳排放的主要驱动因素，其与人均能耗量之间存在某种规律性联系③。

受到交通能耗与城市形态研究的启发，城市空间形态与生活能耗的研究也随之展开。如城市公共基础设施的布局和配置④，城市热岛与气候⑤等均相继被认为与空间形态相关，且与碳排放强度存在强相关性。格莱泽（Glaeser）和卡恩（Kahn）利用家庭出行调查（NHTS）数据对美国66个大都市区进行研究，发现城市规模的扩张伴随新增人口附加的高平均碳排放水平，会整体提高碳排放量⑥；而城市内部空间结构，尤其是土地利用强度、人口密度等空间形态紧凑指数的变化，同样会对生活碳排放产生影响。如空间形态紧凑指数偏大的地区，由于土地的稀缺而抬升了居住成本，使居民实际居住面积下降，随之产生较少的

---

① 赵荣钦，黄贤金.基于能源消费的江苏省土地利用碳排放与碳足迹[J].地理研究，2010(9)：1639-1649.

② Canan P, Crawford S. What can be learned from champions of ozone layer protection for urban and regional carbon management in Japan? [R]. Environmental Policy Collection, 2006:16-17.

③ Newman P W G, Kenworthy J R. The land use-transport connection: an overview[J]. Land Use Policy, 1996, 13(1):1-22.

④ Harmaajarvi I, Huhdanmaki A, Lahti P. Urban form and greenhouse gas emission[R]. http://www.ymparisto.fi/eng/orginfo/publica/electro/fe573/fe573.htm.

⑤ Kahn M E. Urban growth and climate change[R]. http://repositories.edlib.org/cepr/olwp/CCPR-029-08. 2008.

⑥ Edward L G, Matthew E K. The greenness of cities: carbon dioxide emissions and urban development[J]. Journal of Urban Economics, 2010(67): 404-418.

生活能耗，即城市土地利用的紧凑程度与居住碳排放量存在负相关性，与其规模大小存在正相关性①。尤因(Ewing)搭建了城市空间形态与碳排放关系的研究框架，他认为城市空间形态通过与城市温度相关的热岛效应、不同住房市场的能源需求以及电力输送和配置的损耗情况，与碳排放强度产生影响关系②。

国外大量的城市实证研究已基本认定城市空间形态对居民碳排放的重要影响，尽管在模型选择和变量选取上存在差异，但大部分研究结果认为，高密度、强就业可达性、高混合度的土地利用及道路网络，比低密度、土地利用单一化的区域，更能有效降低出行能源消耗和生活能耗。

城市空间形态会对居民日常行为和生活碳排放产生结构性"固性刚化"影响。不健康的城市空间形态，既不利于城市自生发展，还存在资源浪费、释放过量碳排放等负面影响：土地利用的无序扩张和蔓延，使通勤时间和基础设施建设成本增加③④，增大交通拥堵概率和尾气污染排放量⑤，同时弱化了邻里联系⑥。而健康适宜的城市形态在一定程度上能够缓解部分经济社会和自然环境问题。

国内学者对空间形态与碳排放的相关性研究则起步较晚，多以文献综述、理论架构等方式，以概念引进和理论倡导的定性研究为主，缺乏相关的定量研究，但已逐渐认识到空间形态与碳排放强度相关性研究的重要性。如潘海啸⑦认为，城市空间形态对碳排放具有结构锁定作用，提出通过密度和混合功能调控相结合来完善区域规划、城市总体规划和居住区规划三个层面的编制。顾朝林等⑧肯定了低碳发展与城市规模、土地利用、能源规划、社区建设等空间形态方面内容的相关性。仇保兴⑨提出低碳生态城市概念，从低碳城市交通模式、绿色建筑、秩序性开发模式和规划建设四个角度阐释低碳城市的营建方向。然而，这些研究或理念的提出缺乏相关量化数据的支撑，在深度、广度和具体的实践操作性上都会有所限制。

在实证量化研究方面，柴彦威等⑩对北京 10 个社区 600 户家庭的交通出行碳排放量进行比较后，认为职住平衡、公共基础设施配置、空间行为与环境变化也是影响交通碳排放的

① Edward L G, Matthew E K. Sprawl and urban growth[R]. Handbook of Regional & Urban Economics, 2003(4):2481-2527.

② Ewing R, Bartholomew K, Winkelman S, et al. Growing Cooler: The Evidence on Urban Development and Climate Change[M]. Washington, DC: Urban Land Institute, 2008:1-17.

③ Spear C, Stephenson K. Does sprawl cost us all? Isolating the effects of housing patterns on public water and sewer costs[J]. Journal of the American Planning Association, 2002, 68(1):56-70.

④ Johnson M P. Environmental impacts of urban sprawl: a survey of the literature and proposed research agenda[J]. Environment and Planning A, 2001(33):717-735.

⑤ Ewing R, Pendall R, Chen D. Measuring sprawl and its impact[J]. Journal of Planning Education & Research, 2002, 57(1):320-326.

⑥ Ewing R. Is Los Angeles style sprawl desirable? [J]. Journal of the American Planning Association, 1997(63):107-126.

⑦ 潘海啸. 面向低碳的城市空间结构——城市交通与土地使用的新模式[J]. 城市发展研究，2010(1):41-44.

⑧ 顾朝林，谭纵波，刘宛，等. 气候变化、碳排放与低碳城市规划研究进展[J]. 城市规划学刊，2009(3):38-45.

⑨ 仇保兴. 我国城市发展模式转型趋势——低碳生态城市[J]. 城市发展研究，2009，16(8):1-6.

⑩ 柴彦威，肖作鹏，刘志林. 基于空间行为约束的北京市居民家庭日常出行碳排放的比较分析[J]. 地理科学，2011(7):843-849.

因素；北京大学吕斌教授团队①通过城市形态与环境之间的互动影响分析，对我国各类城市形态、土地利用强度和环境变化做出定量判断，提出城市形态的调整方向和理论参量，以减少交通碳排放量，并证明相较于紧凑城市对外部形态的紧凑性要求，低碳城市更偏重城市内部功能空间的紧凑性②。黄欣、颜文涛③对重庆主城区 12 个样本居住社区低碳关键控制要素的探寻与研究后发现，包括土地利用、空间布局、建筑要素、路网格局和绿地碳汇等在内的多个技术性要素，与碳排放强度之间存在一定相关联系与引导作用。

在城乡规划视角下，对于如何有效控制城市交通碳排放，已有较多的实证研究。而对如何调控建筑群间的空间组织与能耗排放，仍缺乏充分的实证研究分析与深入的理论建构(表 1.4)。

表 1.4 国内外城市空间形态对碳排放影响的实证研究

作者	案例	研究方法	主要结论
Taniguchi, et al. ④	日本 38 个城市	回归分析	城市碳排放受城市人口密度、机动车拥有率、公共服务等因素的显著影响
Kennedy, et al. ⑤	世界 10 个城市	对比分析	城市密度与能源消耗存在负相关性
Wahlgren⑥	芬兰	情景分析	规划策略对城市和社区尺度上的碳排放有显著影响，达到 10%和 20%
Grazi, et al. ⑦	美国	工具变量法的统计分析	每平方英里增加 500 户能够减少 15%左右的碳排放
US National Research Council⑧	美国	情境模拟	新住宅密度开发的翻倍有助于降低机动车行车里程，与基准情境相比，到 2050 年能源消耗和碳排放可降低 1%～11%
Bagley & Mokhtarian⑨	美国旧金山湾区 5 个社区	结构方程模型	出行态度和生活方式的影响相较于居住社区类型的空间变量，对交通需求的作用影响更为显著

① 吕斌，曹娜. 中国城市空间形态的环境绩效评价[J]. 城市发展研究，2011，18(7)：38-45.

② 吕斌，孙婷. 低碳视角下城市空间形态紧凑度研究[J]. 地理研究，2013，32(6)：1057-1067.

③ 黄欣，颜文涛. 山地住区规划要素与碳排放量相关性分析——以重庆主城区为例[J]. 西部人居环境学刊，2015，30(1)：100-105.

④ Taniguchi M, Matsunaka R, Nakamichi K. A Time-series analysis of relationship between urban layout and automobile reliance: have cities shifted to integration of land use and transport? [EB/OL]. http://library. witpress. com/pages/PaperInfo. asp? PaperID=19423. 2008.

⑤ Kennedy C, Steinberger J, Gasson B, et al. Greenhouse gas emissions from global cities[J]. Environmental Science and Technology, 2009, 43(19): 7279-7302.

⑥ Wahlgren I. Eco efficiency of urban form and transportation[R]. Proceedings of the ECEEE 2007 Summer Study, Panel 8(Transport and Mobility), The European Council for an Energy Efficient Economy(ECEEE), 2007.

⑦ Grazi F, Bergh J, Ommeren J. An empirical analysis of urban form, transport, and global warming[J]. The Energy Journal, 2008, 29(4): 97-122.

⑧ US National Research Council. Driving and the built environment: the effects of compact development on motorized travel, energy use, and CO_2 emissions[R]. Transportation Research Board Special Report 298, Committee for the Study on the Relationships among Development Patterns, Vehicle Miles Travelled, and Energy Consumption, 2012.

⑨ Bagley M N, Mokhtarian P L. The impact of residential neighborhood type on travel behavior: a structural equations modeling approach[J]. The Annals of Regional Science, 2002, 36(2): 279-297.

续表

作者	案例	研究方法	主要结论
Ewing, et al. ①	美国	情境模拟与预测	通过土地利用的调整鼓励紧凑开发，将降低行车里程数30%，预计2050年交通碳排放降低7%～10%
Gleaser & Kahn②	美国66个都市区	回归分析	土地利用强度与家庭碳排放水平存在显著负相关性关系，城市规模与碳排放存在一定正相关性，城市规划对土地利用的限制越严格，民居生活碳排放水平越低
Liu, et al. ③	美国巴尔的摩都市	工具变量法的统计分析	所建成的环境变量中，街区规模与可达性相比密度及其他因素对碳排放强度影响更加重要
韩笋生、秦波④	北京15个社区	回归分析	居住面积与人均居住能耗有一定相关性，增加建筑密度有利于减少建筑和交通碳排放，社区周边的道路连通性对交通行为有明显影响
陈飞、褚大建⑤	上海	情境分析	用地结构、城市密度会影响交通方式，进而改变碳排放量
黄欣、颜文涛⑥	重庆12个社区	相关性分析	土地利用、空间布局、建筑要素、路网格局和绿地碳汇等技术性要素与碳排放密度之间存在相关关系，并起到一定引导作用
杨阳⑦	济南20个社区	回归分析	土地混合度、路网交叉口密度、目的地可达性等建成环境指标，与家庭出行能耗相关
吕斌、孙婷⑧	国内8个城市案例	情境模拟	提出城市内部功能形态紧凑度的量化指标，实证“内部功能空间紧凑度”指标较外部“形态紧凑度”指标能更好反映紧凑性内涵，利于空间形态低碳化发展

（资料来源：作者根据文献整理）

（2）低碳城市空间规划综合调控与政策

关于低碳城市规划的研究与实践，英国显然走在世界前列，尤其在规划编制与实施、公众参与和信息反馈方面。克劳福德和弗伦奇(Crawford and French)探讨了英国空间规划与低碳目标之间的关系，认为实现低碳目标的关键是转变管理人员和规划师的认知，并且重

① Ewing R, Bartholomew K, Winkelman S, et al. Growing Cooler: The Evidence on Urban Development and Climate Change[M]. Washington, DC: Urban Land Institute, 2008.

② Gleaser E L, Kahn M E. The greenness of cities: carbon dioxide emissions and urban development[J]. Journal of Urban Economics,2008,67(3):404-418.

③ Liu C, Qing S. An empirical analysis of the influence of urban form on household travel and energy consumption[J]. Computers, Environment and Urban System,2011(35):347-357.

④ 韩笋生，秦波. 低碳空间规划与可持续发展——基于北京居民碳排放调查的研究[M]. 北京：中国人民大学出版社，2014.

⑤ 陈飞，诸大建. 低碳城市研究的内涵、模型与目标策略确定[J]. 城市规划学刊，2009(4):7-13.

⑥ 黄欣，颜文涛. 山地住区规划要素与碳排放量相关性分析——以重庆主城区为例[J]. 西部人居环境学刊，2015, 30(1):100-105.

⑦ 杨阳. 济南市住区建成环境与家庭出行能耗关系的量化研究[D]. 北京：清华大学，2013.

⑧ 吕斌，孙婷. 低碳视角下城市空间形态紧凑度研究[J]. 地理研究，2013, 32(6):1057.

视低碳理念和相关适宜低技术的运用①。

2005年,"过渡城镇"(transition towns)产生于英国托特尼斯(Totnes),这是一种从高碳到低碳生活过渡的状态。罗布·霍普金斯(Rob Hopkins)联合英国舒马赫大学开发了"能源下降行动方案",试图从能源、食物供应、交通运输、住房等方面找到一个地区性有效抵抗外来危机的方法,倡导可持续的生活方式、建立本地化的生态弹性、建设当地可见的未来"生态复原力",以"再本土化"为核心,逐步减少对化石能源的依赖。

此外,在公共政策实践方面,相关法律法规的颁布,将气候变化因素引入城市空间规划的相关政策,使在土地利用和能源使用支配方面的降碳成效能有所体现。2007年英国发表了《规划政策说明:规划和气候变化补充规划政策说明》(*Planning Policy Statement: Planning and Climate Change-Supplement to Planning Policy Statement*),将气候变化因素纳入区域空间战略,从区域规划层面考虑减少二氧化碳排放②。2008年,英国城乡规划协会(TCPA)出版了《社会能源:未来低碳城市规划》(*Community Energy: Urban Planning for a Low Carbon Future*)③,提出应根据社区规模及社区在城市内部的空间差异,采用不同的技术和政策实现节能减排④。2009年美国林肯土地政策研究院发布《缓解气候变化的城市变化工具》(*Urban Planning Tools for Climate Change Mitigation*)⑤,阐述了城市规划对气候变化的重要影响,并提出在充分考虑城市各部门空间协调的基础上,综合运用城市规划工具来引导低碳城市发展的思路。

2)低碳乡村研究现状与进展

从检索数据来看,截至2015年3月,以乡村为主题的相关文献研究有356 035篇,其中硕博论文有52 814篇,内容涵盖广,成果综合化、跨学科化。若以低碳为检索主题时,相关文献检索结果锐减至3 908篇,其中硕博论文1 367篇,而在社区范畴对乡村低碳建设展开的研究并不成熟,可获得的现有研究成果较少,更多是从生态、绿色、可持续角度出发。

从检索内容来看,研究主要集中在区域经济学、人文地理学、土地资源管理、社会学、景观生态学、能源管理等领域,对低碳乡村经济、生态、社会、农业等发展建设提出相关建议和分析,而涉及城乡规划学领域的研究仅占相当有限的部分(其中建筑科学与工程学科占15.3%)。从低碳乡村旅游探索到低碳生态社区的规划发展,从乡村低碳住宅设计到材料循环利用及节能构造的创新与推广,具体包含低碳乡村内涵解析⑥-⑧、乡村能源碳排放结构的

① Crawford J, French W. A low-carbon future: spatial planning's role in enhancing technological innovation in the built environment[J]. Energy Policy, 2008(12):4574-4579.

② 参见 http://www.communities.gov.uk/publications/planningandbuilding/ppsclimatechange. 详细内容。

③ Community energy: urban planning for a low carbon future[R]. http://www.tcpa.org.uk/press_files/pressreleases_2008/20080331_Energy_Guide,2008.

④ 郑思齐,霍燚,曹静.中国城市居住碳排放的弹性估计与城市间差异性研究[J].经济问题探索,2011(9):124-130.

⑤ Patrick M C, Duncan C, Nicole M. Urban planning tools for climate change mitigation[R]. Lincoln Institute of Land Policy,2009.

⑥ 杨彬如,韦惠兰.关于低碳乡村内涵与外延的研究[J].甘肃金融,2013(9):12-15.

⑦ 吴永常.低碳村镇:低碳经济的一个新概念[J].中国人口资源与环境,2010(12):52-55.

⑧ 陈振库.杭州市建设低碳农村的思考与构想[J].农业环境与发展,2010(6):48-67.

分解与剖析[①-③]、土地利用与碳排放关系的研究探索[④⑤]以及民居低碳节能改造等。

(1) 国外低碳乡村发展与实践

20 世纪 70 年代,韩国新村运动建设背景与我国当前所处的形势有相似之处:城乡收入差距大、人口老龄化严重、乡村无序迁移带来了诸多社会和城市问题。韩国建设低碳绿色乡村遵循了一系列原则:一是全民参与,从低碳乡村的规划建设到控制管理,全民推进且全民参与;二是能源节约,提倡低碳生活方式、提高能源利用效率;三是能源自主,在乡村地域范围内充分利用太阳能、风能等自然资源及生物质能,提高区域的能源自给率;四是考虑示范村的规模化和可行性,提供不同类型的乡村模式和标准[⑥]。与日本依赖大量国家专项资金投入相比,韩国的新村运动是建立在财政低投入和村民自建与共建基础之上的,可以说,这是一种低成本的乡村跨越式综合发展典范。

(2) 国内低碳乡村实践团队与研究方向

相较于国外低碳建设的相对成熟化和系统化,国内的低碳乡村研究与实践则基本处于初级阶段,以低碳为导向的乡村营建仍处于孕育之中。

现有低碳乡村建设属绿色与生态可持续的人居环境范畴,包括清华大学吴良镛院士的张家港生态乡村人居研究,西安建筑科技大学刘加平院士对云南、西藏等地的乡村绿色生土人居研究。而社区层面的低碳建设试点,主要集中在城市领域,如北京市长辛店低碳社区、上海崇明岛低碳示范区、长沙太阳星城绿色低碳社区等。

浙江大学王竹团队依托国家自然科学基金重点课题项目“长江三角洲地区低碳乡村人居环境体系研究”,对安吉鄣吴镇景坞村展开了以“开汇节源”为主要思路的低碳实践。团队创造性地提出基于三维地形的乡村人居环境系统碳核算评估模型,建立了浙江省低碳乡村规划建设指标体系及相关技术导则与图则,构建了浙江省低碳乡村规划建设策略体系,引导村镇低碳工作的高效进行。

安吉民间生态节能住宅素人建筑师任为中,始终关注并传授民居建造技术和工艺,提倡砂土、黄泥和石灰相结合的传统夯土生态技术,充分利用其良好的隔热性能和储潮吸湿能力,并结合当地的木材和石块进行乡土材料试验,构筑低碳节能的民居住宅。然而,夯土技术在大范围推广过程中不符合村民当下的审美理念,响应度明显不足。其后,任卫中开始实践身土不二的乡村生活理念,“出自土地用于土地并合理消化分解再利用”,如用废弃的豆荚壳铺于种植物底部,替代肥养料的同时又阻挡杂草生长,实现真正的内部循环和利用。这种理念的传播,有助于身体力行地提高当地村民对低碳理念的关注。

---

① 段德罡,刘慧敏,高元. 低碳视角下我国乡村能源碳排放空间格局研究[J]. 中国能源,2015,37(7):28-34.

② 李光全,聂华林,杨艳丽,等. 中国农村生活能源消费的空间格局变化[J]. 中国人口资源与环境,2010(4):29-34.

③ 王长波,张力小,栗广省. 中国农村能源消费的碳排放核算[J]. 农业工程学报,2007,27(S1):6-11.

④ 张慧. 农业土地利用方式变化的固碳减排潜力分析——以惠州市上沙田村为例[D]. 成都:西南大学,2011.

⑤ 李永乐,吴群,何守春. 土地利用变化与低碳经济实现:一个分析框架[J]. 国土资源科技管理,2010,27(5):1-5.

⑥ 李梅,苗润莲. 韩国低碳绿色乡村建设现状及对我国的启示[J]. 环境保护与循环经济,2011(11):24-27.

3）研究进展综合述评

纵观国内大量现有文献研究成果，低碳人居环境研究多聚焦城市范畴，集中在对公共基础设施建设、土地利用分类布局和民居热环境的改善提升上，而对乡村地区的低碳建设探索较少，相关理论与方法远不如城市成熟，且内容单一并不全面，大部分研究围绕具体微观民居建构、节能材料使用及功能空间组织，尽管涉及乡村整体规划的营建内容，但缺乏对当前乡村人居环境低碳营建诉求系统性、整体性的理论和实证研究。尤其缺少针对近年来经济较发达乡村地区高碳现象日趋凸显的系统性研究，从乡村领域研究空间形态与能源消耗间关系的文献资料更是凤毛麟角。

首先，现有乡村建设相关理论、方法和技术研究滞后于乡村人居环境快速发展的现实，对“低碳乡村”以定性研究为主，浮于片面的内涵认知、宏观理念的梳理和解析，缺乏较为精准、全面和充分的理解，往往将“低碳”简单等同于环境保护、节能减排或生态可持续思想的继承与延续①，易以偏概全，且大多从乡村碳排放的共性特点出发，缺少对不同类别乡村特性的分析，且未深入挖掘影响要素背后的作用机制，往往为寻找共通性而缺漏个性的差异探寻。

其次，侧重于静态现状分析，在未来动态发展趋势的预测方面往往失语或欠缺合理分析，而低碳建设研究本应涉及多个学科的综合交叉，单一专业视角无法解答系统而全面的实际问题，现阶段缺少了多学科的交叉，便难以获得较客观的发展策略，使得低碳目标的实现流于形式而无法真正落实。

再次，文献研究中不乏针对低碳乡村建设、目标和概念框架的搭建，也有从微观视角对低碳适宜性技术在地化应用的推广和示范，而对作为承前启后的中观层级研究却相对薄弱，也就是说，缺少整合宏观目标理念与微观技术运用的体系，使得低碳发展的核心焦点易被误解为新能源、新技术的一次次炫技表演，“只顾头不顾尾”，忽视了乡村适宜空间形态的建构。

1.5　研究内容与方法

1.5.1　研究内容

本研究以问题为导向，围绕几个核心问题逐层展开。从理论建构、原型识别出发，形成七个章节的论证脉络与逻辑思路主线：

（1）理论建构——提出“空间形态低碳适应性”内容体系。

（2）原型识别——厘清空间形态在不同纵向层次、横向组织构成过程的适应性能力与结构碳锁定规律。

（3）量化方法——构建基于乡村社区空间形态的碳计量核算方法，量化探究空间形态结构与碳排放强度的相关性。

---

①　张泉，等.低碳生态与城市规划[M].北京：中国建筑工业出版社，2011：26-27.

(4) 过程协调——提出具备可操作性的空间形态低碳控制要素的关联框架,建立“空间形态—环境碳行为—活动碳排放”的动态适应性过程机制。

(5) 体系构建——归纳并提炼空间形态低碳适应性营建的模式语言,重建“人—地—自然”的共生关系。

1.5.2 研究方法

1) 定性与定量相结合的研究方法

本研究的定性描述研究,主要针对乡村社区空间形态适应性作用下动态结构的抽析厘清,以及形态生成背后内在秩序与适应性作用机制的归纳。本书所涉及的量化研究,主要在于对空间形态结构要素与碳排放强度关系的挖掘,其量化结果应与过往的常识经验和既有成果相对照,成为一种辅助的判断和解释依据,而不应是“数学的滥用”。两者的穿插结合,使定性研究弥补了形态量化无法解释的内部结构关系和作用机制的短板,而定量研究使得定性的结构关系表达更为直观。

2) 实证调查分析研究

本研究涉及的实证调查分析主要有相关部门走访调研和实地勘探调研两种方式。部门走访主要是对乡村社区所在村委会的村干部、村领导进行详谈与了解,对所属国家电网电力营业厅的各村用电数据进行收集与统计。而实地勘探调研内容可分为三部分:行为和认知调查、空间形态环境要素的田野调查和能源利用消耗的调查。行为和认知调查通过问卷和访谈的语言形式,以及对日常行为习惯直接或间接的观察和分析获得一手资料。空间形态环境要素的调查,需要从与碳排放相关联的环境视角出发,在量大面广的浙北地区抽取样本乡村社区进行考察,广泛收集各尺度下区域地块的基础资料和气候资源条件,重视对实体环境现状和模式的归纳与整理,即空间形态映射下的土地利用结构、性状、形式,房屋建构的形制、材料与构造做法等。能源利用消耗调查,往往与问卷调查和电力部门走访相结合,通过获取相应能源数据和村民日常生活用能规律进行解释与判断。

3) 复杂性思维和多学科交叉的综合运用

复杂性思维方式体现了由静态向动态、由单向向互逆、由解构向综合系统化思考进行转变和优化的过程①,其避免了定量数理化的机械限制,着眼于对空间形态内在运作机制的认知和学习,强调思维的灵活性和混沌性。从横向“点”到纵向“链”再到面域“网”的协调发展,关注还原论与整体论的运用,转变由单向自然科学方法的逻辑推断向多专业、跨学科引申,如本书研究中涉及建筑学、城乡规划学、环境行为学、景观生态学、复杂适应系统理论等多学科内容,使对空间形态低碳适应性的营建成为一种思考方法而被运用。

① 王小斌.演变与传承——皖、浙地区传统聚落空间营建策略及当代发展[M].北京:中国电力出版社,2009.

1.5.3 技术路线(图 1.5)

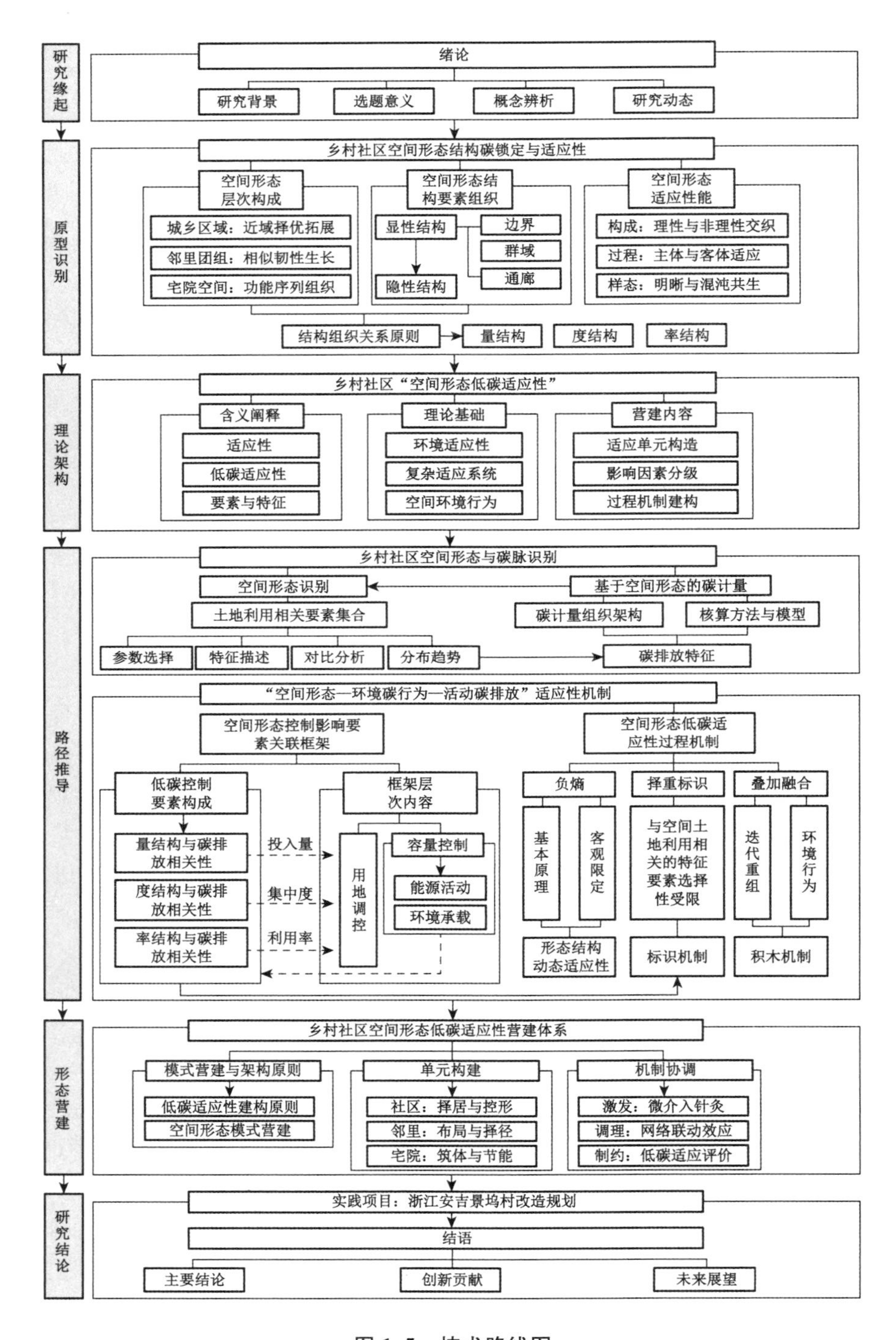

图 1.5 技术路线图

(资料来源:作者自绘)

2 空间形态的适应性与结构碳锁定

引起聚居病变的原因，即老化、异常生长、功能与准则变化以及人们错误的行为。
——吴良镛《人居环境科学导论》

城镇化使得乡村社区空间形态在并不完善的城乡关系间发生调整与转型：城乡区域形态原本依循自然演变而生的层次性发生“失调”，呈现近域圈地扩张；邻里团组形态的生长秩序语言混乱，重要功能空间的连接点破缺而“失稳”；宅院空间组织序列异化而“失和”，地域性被逐级“拷贝”现象瓦解。

空间形态作为人类生产和生活的集聚样态，是各种相互作用关系（居住、产业、交通用地与人口分布、物质能量流动及自然生态环境的适应关系）在空间载体上的映射表现，涵盖了结构和功能的全部关系与内容。这些关系的主次秩序共同推动乡村社区空间形态，从创生、发展、高潮到适应、转型的全历程。

空间形态的结构关系在一定程度上影响并决定了碳脉流通的规模、速率与方向，并与不同用地功能的性状、链接状态存在密切关联。其规模、速率的提升或衰减，通过功能的更替进一步反作用于空间结构配置，形成空间形态的进化、自愈或停滞。这种结构性的碳锁定①，在短期内较难发生改变，客观上还会对周边环境产生持续性影响，对居民的生活住行产生长期而不可逆的干扰，提高能源消耗量。

本章将对空间形态的适应性演进规律进行探究，对各结构要素进行碳排放的绩效考量。从层次构成、要素组织、适应力作用三方面，分析空间形态的共通形式结构、一般性法则以及内在适应性机制，进而挖掘结构“碳锁定”规律。只有先具备辨识能力和基本技能，而后才能“改进土壤成分，促进植物生长”。

2.1 空间形态的层次构成

每个乡村社区都有其相应的空间形态图式构成。在城市领域，武进②认为城市形态是内部结构（要素空间布局）、外部形状（外部轮廓）和相互间作用关系（要素组织作用）所组成

---

① 注：西班牙学者昂鲁（Gregory C. Unruh）在《理解碳锁定》一文中，基于技术锁定和制度路径的依赖，首次提出“碳锁定”概念。即节碳技术的拓展容易沿着特定路径发展，使得摆脱原有技术或路径变得困难且成本高昂，形成“技术—制度复合体”（Techno-Institutional Complex，TIC）的“锁定”状态。在本书研究中，“碳锁定”特指空间形态结构的规模、效率等配置关系对碳排放产生的长期而固化的干扰影响。

② 武进. 中国城市形态：结构、特征及演变[M]. 南京：江苏科学技术出版社，1990.

的空间系统；西方康泽恩(Cozen)派[①]建立了形态分析框架，认为城市平面(tower plan)、用地模式(landuse pattern)和建筑形式(building forms)是基本构成要素，要素与连通的基地组成了最小的形态“细胞”并联合构成形态单元(landscape units)，不同层次的形态单元便组合形成了城市形态的不同类型。

对形态层次构成的解析与调查，就是为了解读不同空间图式的构图原则，寻找乡村社区区域化、秩序化、结构化的内部关联。区域化，体现土地要素投入的宏观总体表现；秩序化，体现用地结构的中观团组时序和开发强度；结构化，体现微观宅院结构与功能关系的序列组织，三者相互适应影响并紧密关联。

2.1.1 城乡区域形态：近域择优拓展

城乡区域形态是空间形态层次构成的一种区域化表达，是体现土地要素投入水平的整体外部表现。人类早期的区位选择行为受限于地形、地势和水势等自然地理环境以及落后的生产力，或主动或被动地接受适宜资源条件的引导或吸附。对自然资源的敬畏使得传统乡村的聚居更注重与土地和其他资源的合理互动及利用，择址多选择位于两种以上异质资源之间[②]，契合《齐民要术》中“顺天时，量地利，则用力少而成功多”的说法，以达到空间资源利用的效益最大化。这种顺势、顺水、节地并与其他自然群落共生的“天地和”境域观带有明显的自发性，并且会延续自身的栖息地逻辑而渐进发展。但此时，城乡区域间的社会经济关联是弱化的，以有效耕作半径为主要活动范围的传统小农经济，显示出封闭而内向的空间形态发展趋向(图 2.1)。

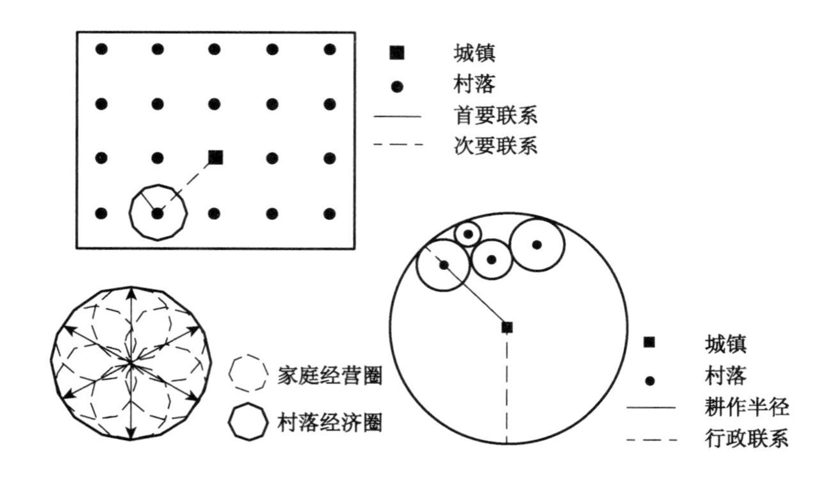

图 2.1 内向封闭型传统乡村空间结构及城乡关联度示意

(资料来源：张小林. 乡村空间系统及其演变研究[D]. 南京：东南大学，1997.)

---

① 吴一洲. 转型时代城市空间演化绩效的多维视角研究[M]. 北京：中国建筑工业出版社，2013：45.

② 注：处于两种以上异质资源之间有明显优势：其一，两种资源的获取利用便利；其二，使聚居尽可能少地占据耕地资源，保证长久粮食供给(李晓峰. 多维视野下的中国乡土建筑研究——当代乡土建筑跨学科研究理论与方法[D]. 南京：东南大学，2004：177.)。

当乡村社会经济逐渐发展到一定阶段后，人口扩张、资源需求和耕居比值会逐渐达到环境容量的极限区间值。此时，部分村民基于原聚居地近域迁移，扩大了的耕作半径范围与周边环境会发生角力式共生跳跃拓展，尝试寻找与城乡关系、自然环境之间的相对稳衡点。这样的延展和扩散，遵循择优拓展原则，同时形成分散且密度增大的空间聚居形态(图 2.2)。

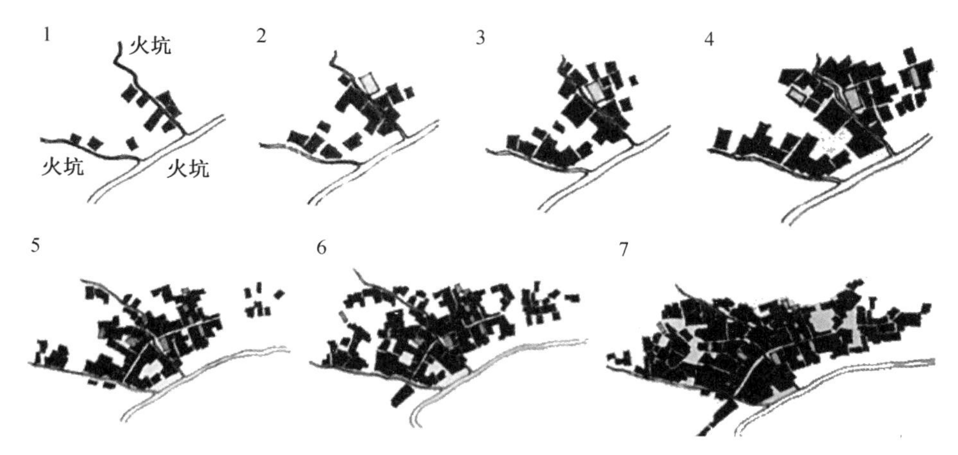

图 2.2 瞻淇村空间形态发展变迁示意图①

(资料来源：李立. 乡村聚落：形态、类型与演变——以江南地区为例[M]. 南京：东南大学出版社，2007.)

随着乡村社会经济受城镇化外力的持续促进或抑制，许多原本属于乡村内部的关联被日益扩大到外部更大的区域范围②。此时，乡村聚居近域择优拓展原则的“优”逐渐被偷换，以经济利益驱动扩张为主要“优”点的特质俨然与传统农耕时代不同。在外部几何形态上，表现为沿道路或沿乡镇趋近，边缘界面模糊，而内部组织结构则以低密度的扩张势态，违背节地初衷(图 2.3)。与此同时，乡村主体人口结构的核心化③现象趋向明显，宅基地无偿使用制度使家庭社会的分裂④加剧，并延续、衍生到宅院空间的扩张与迁移，新核心家庭，或旧址拓展新建，或见缝插针脱离原基址建设范围，使宅院占地面积突增的矛盾现象激化。

图 2.3 瞻淇村后期扩张发展现状

(资料来源：李立. 乡村聚落：形态、类型与演变——以江南地区为例[M]. 南京：东南大学出版社，2007.)

---

① 注：瞻淇村的大坑、上坑为地形优势地带，是最早的栖居地。当环境容量饱和之后，村民围绕某一生长点向外寻找新聚居地，以生长点的产生带动近域发展及至平衡。新建聚居团组均围绕上下坑的水源地向西发展，体现出近域择优拓展原则。

② 李立. 乡村聚落：形态、类型与演变——以江南地区为例[M]. 南京：东南大学出版社，2007：14.

③ 注：由父母和未婚子女构成，子女婚嫁后再独立形成新核心家庭。

④ 注：家庭分裂是古之既有的自然现象，只是传统乡村家庭习惯立而不分、分而不散，个体家庭的生存依赖于家族发展的保障。

区域形态渐渐失去了对原型空间的承袭和调控，择“优”亦成为利益驱动的工具。同时，政府主导干预下的新型乡村社区成为不能忽视的介入力量，其对原城乡区域形态的异化、破坏与重组，使部分区域的外部空间形态机械化线性几何突出，丢失与周边环境融合相生的拓展理念。

2.1.2 邻里团组形态：自相似韧性生长

如果说，城乡区域形态产生了动态的外部边界与界域感，体现出空间形态发展的历时性特征，那么，邻里团组则以宅院单元为起点，以血缘、业缘、乡邻间的亲疏关系为“链”，依循相似韧性生长原则，表现组群的配置关系、路径走向与节点链接状态的秩序化。其对共时性的特征构成是可视的，使得空间形态具备历时化下的可读性。

在传统自然经济条件下，部分乡村内部团组形态受宗法制度影响，围绕神礼、世俗的现实或幻想需要而产生契合的单中心或多中心布局，其空间结构关系是宗族势力在空间载体的映射(图 2.4)。当受到相同文化观念的驱使时，邻里团组秩序化空间构成要素和组织关系具有相似性。如皖南歙县潜口村，整体布局灵活，但秩序生长受宗族礼制文化统领而宏观中心组织化鲜明，宅院群组围绕总祠及上下支祠展开(图 2.5)。类似的还有皖南黔县西递村，以祭祖为核心的“场所—祠堂”式内聚性秩序组织，是主要的宅院生长方式(图 2.6)。

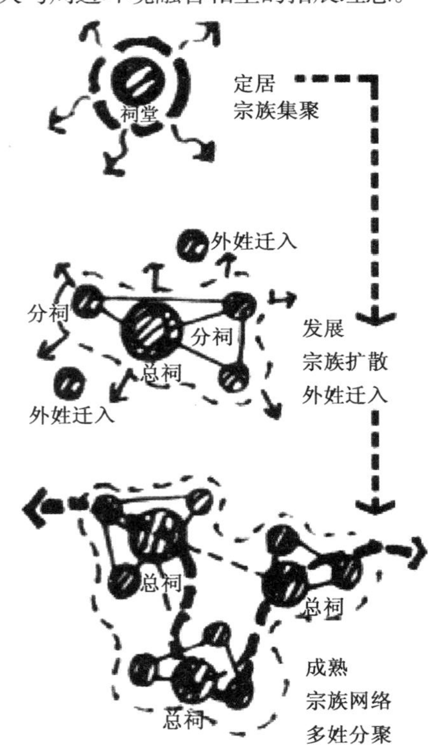

图 2.4 内部宗族的聚集与分散示意图

(资料来源：李蕊. 中国传统村镇空间规划生态设计思维研究[D]. 天津：河北工业大学，2012.)

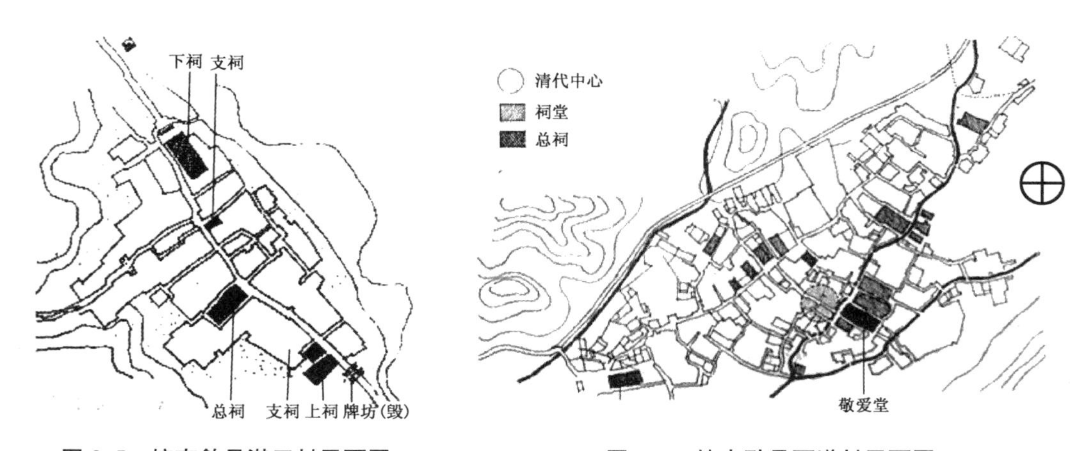

图 2.5 皖南歙县潜口村平面图　　**图 2.6 皖南黔县西递村平面图**

(资料来源：彭一刚. 传统村镇聚落景观分析[M]. 北京：中国建筑工业出版社，1990：26，28.)

由于地缘和血缘的相对开放，本研究涉及的浙北地区，其大部分乡村聚居受宗族礼制文化影响较弱，邻里团组形态的生发、集聚或分散是依赖于自给自足特征的小农经济，是适应于当时生产力发展水平的表现。邻里团组的集聚拼合遵循传统民居单体“一明两暗”形制，以房间数量的计数单位“间”作为起点替代具体面积规模的描述，与转化方位后的“厢”共同形成“院”。由此，“间”“厢”“院”形成了邻里团组形态的基本宅院单元构成(图 2.7)。

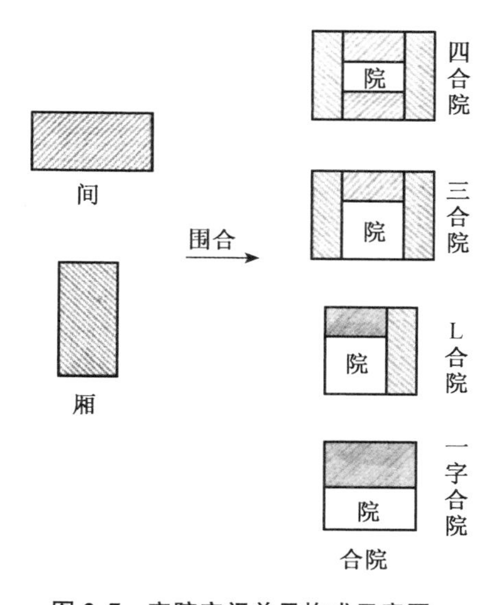

图 2.7 宅院空间单元构成示意图

(资料来源:段进，季松，王海宁. 城镇空间解析:太湖流域古镇空间结构与形态[M]. 北京:中国建筑工业出版社，2002:757.)

宅院单元的等级子群组织形成具有先后方位次序的院落组，院落组群经由并列子群组织形成具有类型特征(块状、线形、环形、T 形等)的地块空间，地块空间再通过拓扑的链接和近邻的亲疏关系形成街坊空间，从而逐级、逐列构成邻里团组形态的秩序生长主体①(图 2.8)。在这种配置秩序关系中，新生成部分与原有部分的街廓尺度、密度与连接度相似，其具体配置大小、形状，方向组织(并列、次序、拓扑)的排列，受地形、气候、空间异质体(山体、水系)等客观条件影响，也受原型形制和功能更替的影响(如交通和产业)，受这些诱因的共同影响，新生成部分在原型共性基础上偏离均质性，而体现出局部的秩序分散和弹性生长的差异微调(图 2.9，图 2.10)，使乡村邻里团组形态背后存在的某种潜在结构秩序关系初现，表现为宅院单元等级秩序性组织和功能职效的同构性，呈相似韧性生长状态。此时，邻里团组形态受区域拓展影响，韧性生长的延续基于相似的原型样态和适宜生长点的选取，并对交通传输效率、人口密度分置、土地利用结构等产生直接影响，进而影响相关能源的碳排放量。

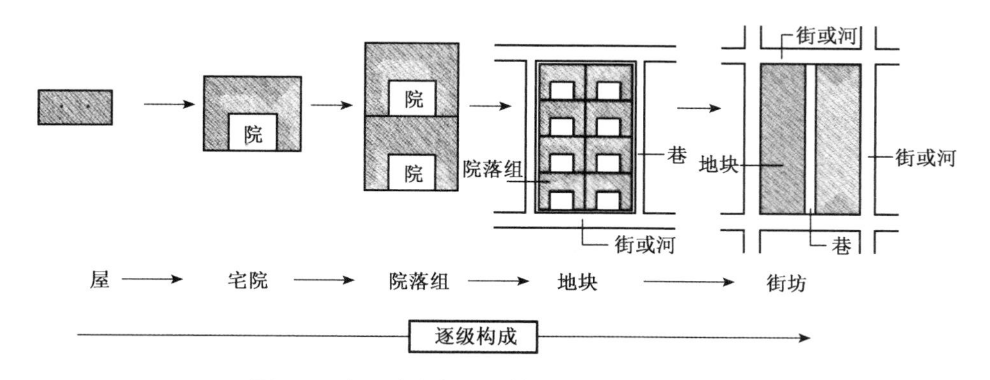

图 2.8 各层次间相似性等级、并列生长示意图

(资料来源:段进，季松，王海宁. 城镇空间解析:太湖流域古镇空间结构与形态[M]. 北京:中国建筑工业出版社，2002:57.)

① 仲德崑. 南京高淳县淳溪街的空间模式及其保护性城市设计[M]. 天津:天津科技出版社，1993.

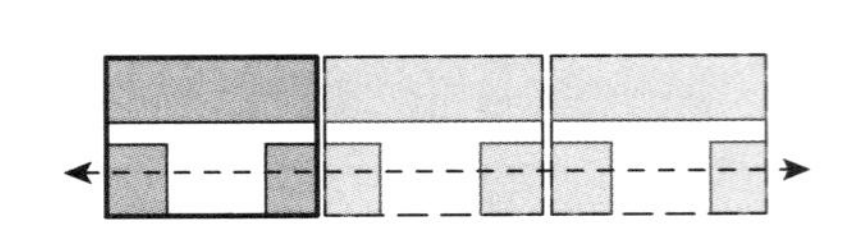

图 2.9 横向并排组织示意图

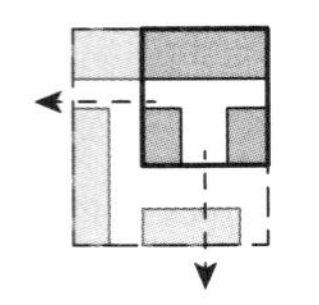

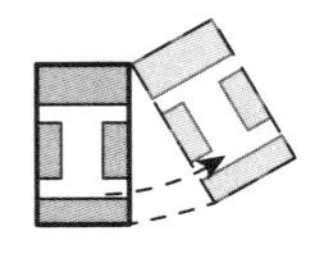

图 2.10 多向扩展和方向偏向扭转组织示意图

（资料来源：王鑫．环境适应视野下的晋中地区传统聚落形态模式研究[D]．北京：清华大学，2014：139．）

反观城镇化进程中的乡村邻里团组形态，相似韧性生长原则已然变味。此时的“相似性”体现在对城市居住意象的野蛮模仿，外观形似却失去支配灵魂。过去建立在“敬天惜地”基础上，带有群体价值取向的整体水平式聚居空间被个体取向为主的片段垂直式空间形式所取代①，宅院单元之间、院落组群与环境之间的联系被硬生割断，失去弹性增长之韧性（图 2.11）。从单中心向多中心甚至去中心化发展，从质态的均匀化向异质化延伸，从相似韧性生长向“盖章式”“插花式”，宅基地分配制度下的独立生存演进，又由于个体经济发展的不均衡、建造时序和个体构筑能力的差异，导致邻里团组秩序和风貌产生偏差。整体式迁移、公共设施遭废弃、候鸟式居住宅院空置，使空间形态失去“稳态”情趣。

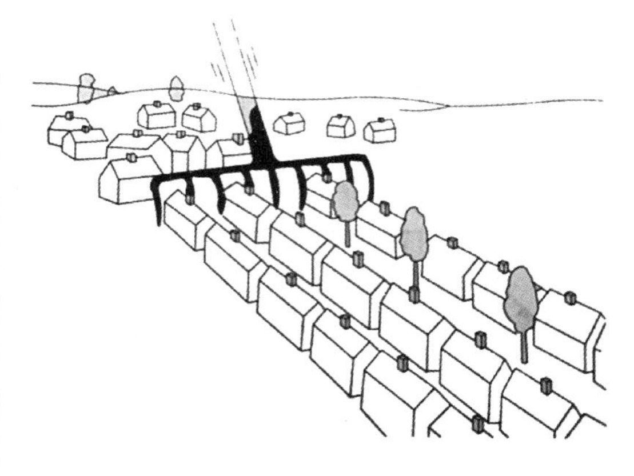

图 2.11 梳理自然的误区

（资料来自：George F T，Frederick R S．Ecological Design and Plan[M]．New York：John Wiley & Sons，1997．）

2.1.3 宅院空间形态：功能序列组织

从“没有建筑师的建筑”到“标准化、规模化建造”，宅院空间形态的功能序列演化和调整，是整个乡村聚居空间形态变化的缩影。新中国成立后的近七十年间，纵观乡村宅院的发展变迁过程，平面功能组织、单体构造与材质选取、土地利用方式、地理环境与气候适应性以及建造能耗与环境热舒适性五个方面，均发生了不同程度的分化与变异，显示出与传统宅院单体不同的逻辑组织和方法形式，可归纳为三种类型：生存型、生活型和享受型。以浙北湖州地区为例，其宅院空间形态经历了从“土房变砖房”“砖房换楼房”“楼房升别墅”三个阶段，而第三阶段的宅院更新正处于进行中（图 2.12）。

1）平面功能组织

新中国成立前后至 20 世纪 70 年代末，乡村宅院基本沿袭了传统居住形式，其基本平面形制为“一明两暗”，结合外部开放空间或围栏，分为堂屋（居中）、卧房（两侧）和院坝（外部）三部分，少数富裕人家为“三间两厢，四檐走马楼”的三合院②。宅院空间的功能性是混合

---

① 李立．乡村聚落：形态、类型与演变——以江南地区为例[M]．南京：东南大学出版社，2007：151．

② 李涛．浙江安吉农村集中居住区住宅的节能设计研究[D]．南京：东南大学，2006：8．

(a) 生存型(安吉鄣吴镇景坞村砖木房)

(b) 生活型(安吉上墅乡大竹园村砖房)

(c) 享受型(德清莫干山镇何村楼房)

图 2.12 乡村宅院形态发展演变的三种阶段性类型图

(资料来源:作者自摄)

的,尽管实体边界清晰,但堂屋集农具堆放、祭祀、交通、生产与生活等多种功能为一体,院坝除用于衣物晾晒、乘凉、聊天等基本生活功用外,也成为薪柴储存、农作物晾晒与加工的场所。此时,形式与功能并轨,空间分化程度低、类型单一,依循农耕社会建筑空间和劳作不分区的原则,满足基本生存需求。至 90 年代末期,宅院空间形制在“一明两暗”基础上进一步分化(生产和生活相对分离)、类型复杂程度加大,早期厨厕分离在宅体外的方式,也逐渐移入至室内,而相关农产业的没落,引致猪圈、羊舍等产业附属用房逐步消失。进入 2000 年后,宅院空间从生活型直接跨入享受型。新建房多为 3～4 层,甚至达到 5～6 层,体量较大,平面形制和功能布局已完全按照城市居住的需求,客厅、卧室、厨房和厕所等功能空间齐备,面宽和进深往往达到 12 m×10 m 以上。在一些经济较发达的乡村地区,农业生产已脱离基本生活范畴,农具储存空间早已销声匿迹,原本的院坝也变为别墅的后花园(图 2.13)。

2) 单体构造与材质选取

传统居住宅院的单体构造与材质选取,是与当下的生产力发展水平和实际生活需求相适应的。人们用加高层高(一般 3.3 m 以上)使热空气在无法触及的上空存留,同时减少向阳开窗数量,增加外挂木质遮阳板,以减少夏季辐射得热,并设置小天井或屋面架设阁窗,增加空气对流。在材质选取上,多利用本地植物(竹、松木、杉木),农产品辅料(稻草、麦秸)以及泥土等原生态材料。这些夯土建成的宅院主体即使拆除后,还可以敲碎入土再循环利用,村民结合田野经验“物候为法,因地制宜”,用最直接的方式应答气候适应性。而进入生活型和享受型阶段时,不可降解的砖混、钢筋混凝土结构取代了砖木、夯土结构(表 2.1)①,使宅院单体建造全过程的材料消费能耗增加,气候适应性的构造表达则更依赖外部机械辅助。吴锦绣认为,“建筑是‘黑域’(自然)、‘白域’(人)之间的‘灰域’”②,“灰域”对自然环境和资源承载的考验,是未知甚至有时候会充满危险性,需要审慎地予以对待。如部分乡村社区出

① 清华大学建筑节能研究中心. 中国建筑节能年度发展研究报告 2012[M]. 北京:中国建筑工业出版社,2012:37;彭军旺. 乡村住宅空间气候适应性研究[D]. 西安:西安建筑科技大学,2014:2.

② 吴锦绣. 建筑过程的开放化研究[D]. 南京:东南大学,2000:48.

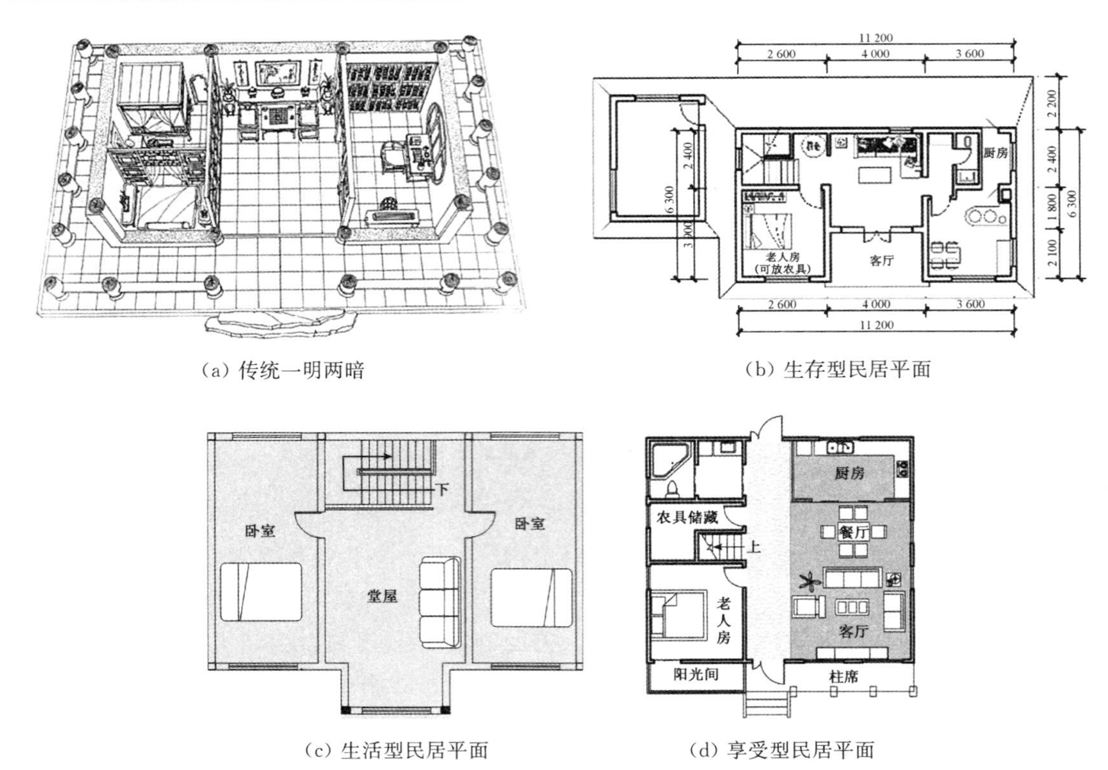

(a) 传统一明两暗　　(b) 生存型民居平面

(c) 生活型民居平面　　(d) 享受型民居平面

图 2.13　生存型、生活型和享受型三个阶段居住宅体的平面形制变化

(资料来源:作者自制)

表 2.1　乡村居住宅院全生命周期物质与能耗分析表

寿命阶段	主要活动	能源与物质	排放物及影响
材料采集	从自然界获取本地材料	木材、石材、黏土、砂石、泥土	木材过度依赖造成森林大面积砍伐,黏土取用造成对耕地的破坏
材料生产	原材料组织与加工	生产过程的能量消耗,如黏土转烧制、石灰的生产	建材二次加工水平不高,材料生产后的废料对土壤、水体、大气环境产生影响
建造过程	对原材料的重组和叠加	建造过程中物质材料的消耗以及设备所需能源	选址对材料运输距离影响较大,同时建造过程的噪音、粉尘影响环境质量
使用消耗	维持日常舒适生活和小型生产	达到环境热舒适型的能量消耗,如制冷、取暖、炊事、照明等	产生生活垃圾、废气、废水,不妥善处理会对环境造成影响
拆除消耗	对废弃宅院的处理	拆除房屋的机械消耗	建筑废料的运输、储存、降解以及循环再利用
附注	根据相关研究显示①,用于住房建材生产的(如水泥、钢铁、玻璃等)能耗,折合单位建筑面积约为 3 850 MJ/m^2,即 131.6 kgce/m^2,而施工过程的能耗,折合单位建筑面积约为 6.9 kgce/m^2		

(资料来源:根据文献整理绘制)

① 顾道金,谷立静,朱颖心,等. 建筑建造与运行能耗的对比分析[J]. 暖通空调,2007,37(5):60.

现的非正规性临时用房，往往会由于频繁更新和重修，使得沥青、砖块、混凝土等材料威胁土壤、水体、绿地的长期健康发展①。

居住宅院功能序列组织的更新，是人们将各种意识形态、模式行为映射入不同功能空间单元，并将这些空间单元组织成秩序性序列整体的过程，以达到社会功能有序地向实质空间形态转化的目的②。

2.1.4 空间形态演进的层次关联与碳排放

传统居住宅院的集聚形态极大地适应并协调了当时的自然环境、经济发展和资源承载力，但在一定程度上已不能适应现代社会生活的需求。我们排斥某些城镇化下的“恶势力”并不是反对转型本身，而是排斥在转型过程中，从外部区域化几何形态到内部秩序化结构形态，再到宅院空间的功能序列组织，“无根”式地遗弃对适应性的继承，而简单粗暴地移植现代要素。即民居从尊重自然、顺应“气”势的朴素被动适应环境，向借助并依赖机械手段主动适应现代化路径作转变(通风、采光和适宜温度条件需要外界工具辅助获得)，而与民居自身的空间形态功能和结构布局相脱离，变得简单而机械，失去韧性生长秩序，引发空间性能源绩效的低下。

1）传统乡村空间形态演进特征

以安吉县鄣吴镇鄣吴村为例，从外部几何形态看，乡村的生发与拓展沿河道水系的走向、形状和宽窄趋势而变化，形成带状、条形和团块的不同聚居形态(图 2.14)。为满足生活取水，聚居分布密度较高，体现择优拓展原则；从内部结构形态来看，聚居呈现高度相似性与匀质性特征。受人多地少以及血缘关联因素影响，宅院组群之间联建串联组织现象突出，而小农经济的制约，使过度占地建房现象被抑制，也使以最经济支出和最短路径消耗而创造人

(a) 2000 年聚落团组外部空间形态

(b) 沿水系巷道延展生长

(c) 相似的房屋形制组织

图 2.14 安吉鄣吴镇鄣吴村空间形态

(资料来源：作者自摄)

① 李晓峰. 多维视野下的中国乡土建筑研究——当代乡土建筑跨学科研究理论与方法[D]. 南京：东南大学，2004：187.

② 余英. 中国东南系建筑区系类型研究[M]. 北京：中国建筑工业出版社，2001：169.

居环境的方式被延续和推广。相似韧性生长的秩序原则、节地共山墙的建造形式，形成一种相对紧凑的布局；从宅院空间形态来看，其功能、序列组织及配置方式是家庭人口规模、生产和生活需求的直接体现。而自给自足生活状态和农业生产方式的变更，决定了宅院用地结构的严谨或松散、私有或共用的搭配关系。

因而，传统乡村空间形态表现出了强烈的复杂性、共适性和自相似性的演进特征。

(1) 复杂性。复杂性是由进入空间形态的信息交流源，与受自然环境、建造技术等规律共同支配作用而表现出的动态进程。信息源包括各种人口流动与转迁、建造物质与材料以及能量资源的往来，还包括主观意识认知、生活情趣等方面的精神交流，其与环境、资源共同促进空间形态的逐步融合和层次表达。“没有哪一种建构过程会直接产生复杂性，唯有那些秩序自身增殖的非直接的生长过程，才有可能产生这种生物的复杂性”①。

(2) 共适性。基于复杂性特质，“系统的各组成部分存在内外部的信息交流，一切系统有序结构和功能的出现，是子系统共适性的结果”②。这种共适性体现在整体系统的各层次构成、要素组织和结构关系间。也就是说，居住宅院的布局形制与生活方式、观念习俗相关，其衍生变化是与环境、自然、资源之间“拓扑交换”的相适应，从而促进传统乡村空间形态生发的复杂化，是相似性韧性秩序生长和演变的动力源头。

(3) 自相似性③。我国数千年的营建历史是一种建筑流变与社会发展沿革在性质上的同构性④，也就是说居住宅院的布局形制与生活方式、观念习俗相关，其衍生变化是与环境、自然、资源之间“拓扑的交换”适应。这种同构性使传统乡村空间形态的发展与演变，在没有专业行为的参与下，表现出相似的空间格局配置法则，相似的院落组串并联形态，相似的宅院构造风貌。贯穿传统乡村空间形态的这一特征，使“全体即是部分”，整体即是有意义的部分集合⑤。

2) 现代乡村空间形态演进特征

而现代乡村空间形态一改过去封闭、内向型发展模式而更开放与外向。从城乡拓展的区域化到邻里团组的秩序化，再到宅院空间的结构化序列组织，无不正在发生分化与重构，部分乡村空间形态在面对挑战和冲击时，往往被局部利益所蒙蔽而盲目应对，表现出非适应的矛盾对立，由此产生地域性生态环境危机、能源利用短缺、土地资源过度侵占等一系列与可持续、低碳化相背离的发展路径，进一步阻碍其良性发展。相较于传统人居环境“顺势、适形、和居”的“惟和”理念，当下乡村社区空间形态显然处于不稳定、欠平衡的“失和”阶段。

从外部区域几何形态看，空间形态发展主要沿交通道路或市镇集市趋向，与原聚居地区块

---

① [美]克里斯托弗·亚历山大. 建筑的永恒之道[M]. 赵冰，译. 北京：知识产权出版社，2002:127.

② 周美立. 相似性科学[M]. 北京：科学出版社，2004.

③ 注：几何对象的一个局部放大后与其整体相似的性质，称为自相似性。自相似性是自然界与社会中普遍存在的客观现象，如海岸线、雪花的边缘线、社会组织管理的层级结构等。传统聚落的城乡、社区、宅院单体结构构成，现代城镇聚落从城市到街区再到组团，都体现出自相似性。正因为这种自相似性，引发了自生长性，使得关于聚落的分析对各层次结构的群聚体都有借鉴意义([法]B. 曼德尔布洛特. 分形对象——形、机遇和维数[M]. 文志英，苏虹，译. 北京：世界图书出版公司，1999:20.)。

④ 沈福煦. 中国古代文化的建筑表述[J]. 同济大学学报(人文社会科学版)，1997(2):1-10.

⑤ 李宁. 建筑聚落介入基地环境的适宜性研究[M]. 南京：东南大学出版社，2009:58.

的关联度较低；从内部结构形态来看，则出现异质化趋向。在同族聚居的观念淡化、家庭人口数量变迁和分家制度影响下，宅基地用地结构发生变化，新增用地的选取自由化，割裂与原址的关联。同时，产业非农化加剧，空间与产业生活和谐统一的模式被打破，传统的“耕地本源性”群聚分布原则被忽视，且逐步由“地缘经济性”类聚整合所取代①，甚至不存在相似性秩序生长的通路；从宅院空间形态来看，摆脱了农业生产的“羁绊”后，宅院居住功能大幅向城市生活看齐，“规模化、标准化”成为趋势，适应过去生产生活的功能空间逐步萎缩、遗弃甚至被拆除。

“生长与收缩”“单向与多向”“渐进与突变”“同质与分化”，现代乡村社区空间形态表现出异于传统的发展趋势和演化方向，这些变化趋势互为组合，对结构碳锁定的规模、速率形成干扰。

乡村社区空间形态区域化形态是考量原内部环境资源承载负荷的极限值，以及市场经济、社会政策制度等外力吸引或制约作用下而产生的近域拓展区块。具体来说，无论从人口规模还是空间等级序列的分布，空间形态内部总是存在相对的中心组织体，由内向外地逐级释放牵引力、拓展力，及至界面边界。因此，个体空间形态间的差异性就体现在牵引力释放的衰减速率不同，呈现或密集或疏散的配置状况，其意义从本质上说，除获取适宜选址之外，还在于强调了一种中心内聚效应的牵引、拓展作用。这种牵引、拓展力的衰减速率，与不同功能的规模诉求和行为主体人的认知有关。空间形态的三种层次构成在这种牵引、拓展过程中互为支撑，当中观邻里团组被高效而整体的秩序化组织时，区域化几何形态就能获得中心组织体更多有效的拓展力和牵引力作用，而宅院空间形态作为中观邻里组团的最基本构成，受到其保护的同时，完善中观组团的秩序生长和功能深化，从而获得更为高效的秩序生长机会。

能耗的输入、流通和输出，就存在于不同形态层次构成的生长与拓展、组织与深化过程中。能源消耗碳排放与牵引或拓展的衰减速率有关。从直观的土地利用结构看，当区域化近域拓展趋势十分强烈时，即表现出牵引力的衰减速率降缓，此时，对中观邻里团组形态来说，土地的需求程度不断攀升，随之表现出配置分布的不均衡，生长空间受到挤压，相似韧性生长原则被打乱，表现为土地利用的见缝插针或急速扩张，引发土地覆被变化的不可持续发展状态，间接增加能源消耗碳排放（主要是居住生活能耗及交通能耗）。而在该状态发生之前，宅院空间形态也早已发生了变异，空间序列组织在适应实际新功能需求之前，就已经被“无限放大”“随意搁置”，表现为新房自建盲目追求大而高，功能空间和规模数量过剩，增加不必要的能源消耗。当这种状态持续时，牵引力衰减至最低极限值，区域化形态对中心组织体的依赖也降至最低，分散化、随意化、破裂化，空间形态整体对土地利用的组织聚合力丧失，也就谈不上邻里团组的相似韧性生长和宅院空间形态的功能序列化组织。

由此可见，对空间形态结构碳锁定的碳排放绩效优化，需在加强原有自相似韧性生长秩序基础上，巩固近域择优拓展原则，寻找两者间的平衡关联。同时，稳定宅院形制和功能更替变化，从而将整体能源的消耗量和损耗值降至较低水平。也可理解为“量土地肥硗而立

① 雷振东.整合与重构——关中乡村聚落转型研究[M].南京：东南大学出版社，2009：2-3.

邑，建城称地，以地称人，以人称粟"[①]。那么，空间形态低碳发展的追本溯源，即是对"人—地"关系协调发展的追求（表 2.2）。

表 2.2 碳排放与乡村城镇化影响下空间形态发展的初步关联

因素关联	主要观点
区位选址	乡村地区不具备长距离、大面积的能源运输能力时，区位选址关注与能源直接产地的距离联系，以获得自给自足的资源基础
区域规模	随着乡村城镇化进程推进，能源集中供应成为常态，新址扩张不再受过去输入性资源的限制而呈现随意化态，加剧了碳排放量的增长
人口转迁	从能源角度，乡村人口向城市迁移，是乡村城镇化后由于缺乏可使用有效资源的一种表现
空间形态	犹豫依赖于外部输入性能源，空间形态发展不受限于地方条件限制，"准城镇化""类西方化""趋自由化"的建构形式，使千篇一律的建筑形态成为可能。而为满足这些产物的"生存"，需要更多外部能源输入的补给。这与资源受限时代，根据当地气候条件而营造的丰富多变的生存空间形态的初衷是完全相背离的

（资料来源：根据文献②③整理与扩充）

2.2 空间结构的要素组织

在第 1 章中，我们已对空间形态和空间结构的概念和互为映射对应的关系进行了梳理，即空间结构是空间形态外延表现下的逻辑内在，空间形态则对空间结构秩序化的差异表达进行外现，两者存在某种共通的"形式结构"和一般性组织法则。若能厘清这一"形式结构"在各要素组织上的逻辑共性内涵，便能更深入地对多样的聚居空间形态进行探究，有助于进一步找寻结构碳锁定规律。

结构主义者认为，"在任何既定情境中，一种因素的本质就其本身而言是不具备任何意义的，其意义是由它和既定情境中其他因素的关系所决定的"[④]，若片面强调环境决定论或人的主观行为认知选择，都是对共通"形式结构"和一般性组织法则的曲解。空间结构的调适转化应是空间与社会过程的统一，既有直观而表象的显性物质结构（dominant structure，构成要素），也有抽象而内涵的隐性非物质结构（recessive structure，要素关联），以及作用于两者的一般性法则（显隐性结构互为牵制和映射），进而形成"整体大于局部之和"[⑤]的弹性结构之"序"。

2.2.1 显性结构要素

西方聚落研究者从城乡规划学、地理形态学、景观生态学等视角对空间形态的结构构成

---

① 陈翀，阳建强. 古代江南城镇人居营造的意与匠[J]. 城市规划，2003(10)：53-57.
② [德]赫尔曼·舍尔. 阳光经济：生态的现代战略[M]. 黄凤祝，马黑，译. 北京：生活·读书·新知三联书店，2000.
③ 沈清基，安超，刘昌寿. 低碳生态城市理论与实践[M]. 北京：中国城市出版社，2012.
④ [瑞]让·皮亚杰(J·Piaget). 结构主义[M]. 倪连生，王琳，译. 北京：商务印书馆，1984.
⑤ 孟建民. 城市中间结构形态研究[M]. 南京：河海大学出版社，1991：3.

要素进行了分类。凯文·林奇基于人类心理认知地图原理，提出了都市形态五要素，即路径、边界、区域、节点和标志物，其认为“路径造就区域，同时连接节点，边界围合区域，标志物指示区域核心”①；德国地理学家康泽恩在解析城镇平面形态（town plan）时，以形态学方法将城市肌理解析为街道、地块和建筑三层次；城市形态学专家怀特兰根据康泽恩的研究方法，进一步提出绿带、街坊、用地、街道立面形状和大小这些形态结构要素；景观生态学将地表景观特质结构分为斑块（嵌块体）、廊道（走廊）和基质（本底）三种类型；东南大学齐康教授以人体肌体构成结构来比拟城市构成，剖析为“轴、核、群、架、皮”五要素；天津大学张玉坤教授在聚落空间要素描述中，用边界、结点、中心、结构（道路、街巷、水街）进行分类②（表2.3）。

表 2.3 聚落空间结构要素构成主要观点归纳

代表人物	主要观点
凯文·林奇	认为城市意象由路径、边界、区域、节点和标志物五个要素构成
舒尔兹	运用现象学方法分析了存在空间与建筑空间的关系，提出了空间的三种构成部分：中心——场所（具有特殊重要性与意义的各类型中心），方向——路径（连接各类型中心与地区的路线），区域——领域（具有特殊意义的地区）
康泽恩	以城市形态学方法将城市肌理解析为三个层次，即街道、地块和建筑
怀特兰	继承了康泽恩的研究方法，分析了绿带、街坊块、用地、街坊立面大小和形状
哈格特	用图解表达区域分布的要素：路径或网络、节点、地面
齐康	在《城市建筑》中针对城市形态问题，建立了城市“轴、核、群、架、皮”五要素。“轴”即总体发展方向如人脊柱，“核”为聚落中心如人大脑，“群”为聚落域块如人体肌肉，“架”为聚落支撑如人骨骼，“皮”即域块边界如人皮肤③
朱文一	运用符号学的理论和方法，建立了边界原型、地标原型、街道亚原型和广场亚原型四部分要素④

（资料来源：笔者整理绘制）

以上观点均从各自专业视角出发，依据结构的自相似性，获得空间结构的显性结构要素。本研究基于上述观点以及乡村空间形态层次构成复杂性、共适性和自相似性的特征，将显性结构要素概括为边界、群域和通廊。

1）边界：适应“量”

边界的界定是乡村社区建设得以延续的物质环境基础。乡村社区并不一定如城市社区那般具有明晰的地域或行政界限，其或因地形地貌的特殊性，以自然村建成环境为边界范围，或因公共服务设施资源的整合考量，以建制村为边界范围，另外，也存在行为活动的认知边界。

在本研究中，边界即指狭义的乡村社区物质环境实体的连接界面，其明确了物质投入的

① [美]凯文·林奇.城市意象[M].方益萍，何晓军，译.北京：华夏出版社，2001：37-64.

② 王飒.中国传统聚落空间层次结构解析[D].天津：天津大学，2011：91.

③ 齐康.城市建筑[M].南京：东南大学出版社，2001：45-51.

④ 朱文一.空间·符号·城市：一种城市设计理论[M].第二版.北京：中国建筑工业出版社，2010.

规模、界域内可承载的环境容量以及与外界环境、城乡空间的信息交互。同时，对内部邻里团组群域的扩张或向心牵引，形成具有对抗性的适应底线。

从用地结构来看，边界的膨胀或收缩，一方面表现为土地投入规模水平之数“量”变，即用地规模总量的变化。在一定范围内，边界与规模大小互为涨落关联；另一方面，则体现出土地承载活动水平之容“量”变，如人口规模的增长与衰减，分布的迁移与聚集，使边界始终处于动态适应中。因而，边界界域内用地总规模决定了碳排放总量，其用地承载的活动量水平影响了碳排放结构和强度。

此外，由于边界的界面效应，使其外部几何形态，在边缘过渡地带会呈现实体分布的稀疏或密实，影响城乡之间物质与能量的多样交流（如生态融接面大小）[①]，进而使边界界面内外的受力强度发生变化，促进或制约内部邻里团组群域的生长或萎缩[②]，并在一定程度上对能源输出入的通道产生影响。

2）群域：集聚“度”

群域，界定了物质实体利用过程对“度”的把控。“度”的调控对象主要涉及群域内的基本宅院单元及其用地，保持限度内“量”变的“度”之调适。如果说边界是空间结构弹性之“序”的线性体现，那么群域则是弹性之“序”的面域表达，且建立在基本宅院单元间的差异化组织和比较基础之上。

从土地利用方式来看，群域的秩序分布，由基本宅院单元的大小（宅基地用地面积大小）、方向和间距三方面决定，其与能源碳排放的直接或间接关联可用公式（2-1）表达：

$$C = f(s, \theta, d) \tag{2-1}$$

式中，s 为宅基地用地面积大小，θ 为宅基地群块之间的朝向角度，d 为宅基地群块间距。

首先，宅基地用地面积大小（s）在限度范围内直接影响土地覆被变化对自然碳汇的作用，并以照明、制冷、采暖能耗的增减间接影响碳排放量（C）的高低；其次，宅院单元之间的朝向角度（θ）与间距（d），通过影响和改变自然通光量、太阳辐射吸收量以及风压作用强度，产生不同的“人为热”[③]碳排放量（C），增加或减少对照明、采暖、制冷、通风等热舒适性的机械需求。

3）通廊：邻接“率”

通廊，即用以间隔或连接院落组群，并与相邻环境形成异质关联的线状、带状或团块状路径要素，如道路通径、绿带廊道、水系河道或开敞公共空间，作为能量、物质、信息在边界和群域内的主要传输通道，通廊的形状和连接度决定了一定物质投入水平下物质实体的利率“率”。[④]

---

① 浦欣成. 传统乡村聚落二维平面整体形态的量化方法研究[D]. 杭州：浙江大学，2012：51.

② 注：和缓与僵硬边界原理，弯曲边界比平直边界的生态效应更高，如可有助于减少水土流失并利于动物活动（邬建国. 景观生态学——格局、过程、尺度与等级[M]. 北京：高等教育出版社，2007：222.）。

③ 注：人为热，即指由人类生活和生产活动以及生物新陈代谢所产生的热量。城市中的人为热主要有以下几类：固定源、移动源（汽车、摩托车等移动物排放的热量），人和动物新陈代谢所释放的热量（柏春. 城市气候设计——城市空间形态气候合理性实现的途径[M]. 北京：中国建筑工业出版社，2009：175-179.）。

④ 邬建国. 景观生态学——格局、过程、尺度与等级[M]. 北京：高等教育出版社，2007：36.

同时，通廊对边界和群域的变动调适可以形成线性拓展力或吸附力。从土地的布局形态来看，通廊性状、走向的变更会影响或改变土地利用的集聚秩序与紧凑度①，干扰或促进通廊内物质、能量、信息传输的效率。通过公共基础设施或电力线路输送在分布、铺设过程中的能耗损失，使最终碳排放量发生抑制或增加。研究表明，土地利用和布局优化的降碳减排潜力约为常规低碳政策的30%②。

边界、群域、通廊，涵盖了共时性的构成和异时性的次序关联，既有同质性又有差异化的识别，表征了空间形态结构的秩序与效率，而这种秩序与效率会共同影响碳排放的流动规模和速率。

2.2.2 隐性结构要素

空间形态生成与演化的背后是多种作用力交织后的物化表象，若仅停留在显性结构要素的探寻，就依然无法获知演化背后的规律。因而，需要对那些看不见的隐性结构要素（如社群行为、文化价值、社会组织等），及其所投射出来的一般性组织法则予以挖掘。

“有形空间总是忠实而又无意地体现出一些无形控制要素的作用变化”③。显然，单一控制要素影响的情况已不复存在，多种向度要素的结合、多种作用力和场域势能的角力共生已成为常态，结合威廉森（Williamson）对社会科学的四个层次划分（资源配置、治理结构、制度环境和社会环境），可将隐性结构要素归纳为：

（1）信息力场——体现客观影响因素，如自然气候、地形地势、材质构造、人口要素等。

（2）心理力场——表现主观因素，如宗法礼制、民俗观念、人文情态。

（3）行为力场——显示主客观综合因素，如认知、资金、权力。

这些力场直接或间接影响边界、群域、通廊的组织、叠加和优化，使得由于受土地和资源约束以及可达性制约等影响，空间形态在距离轴上产生差异性表现。基址选择、规模大小、形制风格与物质环境的能量、信息间不断发生冲突与自我调适。

1）信息力场

首先，受自然气候条件的客观影响，我国传统民居内部的布局间距与气候差异存在关联，呈现由北往南逐渐缩进势态（图2.15）。传统地域性民居构造以适宜体量，或避免热量堆积，减缩宅院间距；或利用利好朝向，避免阳光照射遮挡，增大宅院间距，创造有利通风条件。

其次，地方材质及构造对空间结构的实现起到支撑作用，对一些特殊地区的民居占地面积及体量起到限定作用，如藏族碉楼、陕北窑洞、新疆吐鲁番盆地土拱墙民居，利用当地最常见且适用于建构的材料，契合当地气候及功能需求的空间样态，显示出信息力场对可居住能力的考量。传统聚居空间环境充分利用自然资源与有利气候条件，通过群域的形态布局、宅

① 注：空间句法理论认为，影响土地使用和社会模式的最基本因素不是分区，也不是城市街坊，而是直线型的街道（Hillier B, Pem A. Cities as movement economies[J]. Urban Design International, 1996(1):49-60.）。

② 中国国土资源报. 低碳排放：土地利用调控新课题[EB/OL](2009-12-25). http://www.mlr.gov.cn/tdsc/lt_/200912/t20091228_131048.htm.

③ 雷振东. 整合与重构——关中乡村聚落转型研究[M]. 南京：东南大学出版社，2009:44.

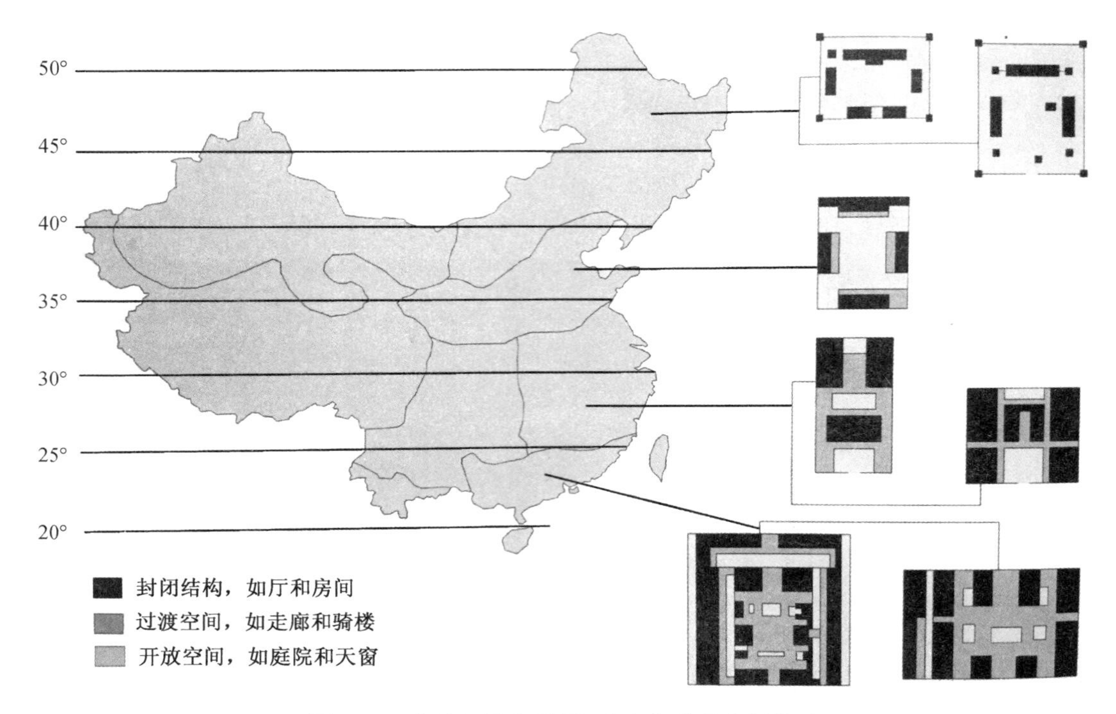

图 2.15　传统民居布局间距与气候差异之间关系

（资料来源：[法]Serge Salat. 城市与形态——关于可持续城市化的研究[M]. 北京：中国建筑工业出版社，2012：178.）

体细节构筑等方式对气候或资源进行限定应答，由此形成低能耗的建构适应性原则。而人口要素通过数量及比例分布，决定了地区空间结构边界的规模大小、群域的复合程度和通廊的效率性。

2）心理力场

宗法礼制、民俗观念、人文情态属于形而上范畴，一经形成便渗透生活的各个面，这些心理力场的构成对显性结构要素（边界、群域、通廊）的互动形成关联可能。宗法礼制和等级伦理，潜在界定了群域组织的主从次序、形式与分布，边界的规模大小，通廊的布局走向，甚至宅院墙的具体高度、家具摆设等细节；传统的民俗价值观，使生活在土地上的村民产生敬畏、依恋之乡土情谊，对边界、群域以及通廊建构的“适形有度”追求达到峰值；而自古由来的“敬天惜物”情态，让村民在客观资源条件受限下对区位选址、基址改造同样产生敬惜态度。

3）行为力场

在心理力场的驱动下，空间结构的分化、变异、增生与人的主观认知产生关联，促进或抑制人类建造行为的修正或适应。边界拓展的需求（人口转迁）、群域的功能更替与组织调适（一户变多户），通廊的基本配套要求以及信息交流（外来社会作用力）等共同作用，使有选择性的组织与适用显性结构要素成为可能。

由此可见，客观信息力场诱导共生，主观心理力场孕育自生，综合行为力场刺激竞生，三者相辅相成形成隐性结构秩序的动力基础。

2.2.3 空间结构要素组织关系

1）要素组织关系

隐性结构要素以自然环境容量、地形地势的限制以及经验、原则、标准等形式对显性结构要素进行有限度的选择和控制，进一步促进或制约了显性结构的生发，使其成为显性结构要素间“间隙”的调合剂，形成吸引或离散、扩散或聚合的“合力场”①；而显性结构要素以具体形状、形态、风貌的形式，对隐性结构要素的激发或限制实现表达。

显性结构要素受力的主要动力源来自于系统外部“流”介入而激发产生的差位势能，如社会资本的输入、人口的转迁流动、空间功能的演替、周边环境界体的差异限制等，势差的流动必然引起空间梯度的异质与差额，从而促进空间形态结构的自调适作用②，使空间形态的聚集或离散呈现多样化、复合化。即不同力动体③作用于显性结构要素，影响空间形态的层次构成、空间形态结构的要素组织以及使用主体的认知态度。

然而，显隐性结构要素间以及与空间形态各层次构成之间并不存在完全一一对应的固定映射关系，同一显性结构要素的形态表现可能由多种不同的隐性结构力场作用而形成，这些力场受制于同一自然法则。拉普卜特认为聚落组织主要由社会文化因素决定，气候条件、建造方式、建筑材料和技术手段等均作为修正因子而存在。事实上，不管是客观信息力场，还是主观心理力场，抑或综合行为力场，其对显性结构要素的调控作用，孰主孰从不能一概而论，需要放在不同的发展阶段下辨析和考量。在某一特定时间、区域或条件下，力场所起的影响力、主次性与作用效果也可能会相互转换或更替④，进而呈现出多样的空间结构要素组织形态（图 2.16）。

在传统乡村聚居空间形态中，显性结构要素附着于隐性结构秩序的“合力场”中，并受“合力场”不同向量力集结而成的力动体作用而发生组织协调（本书认为传统乡村主要受客观信息力场影响）。这种自调适或者说受力过程，具有一定组织秩序与向量性关系，表现为对空间显性结构发展规模、强度和速率的异动与调整：当客观信息力场作用于显性结构要素时，通常外部边界要素最为敏感，不同的自然环境或人工要素限定条件的影响力存在强弱差异，如道路、山体、水系河流对边界的影响作用较强，直接限定了边界的形状和趋向，而农田、林地的限制和影响作用则有一定的灵活性或变更能动性。对边界形状的持续影响会经由边界侧边基本单元群块的秩序组织变迁，继而通过邻里团组自相似韧性生长的局部秩序原则，进一步影响群域内侧基本单元群块实体的组织秩序形式以及通廊的走向与形状。由此，形成受力动体作用后，由外及内的逐级深度渗透，调整空间结构要素的组织关系及变化路径与方向，体现出该种空间形态结构的适应性秩序机理。

---

① 林涛.浙北乡村集聚化及其聚落空间演进模式研究[D].杭州：浙江大学，2012：127.

② 储金龙.城市空间形态定量分析研究[M].南京：东南大学出版社，2007：8.

③ 注：力动体是希腊学者道萨蒂亚斯提出的一个概念，他说：“所有形成聚居的力的总和（考虑它们的方向、强度和质量）构成了聚居中的力结构，我们把这个力结构叫做‘力动体’（force-mobile）。因为力的方向、强度和质量不是恒定不变的”。

④ 彭一刚.传统村镇聚落景观分析[M].北京：中国建筑工业出版社，1990：5.

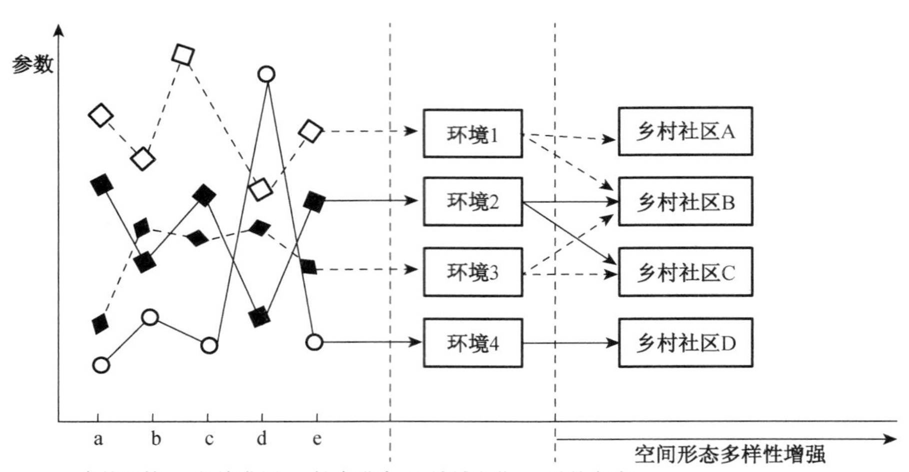

图 2.16 乡村社区空间形态多样化构成解析

（资料来源：根据乔家君. 中国乡村社区空间论[M]. 北京：科学出版社，2011：23 绘制）

当然，并不能忽略其他向量与力度的力动体对空间形态结构的作用力，多种向量力动体的集合作用可能产生渐进，也可能发生断裂与冲突，其渗入过程的影响深度和效果，取决于被作用对象在外力作用下的应答机制——即空间形态结构的适应性机理。传统乡村空间形态结构要素的适应性机理的组织和生长原则，建立在对外力的顺应与自体的内生逻辑组织基础上。

英国地理学家哈格特（Haggett）利用图解方式表现了区域内聚居空间形态结构的秩序运动，其空间拓展的组织过程由一个或几个节点出发，顺沿路径、跨越面域，进而获得不同层次的历时性表达①（图 2.17），这与城乡区域形态近域择优拓展、邻里团组形态自相似韧性生长的逻辑原则相仿，由内及外，表现了力动体作用下的适应性过程表达。

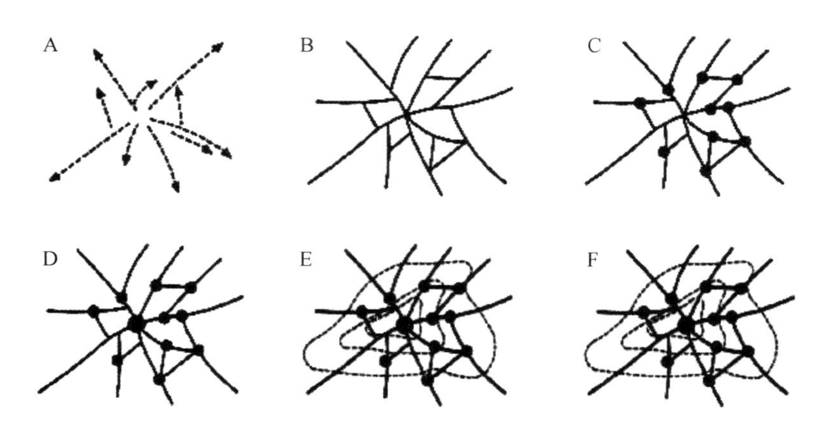

图 2.17 哈格特空间体系拓展图解示意

（资料来源：李晓峰. 多维视野中的中国乡土建筑研究——当代乡土建筑跨学科研究理论与方法[D]. 南京：东南大学，2004：93.）

---

① [英]R J 约翰斯顿. 地理学与地理学家[M]. 唐晓峰，李平，叶冰，等，译. 北京：商务印书馆，1999：127-128.

这种适应性过程的性能与空间形态层次构成的等级规模和生长点的选取相关。生长点促进连接的生发，等级规模是“流”的差位势能的直接作用结果。基于此，选取表征土地投入水平与发展规模的“量结构”、土地利用结构与土地利用强度的“度结构”以及乡村空间形态拓展效率的“率结构”，来表现“流”的差位势能影响作用下的空间结构的适应性组织关系（图2.18）。

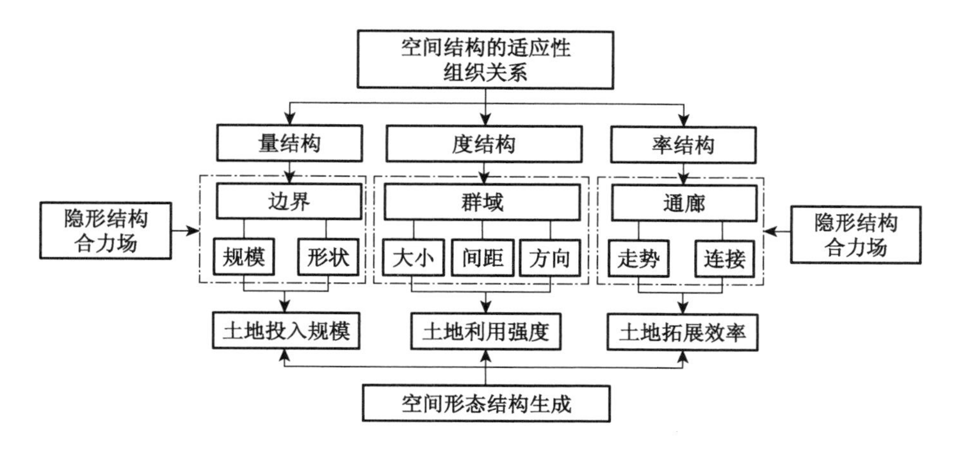

图2.18　空间形态结构的适应性组织关系

（资料来源：作者自绘）

2）空间形态类型分类

根据城镇化发展的不同阶段背景以及不同力动体作用的综合效果，从发生学视角，运用类型学的方法，可将聚居空间形态分为“自生式”缓慢演进和“计划式”激进拓展两种（自生式与计划式的划分是相对而言的，并不存在完全自组织的个体和他组织的异体）。

前者是在受客观信息力场为主的自生力量推动下逐步形成，受自然环境、经济现状、人口转迁及主观心理力场下宗教礼俗和先人经验传承的影响与支配，此时，客观信息力场的影响深度能够由边界至群域、通廊并逐渐渗透深入，对量结构、度结构和率结构三者的秩序关系形成调控，这种多向量力动体的组织作用使形态整体表现出糅合的协调。

而后者是城镇化进程中某个阶段性片段的代表，空间结构和形态均发生了调适和嬗变，是发生碳排放量幅动变化较大的乡村社区类型。此时，客观信息力场的主要推动力只能作用于外部边界而无力深入空间形态内部，对量结构、度结构和率结构的调控影响深度减弱，通常以心理力场或行为力场为主，基于自上而下的政策、规范“赋予”空间形态以“秩序”，这可能使得空间形态结构秩序关系表现出激进的冲突。其中，“计划式”又可细化为外力分化型和官制规划型两种（表2.4）。

（1）自体生发型

自体生发型乡村社区体现出系统的自主性，在朴素的生态环境观基础上，集结村民的共同力量以及先人的经验传承，是熟人社会集体共同智慧的成果。在适应环境过程中，异形同源的结构形式使得整体群域自相似性秩序生长。这种生长模式充分体现在村落选址、空间布局及对“藏风聚气”风水学说的重视，使形态维持可持续化和最低限度经济效益化[1]。因而，其对环境破坏的影响力较小，表现出内部体系的自循环能力，减少对外界能源与资源的依赖性，也由此使得因外部“流”的介入而产生差位势能的可能性几乎很弱，空间形态处于缓慢演进过程。

（2）外力分化型

与自体生发型乡村社区表现出的强烈自构特性不同，在城镇化高速发展阶段涌现的外力分化型乡村社区，其原自构性动力被逐渐削弱，充其量只能算是惯性延续，而外部输入的干预力跃升为主导因素，开发商、建筑师、投资个体均对乡村社区的整体或部分，开始实践自身理想的“乌托邦”，从而迫使自相似性韧性生长秩序停滞或瓦解，各结构要素之间关联度降低，整体空间形态呈现断裂、残缺或异质填充化的跃变。与此同时，其更依赖外部资源的输入和城市功能的植入，非集约式扩张引发土地资源被低效侵占，进而使得非商品性能源消耗量攀升，以维持自身超负荷转变的需要。

（3）官制规划型

官制规划型新型乡村社区是一种“细胞化”的社会控制单位，在外力分化型乡村社区基础上进一步实现了空间形态“拟城镇化态”的跨越式突变与重构。此时，乡村社区的空间形态受制于行政干预力量的程度日益显著，是权力阶层价值观的体现，旧有乡村形制被抛弃，自构性能力被逐渐圈固在村民个体仅有的宅基地红线内，强调整体简单机械的叠加聚合和鲜明的几何形态，丰富的自然生境与社交空间被僵化或遏制，而对外部能源的输入需求量达到历史峰值。

表 2.4 基于不同主导力动体的乡村社区分类

<table>
<tr><th colspan="3">维度</th><th>自体生发型</th><th>外力分化型</th><th>官制规划型</th></tr>
<tr><td rowspan="6">显性结构</td><td rowspan="3">边界</td><td>区域位置类型</td><td>多位于远郊自然村</td><td>产业带动的集镇社区</td><td>以撤村迁并为代表</td></tr>
<tr><td>建设用地规模</td><td>用地拓展缓慢，多基于原型结构</td><td>用地量增长，结构发生断裂，新旧分化</td><td>用地总量不断增大，拓展速度惊人</td></tr>
<tr><td>人口构成类型</td><td>人口密度较小，同质性强，自然增长为主</td><td>人口流动性强，人口构成多样（外来人员增加）</td><td>人口密度大，同质性较弱，规模较大</td></tr>
<tr><td>群域</td><td>空间形态特征</td><td>聚居程度不高，自由、随机，相似性秩序生长，与环境相适应</td><td>均质结构发生分化，自发性建造模式弱化，聚居程度增加，相似性秩序生长出现异质趋向</td><td>形态简单化、几何形态鲜明，聚居程度相对较高，整合集聚而职住平衡</td></tr>
<tr><td rowspan="2">通廊</td><td>公共基础设施</td><td>基础设施不完善，公共资源获取处于弱势</td><td>公共设施有改善和提升</td><td>基础设施资源配备集中</td></tr>
<tr><td>道路交通设施</td><td>满足最基本要求，但不适应未来发展要求</td><td>产业带动下促进道路连通性、可达性和快速性发展</td><td>维持原有水平无较大改变和突破</td></tr>
</table>

① 吕红医. 中国村落的可持续性模式及实验性规划研究[D]. 西安：西安建筑科技大学，2004：36.

续表

维度			自体生发型	外力分化型	官制规划型
隐性结构	信息力场	自然生境	呈现景观、物种的丰富多样性	因产业等外力介入，生态环境有一定破坏	自上而下的行政规划，使自然环境生态基底状态不一
	心理力场	人文情态	保留一定乡土性和传统文化特质，相对朴素的生活环境观	村共同体意识逐步瓦解与削弱，文化结构变化	归属感和认同度不一且尚待建立，文化构成多元化而复杂
	行为力场	经济活动	从事与农业相关的第一产业或“1.5产业”，经济发展相对平缓	不局限于小农经济，从事二、三产业比重增加，并向城市转移	从事二、三产业为主，与土地的经济关系进一步弱化，发展潜力大
发展主导力动体			客观信息力场和主观心理力场（经验传承和血缘、地缘）	综合行为力场（经济利益驱使的动因）	综合行为力场和主观心理力场（权力者的价值观体现）
营建组织模式			传统范式＋传统匠人＝ 传统乡村社区	传统范式＋建筑师介入＝ 乡村旅游社区　或 城市范式＋现代匠人＝ 自建乡村社区	城市范式＋建筑师＝ 新农村示范社区
核心问题			发展动力不足，资源丰富而缺乏活化转换能力	生态、生产、生活三者相互正面冲突激化，需要转型调整	行政干预下自然生境受挤压，乡村城镇化程度达到形式峰值，失去传统的传承
结论			相对自发、内聚的缓慢形成过程，形态随环境的变化而追寻适应性的改变	结构发生更新与分化，形成模式不局限于自发构成，内部功能与空间形式出现适度分离，呈现多样化状态	形态单一，空间结构发生突变，以行政干预式快速“理性拓展”复制，彰显政策权力的物象化

（资料来源：根据文献整理归纳绘制）

2.3　“结构—空间形态—功能”的适应力作用

传统自体生发型乡村社区空间形态，体现出一种理性与非理性交织的内在秩序；一种潜藏于动态变化而和谐统一外表下，主体与客体间的适应过程；一种明晰的空间控制要素与混沌的组织过程机制的互动关联。如若否认自适应演化作用的存在，则容易导致以突变、僵化的几何形态为特征的官制规划型充斥于当下乡村社区的空间形态中。

第2.2节详细剖析了空间结构显性结构要素在多种力场作用下，自适应调节作用的呈现。空间结构的调整在一定程度上决定了功能的提升与否，而功能的改变又会引发空间结构的秩序调整，直至新秩序结构的嬗变产生，两者互为动力和压力。“结构—空间形态—功能”的适应力作用，反映了空间结构的弹性调适能力以及与功能之间的动态调节关系，这是空间形态的主要内在演化机制。

2.3.1 构成:理性与非理性交织

聚居空间绝不是完全自然形成,也不可能通过预定协调路径诱导而出现①。其空间形态的构成不是简单二元结构的图式论(物质态和社会态因素决定的辩驳),而是具有联动效应的整体系统,割裂地看待各构成要素之合力和场势能是片面不可取的。在传统乡村聚居环境营建中,“理性”与“非理性”既是辩证的思维理论,又是实践的方法论基础。平则聚之,陡则散之②,传统空间形态的产生是从对原型的理性尊重开始的,与充满霸道意味的图纸无关,是寻根之路而绝非标新立异。同时,村民根据个体差异和地域性特征,发生偶发随机的集群行为变化,这种野性思维支配下的偶发随机,充满生命力又常常表现出非理性的耐人寻味。礼俗文化或在自然中获取灵感,在潜移默化中将其需求、认知、意识转化成了物质态空间,进而更加丰富和完善空间的理性秩序。理性的原型塑造与非理性的偶发随机,交织叠合成为乡村空间形态营建的一张网络。

“理性”,要求共通“形式结构”和一般性法则的确定性同时对思维的逻辑表达和行为目的性提出准确需求。在聚居理水、理景、理土上顺应自然,“依山背水”“藏风聚气”“界水而止”,反映出朴素而潜在的秩序条则;在聚居规模上限定底线,“耕地本源性”群域聚集原则“束缚”了土地的任意拓展,引导了资源配置格局的分布;在聚居区位选址上近域择优,从边缘生长点出发,避免结构拓展的断裂;在聚居群域内部,主张空间功能的混合和空间的多重利用,对群域的增长实现自相似韧性生长特征。在“理性”指导下,聚居空间形态存在相对固定的组织范式和约定俗成的细部构造做法。

“非理性”则相反,它将模糊的、变化的、本能的和无意识作为主要特征内容。事实上,非理性并非无理性,而是包含了理性的非理性③。非理性是建构在理性基础之上的自由发挥,使异质共生、多元融合,使两者之间并非泾渭分明的二元关联,而是相互推动且互相作用。例如,原型同化奠定了形态发展的基本基调,而当地材料、文化观念和技术能力的限制,使非理性的灵活性和本能属性作用突出,原型的适度分化与调整就在遵循理性原型的基础上,展现出非理性的多样化和变通性。

此外,个体或群体行为的主观野性思维及其所能达到的认知高度,亦是营建内容多样化和可持续性的主要来源,使得原型的落地生发较之经济能力条件的优劣而更具备适应性的强弱能力。法国人类学家列维-斯特劳斯在《野性的思维》一书中认为,“抽象的理性思维,并不比未开化的野性思维更高明或进步,两种模式存在互相补充与渗透”④,这其中集结了常民、工匠、居住者的真实诉求和希望⑤,常民或工匠通过自身真切感受以及代际间言传身教

---

① [日]藤井明,王昀.聚落探访[M].宁品,译.北京:中国建筑工业出版社,2003:20.

② 王小斌.演变与传承——皖、浙地区传统聚落空间营建策略及当代发展[M].北京:中国电力出版社,2009:97.

③ 李宁.建筑聚落介入基地环境的适宜性研究[M].南京:东南大学出版社,2009:101-103.

④ 王小斌.演变与传承——皖、浙地区传统聚落空间营建策略及当代发展[M].北京:中国电力出版社,2009:84-85.

⑤ 注:东海大学教授郭文亮在《象在兰阳——三种方式,多边对话》一文中将建筑环境的生产体系解构为三种模式:设计师、工匠(craft)和常民。“常民”是村民与家庭共同自力造物的过程,这类建造方式对个人需求和自然环境的对应回答更为直接;“工匠”即通过经验将长期积累而成的模型范本进行微调或组合变动以适应新需求,聚落人类学家阿摩斯·拉普卜特(Amos Rapoport)在《住屋形式与文化》(*House Form and Culture*)一书中将其概括为 Vemacular。

和经验传承，并结合客观条件需求，随环境变化而灵活应变，使得“没有建筑师的建筑”发生非均质、多样化和复合性的非理性交织的变化，而当这些局部的差异汇聚到整体形态层面时，便形成了良性拓展和适用的最大化①。

2.3.2 过程：主体与客体适应

乡村聚居环境有“生老病死”的生命力规律可循，“适应环境脉络、适应承载力容量、适应人的功能需求”，是传统乡村在地智慧的主旨和引申。借助达尔文“物竞天择，适者生存”的自然选择说，聚居空间形态的良性生发是对自然生态环境与社会文化环境产生了多样而灵活的自我调适能力②。从空间形态的规律构成来看，工匠与常民的非理性随机偶发，表现为对集群行为的主观功能需求、意识行为选择，以及对差异性聚居的适应力之创造。而理性的共通“形式结构”和一般性法则，正是在非理性野性思维的支配、调动和影响下，逐渐产生空间功能秩序化的适应性过程和规律。乡土聚居的风土性、本地性和经济性无法直接表现，需通过创造者的认知意图并以与客观环境适应性的过程，在物象化空间中获得表达。

“夫地势，水东流，人必事焉，然后水潦得谷行。禾稼春生，人必加功焉，故五谷得遂长。听其自流，待其自生，则鲧、禹之功不立，而后稷之智不用”③。

由此可见，空间形态的主客体适应性过程同样依循理性与非理性的交织叠合。其生发过程是整体形态与环境、人的认知选择与其他物态和非物态的糅合，以及处于不断调适状态的空间结构与功能共同适应性结果的总和。从尊重原型出发，经过结构和功能关联关系的适度调理和解析，通过适应能力的提升，进而在恢复原型的基础上得到“新形态”。

在城市形态研究领域，武进认为城市形态演变的主导机制即为“功能—形态”的互适演化；胡俊也在《中国城市：模式与演进》一书中，提出“结构—功能”之间的矛盾运动在城市发展过程中对空间结构发展的阶段性和演变方向起到的决定性作用，同时，还提出“功能—结构律”“要素—结构律”“环境—结构律”④；毕凌岚提出人类聚居发展及空间形态分布是受地区资源（主要是宜耕土地资源的约束）和社会生产力水平变化、提升而集群或分化⑤。

而作为城市发展的源点，传统乡村聚居的生发始于系统内外部输入“流”的差位势能，从而引起空间梯度差额并由此获得调试的动力源。在群域和边界的外部，乡村聚居环境作为一个整体，不断在介入过程与基地环境进行匹配、过滤、博弈与整合，同时进行信息流的反馈与契合。在边界和群域内部，当差位势能在一定范围时，自调节的弹性空间结构之“序”可以通过自身的调试，带动功能需求的调整，继而从局部形态上升到整体层面，使空间形态得到阶段性最佳调适与适应状态。这样的调试是基于自然环境、历史发展（象天法地、相形取胜、相土尝水），及集群行为者的认知程度（对类型、形式或模式、建造材料、规模需求、尺度的掌

① 浦欣成，王竹，高林，等. 乡村聚落平面形态的方向性序量研究[J]. 建筑学报，2013(5)：111.

② 周彝馨. 移民聚落空间形态适应性研究——以西江流域高要地区八卦形态聚落为例[M]. 北京：中国建筑工业出版社，2014.

③ 引自《淮南子·修务训》。

④ 吴一洲. 转型时代城市空间演化绩效的多维视角研究[M]. 北京：中国建筑工业出版社，2013：32.

⑤ 毕凌岚. 城市生态系统空间形态与规划[M]. 北京：中国建筑工业出版社，2007：81.

握)而做出匹配应答,类似卡尔·波普尔(Karl R. Popper)的"试错机制"①。

当差位势能所引起的涨落超过旧有空间结构组织的承载负荷能力或部分功能效用衰退时,新功能植入的欲望愈加强烈。而此时,调试过程已无法满足需要,单纯的自我调节机制失效,空间结构组织必然做出重构或调整,以适应新功能的置入和旧空间形态从自愈到进化的转变,从而建立起新的适应性调试关系。"结构—空间形态—功能"的互适调试是主客体可互换的双向适应性循环机制,从"自闭—顺应—同化—适应—不适应—重新适应—再次不适应",始终作为空间形态演变的动力源而存在。

霍华德·戴维斯(Howard Davis)认为乡村具有自发优化的稳定性,"一个健康有序的乡土文化是能够自我适应及改变调适的,即便这种乡土性下的空间结构已经处于相当稳定的状态,它仍然具备从历史中获取经验和包容创新的能力"②。因而,为使系统获得某种新功能的植入或部分创新表达,必须使之具有与其相适应的形态结构协调关系。乡村空间形态正是在与外界资源交换的过程中产生"流"的差位势能,激发空间结构要素试图弥补梯度差额的弹性调适能力,即局部的空间形态改变或修正动力会通过空间结构的自愈或进化影响整体形态,以适应新功能的植入需求和更新状态,由此空间形态成为空间结构和功能相互适应过程的媒介(表 2.5)。

表 2.5 低碳视角下功能、结构和空间形态的机制解析

	功能	空间结构	空间形态
表征	发展内应动力	组织链接关系	结构与功能的综合外现
含义	社会经济活动特征的提炼,对空间结构关系的完善或重组具有先导作用	发展的物质基础,功能优化的组织内涵关系,秩序作用的能力	空间结构组织关系在土地使用上的物象化投射,是空间结构和功能互适应规律的最终呈现
基本构成	满足基本生存和生活现状需要,以及在外部输入"流"的差位势能下未来预测发展的可能需要	边界、群域、通廊和构成这三种显性结构控制要素及相互之间关联("量""度""率"结构关系)的隐性结构秩序	城乡区域形态、邻里团组形态、宅院空间形态三个层次构成,以及在各层次内构成的层次结构与社会形态的相互作用关系
目标要求	强化综合功能 ↔ 完善空间结构 ↔ 创建空间形态;强化综合功能/完善空间结构 → 变革动力;完善空间结构/创建空间形态 → 目标导向		
适应过程	外力 → 功能 —量变→ 结构 —质变→ 功能		

(资料来源:李德华. 城市规划原理[M]. 3 版. 北京:中国建筑工业出版社,2001:199.)

① 注:批判理性主义哲学,对归纳问题提出一个新的解决方案。以经验监测的"可证伪性"而非"可证实性"作为科学与非科学陈述的划界标准,并以"问题—猜想—反驳"的"试错机制"代替"观察—归纳—证实",为科学知识的评判提出新解释(参见张国清. 当代科技革命与马克思主义[M]. 杭州:浙江大学出版社,2006:48.)。

② Howard D. The Culture of Building[M]. London: Oxford University Press, 2006.

2.3.3 样态:明晰与混沌共生

空间形态的发展演化维持了足以稳定空间结构的秩序,使“点”的“量变”积聚获得渐进变化。与此同时,通过“混沌”的随机涨落,诱发既有空间结构解体又重组,实现空间形态“面”的“质变”突破与跃升。可见,“结构—空间形态—功能”这一适应力作用,还呈现出明晰的“点”和混沌的“面”之共生样态。明晰的“点”包含了具体的空间显性结构要素构成,如群域的单元群块、通廊等,以及对这些要素具体构造规律和各自互成比例关系的内容,如建筑屋脊构造、立面构图分层或建筑平面的功能序列布局;而混沌的“面”则涵盖了“点”的连接与牵制的隐性秩序关系,以及集群行为的野性思维描述下的随机偶发(图 2.19)。

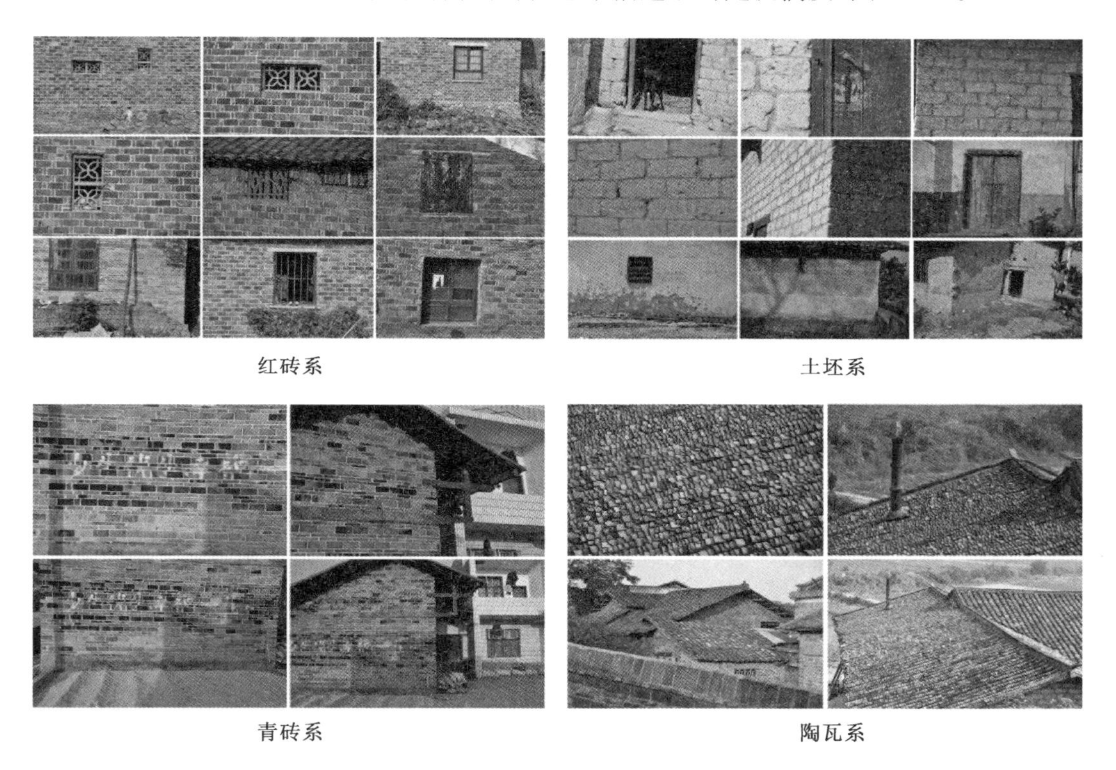

图 2.19 湖南韶光村建造材质和构造做法的混沌生发体现

(资料来源:课题组资料)

我国自古以来就有把“盘古开天辟地”说成“混沌初开”,阴阳五行之说更是被认为是“混沌生阴阳,阴阳生五行,五行生万物”。传统乡村聚居空间形态的适应性生成,并未预先设定好规划路径,而是从功能需求出发,随机而遇,在过程中不断修正局部形态和结构关系,以适应不断变化的需要,最终连接成为复杂的空间结构载体,即“各元素通过巨大而精密的网络相互连接,每一个局部都有属于自体的历史与传承,而这些历史与传承也随不同局部发展而改变，只有透过一系列对局部的深入认知才有可能理解全体”①。虽然不一定具备明晰的几何形状边界，也未预设最终的呈现样态，但是其不能明晰描述的随机性与偶发的混沌性②隐秩序信息，包含在了聚居形态每个局部明晰“点”的传承过程中，使群域内的宅院、通廊的布局与形式，及至空间形态的整体样态都呈现“模糊的相似性”与可变性，且在不断修正和预测中实现对混沌“面”的控制，进而影响系统的进化方向和速度，使得整体空间形态结构的多样化提升，从而加强整体适应性能力。从动态观点看，“混沌是一种临界状态，在一个层次上的混沌可产生另一个层次上的明晰”③。

明晰与混沌的连接共生与跨层次再生，是“结构—空间形态—功能”持续生发延续的基础。完全的明晰使整体等于局部之和，成为一种僵化状态，点与点之间“间隙”的调和剂作用将失灵，迫使空间形态生成的连接关系僵硬而易断，影响适应性机制的顺滑入轨。

事实上，传统乡村聚居空间的发展正是明智地选择了这样一条折中之路。其中，理性与非理性交织，明晰中夹杂混沌样态，局部与整体关联同在，适应与不适应循环转换，对乡村空间形态发展的认识和预测给予了一定启示和经验④。

2.4 本章小结

本章从包含结构和功能关系的空间形态入手，剖析其共通“形式结构”的层次构成、要素组织，探寻一般性原则，寻找复杂联系中的共性关联。空间结构的配置格局影响了能量和信息流动的规模和速率，即产生结构“碳锁定”。其“结构—空间形态—功能”的适应力作用，是理性与非理性的交织构成，是主体与客体的互适应过程，是明晰与混沌的共生样态，空间形态成为空间结构和功能相互适应过程的媒介。通过对传统原型空间形态生发机制的解析，说明在适应性视野下，通过低碳营建进一步完善当代乡村社区空间形态良性发展存在可能。

---

① [美]凯文·林奇．城市形态[M]．林庆怡，陈朝晖，邓华，译．北京：华夏出版社，2001：83.

② 注：混沌是一个相当难以界定的数学概念，但可以看作确定的随机性（貌似随机），“确定的”是因为它由内在的原因而不是外来的干预所产生，而“随机性”是不规则、不能预测的行为。可以说，混沌既有决定性，又有随机性的特殊双重状态。

③ 周美立．相似性科学[M]．北京：科学出版社，2004：82.

④ 张勇强．城市空间发展自组织研究——以深圳为例[D]．南京：东南大学，2003：60-61.

3 乡村社区空间形态低碳适应性

形态的种类是数不尽的：新的城市会不断诞生，直至每一种形状都找到自己的城市位置，形状的变化达到尽头的时候，城市的末日也就到来了。

——伊塔洛·卡尔维诺《看不见的城市》

本研究的逻辑起点——“空间形态低碳适应性”，并非完全创新的产物，传统乡村聚居中“天地和”“阴阳和”“礼乐和”的“和”智慧启示，是低碳适应性理念最早的雏形范式。空间形态生成过程除却“功能—结构”组织、主被动适应关系之外，能量和信息在结构关系中的动态性同样不能忽视，这将在第4、5章进行详细阐释和解析。本章主要完成了对“空间形态低碳适应性”内容体系的解答：

（1）认识论：“空间形态低碳适应性”的语义构成，并试图界定其本体内涵与特征，明确低碳语境下，主客体的适应性关系，即“什么适应什么”。

（2）方法论：“空间形态低碳适应性”的支撑理论。

（3）系统论：“空间形态低碳适应性”内容体系构成的维度表达。

3.1 “空间形态低碳适应性”的提出

3.1.1 适应性

1）概念解析

“适应性”（adaptability）最早是生物学领域带有普适性的行为概念①，在查尔斯·达尔文（Charles Robert Darwin）的“自然选择学说”（natural selection）中获得最初诠释，是同化与调节的一种单向平衡能力。“adaptability”来源于拉丁文“adaptatus”，原意是调整和改变②，其后，英国地理学家罗士培（Perey Roxby）提出适应论观点，并用“adjustment”来概括自然环境受到人类活动“控制”的同时，通过调整自身对人类利用自然环境的行为影响过

① 注：根据《新编大不列颠百科全书》（*The New Encyclopaedia Britannica*）中释义，“适应”（adaptation）属于生物学行为，指动植物为了生存而采取的特定手段，包括迁徙至适宜栖息之地、生活习性的变化、自身生理结构的改变等（参见 Encyclopaedia Britannica Editorial. The New Encyclopaedia Britannica[M]. Chicago: Encyclopaedia Britannica, Inc. 2005:89.）。

② 王振．绿色城市街区——基于城市微气候的街区层峡设计研究[M]．南京：东南大学出版社，2010:9.

程①,以达到协调配合的能力(the ability to change or be changed to fit changed circumstances)。

在我国古代早期认知中,“适应性”的“适”与“应”是相互分离的。《康熙字典》中注写道,“适,往也”,“适者,之也,之者,适也,互相训其义,又皆为往也”,“应,受也”②。可见,“适”具有主动倾向性,“应”则被动接受。“橘逾淮而北为枳,鸲鹆不逾济,貉逾汶则死”③,阐明了动植物与所处地域环境之间的特殊适应关系;在现代《辞海》中则释义为“生物与其生存环境的协调过程,同时具备随外界条件改变而调整自身特性或生活方式的能力”④。

显然,“适应”是一个存在主客体双向作用的调适“过程态”,传达了一种“唯变所适”⑤、外“适”内“和”的“惟和”营建观,也是生物体对所处环境自身生存能力强弱的一种认知反映。在这一“过程态”中,涉及个体或群体行为以及外部环境条件,同时跨越了三个层次的适应行为水平等级(表 3.1)。

表 3.1 人类“适应”行为的三级水平

等级	维度	目标	基本过程	相关内容
1	物理环境	最大限度地利用可用资源,对人口规模进行调控与适应	生物的进化(能量的获取、转变)	遗传上承袭的文化和行为
2	社会环境	社会资源的整合和利用,重视集群体的连续性	文明儒化(价值交换与交流)	职责、社会示范作用
3	自身处境	文化的契合,生存环境的满足,个人身份意识获得重视	文化增长(艺术、宗教、法律的提升)	意识、价值观

(资料来源:[美]P K 博克. 多元文化与社会进步[M]. 余兴安,彭振云,童奇志,译. 沈阳:辽宁人民出版社,1988:168.)

在传统乡村空间形态视阈下,乡村聚居的选址、规模、配置、布局,是村民对自然环境、气候条件、社会经济不断磨合、协调之后,历经演化积淀而成的“内在逻辑线”。这种“逻辑线”或可描述为“一次适应性”。其适应的主客体对象分别为乡村社区空间形态与外部客观自然环境,个体或群体行为人与外部客观环境或建成区环境的空间形态。行为人作为核心主体或其派生主体(人驱动下派生的空间形态系统),随外部客观条件因素的涨落、转化、重组而改变自身生活行为方式或空间形态特性⑥,与所处环境、资源和社会相互同化、吸收、调节,

① 李晓峰. 多维视野下的中国乡土建筑研究——当代乡土建筑跨学科研究理论与方法[D]. 南京:东南大学,2004:78.

② 陈玮. 现代城市空间建构的适应性理论研究[M]. 北京:中国建筑工业出版社,2010:7.

③ 戴吾三. 考工记图说[M]. 济南:山东画报出版社,2002:20.

④ 何峰. 湘南汉族传统村落空间形态演变机制与适应性研究[D]. 长沙:湖南大学,2012:160.

⑤ 引自《周易·系辞传下》,“《易》之为书也,不可远,为道也屡迁,变动不居,周流六虚,上下无常,刚柔相易,不可为典要,唯变所适。”

⑥ 何峰. 湘南汉族传统村落空间形态演变机制与适应性研究[D]. 长沙:湖南大学,2012:161.

以致共生、稳和，发生“适应扩散”[①]。也就是说，通过将空间形态结构的稳定性、协调度提高，进而不断加强整体生命力，以满足最大限度的长期发展期待值。

“空间形态低碳适应性”中的“适应性”，强调建成区物质环境变化中低碳发展需求的应变能力，其立足于对过去传统原型“一次适应性”的经验规律总结，以当下转型期乡村社会的经济和资源特征作为起点，有选择性地趋向对自身有利的条件（降低能耗）或状态（低碳化），进而不断博弈、深化与积累，产生“二次适应性”[②]。“二次适应性”体现了机体系统向目标趋适的应对能力，其最终结果满足有效性和可行性，是本书在后面章节讨论的重点。

2）误区辨析

（1）适应性是相对的而非绝对化

适应性具有时滞效应，不同时间和空间，受不同力场作用，适应性行为的主观选择和判断会发生偏差，使得适应性的表现是相对某一时期或某一阶段而言的。日本学者伊藤真次在《适应的肌理》中提到，“即使能够与现在的一般环境条件完全适应，这种状态也未必能够适应未来的条件，今日世界的适应状态也许在明日世界就会与基本生存条件都不相容”[③]。例如，传统宅院中村民自发建造的附属性用房（畜舍、堆场），是顺应当下农业生产需求的一种表现。而当“地缘性经济”不断突显，农业生产从个体经营转向集体承包经营时，附属性用房的“适应性表达”随即变成了现代居住空间的“非适应表达”。

（2）适应性不是绝对的非专业化

适应性包含了个体或集群行为对秩序化的主动或被动调适过程。在传统民居更新改建、自建农居翻新重建以及乡村整体空间形态整治的过程中，有古代工匠，也有当代的“赤脚施工队”[④]，他们依循代际间的言传身教与经验传承，顺应某种一般性原则，将抽象化的需求和经验转化至宅院、邻里团组及城乡区域空间的营建过程中，这种看似随机的野性思维输出背后显然不乏专业性。

（3）适应性的结果非完全正反馈

在试错机制以及不同历史阶段背景下，某些“适应性”结果只是为了满足个体私欲而做出的选择性行为，与环境概率论背驰，并会在一段时间后产生阶段性负反馈，而通过之后不断试错、修正、调节，可以使之实现正反馈的适应性。可见，适应性实质上是一种选择应对行为的过程，其总体目标设定需满足有效性和可行性，恰当的适应行为能帮助环境和人类本身实现趋利避害[⑤]，获得正反馈效应。同时，适应性本身并不存在“最优”或“最好”的状态，它具有无限接近这种状态的能力而无法完全契合[⑥]。

---

① 注：由美国古生物学家奥斯本提出。“如果我们将生物随外界环境条件的改变而改变自身的特征生活方式能力称为适应性，那么有一种与适应性相关的现象称为适应扩散”。

② 注：通过对“一次适应”过程适应现象的分析，发现可能存在的规律，并以此为原型基础指导新一轮人居环境适应过程的现象。

③ [日]伊藤真次. 适应的肌理[M]. 北京：中国环境科学出版社，1990.

④ 卢建松. 自发性建造视野下建筑的地域性[D]. 北京：清华大学，2009：97.

⑤ 田青. 人类感知和适应气候变化的行为学研究——以吉林省敦化市乡村为例[M]. 北京：中国环境科学出版社，2011：3.

⑥ 陈玮. 适应的机理——山地城市空间建构理论研究[D]. 重庆：重庆大学，2000：24.

3.1.2 空间形态低碳适应性

1）内涵解读

在第1章的基本概念辨析中已明确，“低碳”是发展义、过程义、状态义的多维架构，其目标、准绳始终在发生修正、调适与变化，若只在局部讨论低碳营建问题显然与“低碳”的联系性和整体性特征不相合宜。简单的“降碳减排”“碳汇增补”技术的叠加运用不能完全实现低碳化，还可能产生技术的反弹效应，提高经济运作的效费比。因此，需要从乡村内部自身的逻辑属性去寻找，这在一定程度上，将视野转向了乡村空间形态及其生发构成的自适应性规律。

适应性本身在时间维度上不带有某种具象的确定性结果，使得本体在相互作用的过程可能发生跃升、自愈，也可能出现衰减（图3.1），而“低碳适应性”则具备明确的目标导向和判断区间，强化人主观认知的重要性。此外，空间形态在受到驱动的适应性规律过程中，能量流动的速率始终随结构关系调适变化而发生变化。因此，在适应性视野下，研究空间形态与碳排放强度之间的关联效应成为空间形态低碳营建的重点，即建构“二次适应性”（发生“适应扩散”）。

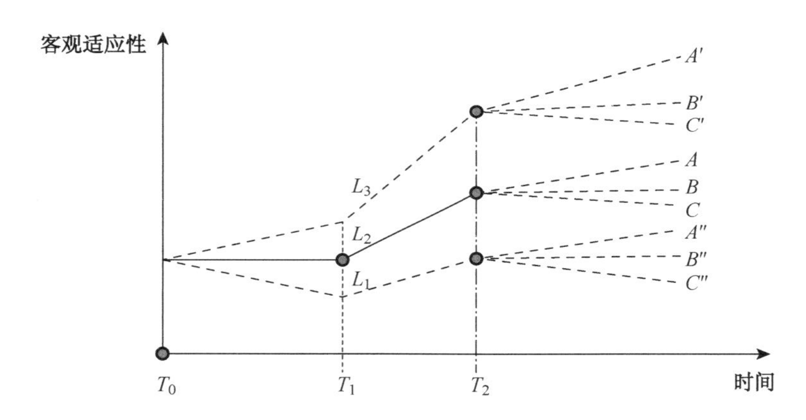

图3.1 适应性主体随时间维度的适宜性变化

（资料来源：汪洋.山地人居环境空间信息图谱：理论与实证[D].重庆：重庆大学，2012：81.）

注：$T_0 \sim T_1$ 阶段是最早期地理学范畴的自然环境自体适应能力，这一阶段时间跨度较长、发展较为缓慢，可能跨越千万年，其结果有三种：好（L_3）、差（L_1）、保持（L_2），大多数情况下都呈现保持（L_2）的结果，好或者差都比较鲜见；$T_1 \sim T_2$ 阶段，人的主观行为加入适应性选择，各适应主体能力均有所提升；T_2 阶段之后，由于经济技术、城镇化等外力发展介入后，客体适应性表现并不确定，会产生多种趋向（A、B、C），这即是二次适应的起点（T_2 阶段之后）。

“空间形态低碳适应性”的提出，建立了两个独立系统在适应性过程中的互动桥梁。从空间形态的系统性出发，在一定能源消耗和碳排放量控制之下，由空间结构的组织配置关系（量结构、度结构、率结构）形成特定的“生存载体”，该载体通过与能源碳排放的逐级优化、协调互动，形成具有降碳能力和环境适应性的空间形态集合。在“空间形态低碳适应性”概念中，空间形态的优化组织构成是核心问题，降碳减排作为重要手段和内容，是研究重点也是切入点，两者既存在主次关系又构成互动的“相关性”适应（图3.2）。

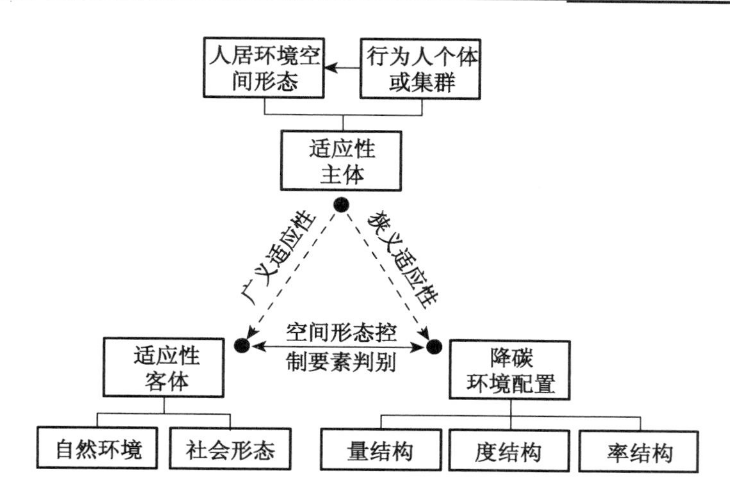

图 3.2　适应性主客体广义与狭义关系示意图

（资料来源：作者自绘）

注：在广义适应性范畴，主要涉及外部适应性，即适应性主体（乡村社区人居环境空间形态或集群行为人）与人居环境客体（自然环境和社会形态）的适应性；而狭义适应性是内部适应性，此时适应性主体为人居环境空间形态组构要素之一与客体主导因素之间的适应性。

进一步理解，“空间形态低碳适应性”是空间形态对自然环境、社群行为、能耗低碳化的选择与适应过程（图 3.3）。在物质环境层面表现为空间形态区域整体、邻里组团、宅院结构的环境适应性，实现优化或重组；在行为人层面表现为社群行为与行为认知的传承和更新；在能源层面则表现为基于自然环境和社群行为的适应性降碳调控。

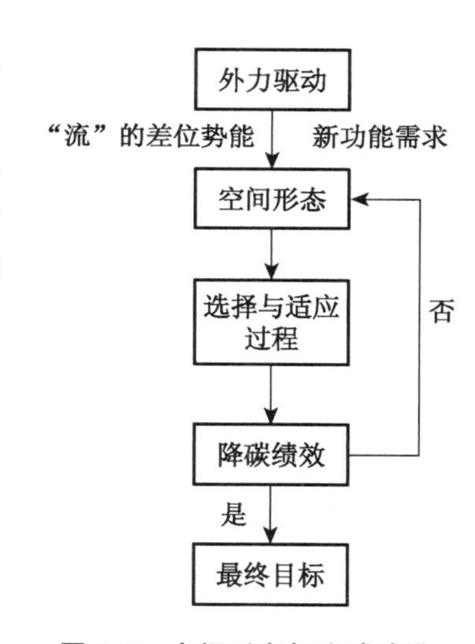

图 3.3　空间形态与降碳减排的选择与适应过程

（资料来源：作者自绘）

2）概念外延

（1）“空间形态低碳适应性”是历时性的传承

时间是对空间形态特征进行塑造和选择的有利工具。具有历史积淀的传统空间形态原型，往往是在时间作用下与自然环境之间碰撞、妥协的结果，是村民依循原型经验，对空间结构、材质选取、能源利用与消耗选择性作用后的低碳适应能力体现。

（2）“空间形态低碳适应性”是价值观的体现

其在一定程度上反映了对乡村社区可持续、低碳化发展的基本价值观，有别于单向掠夺式的营建思路与方法，它是非健康空间形态增长的“退热剂”，将视角由以唯“物”为主转向以“人”的发展为导向。

（3）“空间形态低碳适应性”是综合化的集成表达

“空间形态低碳适应性”是指导进行低碳化营建的综合运用工具，从能源消耗调控视角研究空间形态，引入跨学科的研究方法和成果，使主客体之间在发展交互作用中双向增长或共同推进，并对这些研究进行归纳与总结，形成模式语言和形态设计语汇，作为空间形态结构优化的参照依据和综合集成表达，而这种表达不是唯一范式。

3.1.3 基本特征

1）社会性与人为性

“空间形态低碳适应性”与个体或集群行为发生密切关联，也就是说，空间形态低碳适应性是“为人所造，亦为人所造”①。其产生持续进行的前提之一就是乡村社区的社会性属性，从而具有某种类似生命特征的“活性”②（孕育、生长、成熟甚至衰败）。在社会关系组织下，聚居空间形态的低碳适应性并非单一自然环境要素作用下纯粹的理性产物，是大量具备降碳行为能力的独立个体基于自身或他人生活经验与需求而建构的共性特征体现。

2）持续性与能动性

随着人类环境适应能力、自主选择判断力的逐步增强，低碳适应性空间形态模式亦会不断被复刻，这一过程不是一蹴而就，而是如同传统空间形态生发一般，由被动向主动进阶、多因素正负反馈作用的持续性叠合。无论是“调整”还是“创造”，适应性主体通过感知客体的时间和空间维度变化差异性，借助自身迁移或改造适应性客体的持续性能动力③，形成功能化的空间形态需求。

3）多样性与阶段性

“空间形态低碳适应性”的提出不是对创作性的抹杀和漠视，相反，“戴着脚镣跳舞”的图景能激发创造力，强调在求同存异的形态结构优化过程中加强多样性的体现，提出了一种可能的参照原则和量化区间，使空间形态对处于不同阶段的碳减排发挥不同的效用。例如，在城镇化发展较迟缓的乡村社区中，新增建设量少，存量建筑居多，降碳减排主要针对民居宅院单体的更新和维护；而处于城镇化高潮发展阶段的乡村社区，有效的空间形态调控是影响碳减排量的重要路径和核心手段。

3.2 理论基础

3.2.1 环境适应性④

19 世纪后期，生物学领域对物种演化机制、种群与环境的互动形式是较早的环境适应性认知开端，受其影响下，“环境决定论”“建筑决定论”（物质空间要素凌驾于其他因素之上，成为调节社会矛盾的唯一主宰因子，是机械唯物思想之产物）盛行。其后，在 1950—1960 年的战后重建时期，城市规划与建筑学者重新对人居环境建设进行了探索与思考，凯文·林奇（Kevin Lynch）首先明确提出“环境适应性”说法，对人类和环境的主客体关系、人居空间的

① 注：第一个“为”读第二声，后一个“为”读第四声（参见毕凌岚. 城市生态系统空间形态与规划[M]. 北京：中国建筑工业出版社，2007：72.）。

② 张宇星. 城镇生态空间理论：城市与城镇群空间发展规律研究[M]. 北京：中国建筑工业出版社，1998.

③ 汪洋. 山地人居环境空间信息图谱：理论与实证[D]. 重庆：重庆大学，2012：78.

④ 本节内容改写自王鑫. 环境适应性视野下的晋中地区传统聚落形态模式研究[D]. 北京：清华大学，2014：14.

适应性形态、附加结构关系等展开辩证思考①。相较于之前普遍关注单向主体适应性的过程,凯文・林奇更关注适应性的双向互动作用,以及主体功能诉求变化发展之后的应对能力(图 3.4)。此时,环境适应性体现的是一种普遍性的调节能力,能通过微小的调适改变应对外部环境之变化。

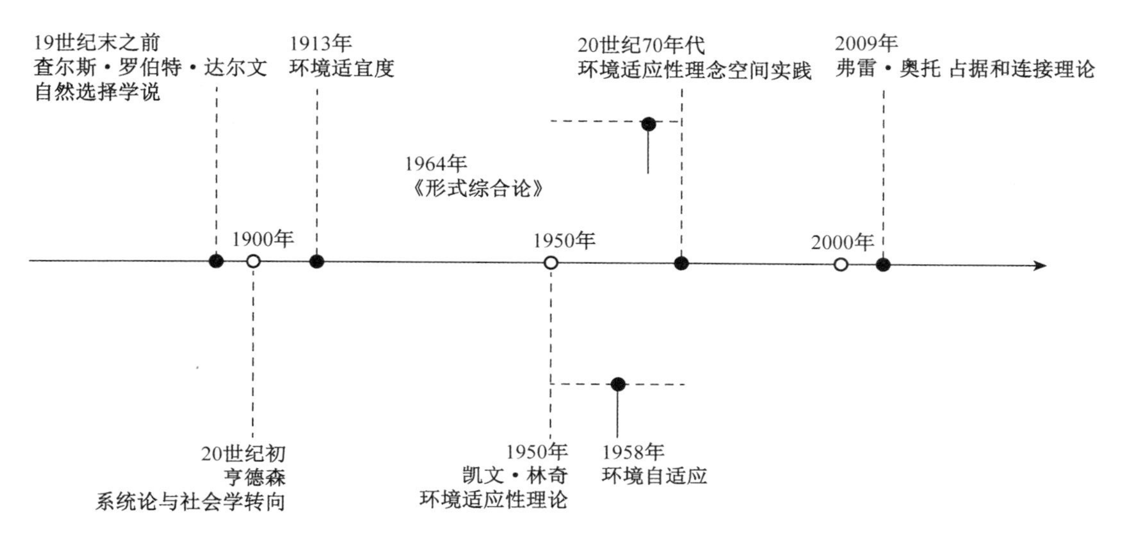

图 3.4　适应性理论发展历程

(资料来源:作者自绘)

之后,克里斯托弗・亚历山大在其哈佛大学博士论文基础上精简而成的《形式综合论》(*Notes on the Synthesis of Form*)著作中,详细论述了物质实体与自然环境的关系,并对两者的适应性进行数理化的逻辑分析与"建设性图解"表达。他认为物质实体的形态是可被量化考量的,其本体是否适宜取决于与环境的动态契合程度。通过调整模块内外部之间所谓"强化内聚,弱化耦合"的关联关系,实现环境适应过程。这一适应过程始于选择性行为,通过对环境的识别以及信息的比对和融合,生成总体外部形态、内部集聚形态和社会文化形态。聚居空间形态和环境处于动态平衡,两者间任一方变化则会导致平衡态失稳,须重新进行形态的适应性调节,直到再次达到平稳状态,即可视为"良好的适应性"(well-adaptedness)。

3.2.2　复杂适应系统理论

与环境适应性理论相对宏观而整体视角下"不自觉文化"的组织特性所不同,复杂适应系统理论更突出从微观出发,以自下而上的趋势填补了中微观视角的缺位,通过受限规则的描述以及"基于个体的复杂思维范式",使对适应过程机制的把控更细致与完善。

复杂适应系统(Complex Adaptive Systems, CAS)理论,由美国圣菲研究所遗传学之父

---

① Kevin L. Environmental adaptability[J]. Journal of American Institute of Planners, 1958(24):16-24.

约翰·亨利·霍兰(John H. Holland)在其著作《隐秩序——适应性造就复杂性》中提出①。

CAS理论在自组织、协同论等基础上,将系统的成员看成具有主动性、积极性、适应性的"活"主体,大量具有学习能力的主体在与环境及其他主体交互作用过程中,积极地合作或竞争,改变自身的形式结构和行为方式,以适应环境的变化及与其他主体的协调性,促进系统由简至繁的演化或进化②。这种适应性过程实现了从简单个体向复杂整体的循序上升,为模式生成的适宜方法提供支持。而七个基本要点的不同组合为"活"主体提供了可以运用于CAS理论中的各种主体定义,使对CAS理论的讨论和建模得以明确和实施(图3.5)。借用标识机制(tagging)寻找限定的关键性相互作用,经过积木机制(blocks)的经验构造和重复再使用生成内部模型机制(internal model),触发涌现现象(aggregation),即"因局部组分之间的交互而产生系统全局的行为效果"③(表3.2)④。

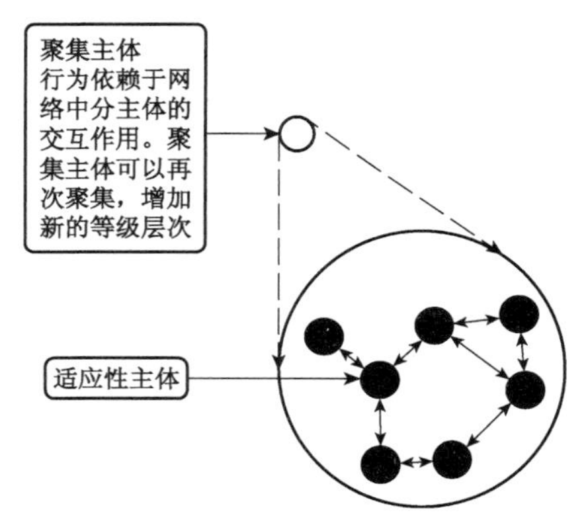

图3.5 复杂适应系统的适应性相互作用示意图

(资料来源:[美]约翰·H.霍兰.隐秩序——适应性造就复杂性[M].周晓牧,韩晖,译.上海:上海世纪出版集团,2011.)

表3.2 复杂适应系统理论基本要点归纳

编号	特征	内容	关键词	说明
1	聚集 Aggregation	模型构建	黏着	主体以某一特定相似性而聚集黏着形成可重复使用的"类",舍弃次要细节,简化复杂系统
		基本特征	涌现	简单主体通过聚集黏着及相互作用涌现复杂的大尺度行为,并进一步提升为更高一级的主体,由此获得系统的层次结构能力
2	非线性 Non-Linear	聚集行为	复杂	主体的相互作用依循随机涨落不断放大,使整体不再机械地等于部分之和
		聚集反映	反馈	主体之间的适应性存在互为因果的双向生成反馈机制

---

① 注:"我们将CAS看成是由用规则描述的、相互作用的主体组成的系统。这些主体随着经验的积累,靠不断变换其规则来适应。在CAS中,任何特定的适应性主体所处环境的主要部分,都由其他适应性主体组成,所以,任何主体在适应上所做的努力就是去适应别的适应主体。这个特征是CAS生成复杂动态模型的主要根源。"参见约翰·霍兰.隐秩序——适应性造就复杂性[M].周晓牧,韩晖,译.上海:上海世纪出版集团,2011.

② 高伟,龙彬.复杂适应系统理论对城市空间结构生长的启示——工业新城中工业社区适应性空间单元的研究与应用[J].城市规划,2012(5):57-58.

③ Wolf De T, Holvoet T. Emergence versus self-organisation: different concepts but promising when combined [M]//Brueckner S, Di Marzo S G, Karageongos A, et al. Engineering Self Organizing Systems: Methodologies and Applications. Berlin: Springer-Verlag, 2005:1-15.

④ 高伟.建筑现象复杂性的描述方法及应用[D].重庆:重庆大学,2013;田浩.基于复杂适应性系统的建筑生成设计方法研究[D].大连:大连理工大学,2011:10-12;赵建世.基于复杂适应理论的水资源优化配置整体模型研究[D].北京:清华大学,2003:25;[美]约翰·H.霍兰.隐秩序——适应性造就复杂性[M].周晓牧,韩晖,译.上海:上海世纪出版集团,2011:12.

续表

编号	特征	内容	关键词	说明
3	流 Flows	资源交互	变易	普遍存在物质、能量和信息的交换，只要连接者在某些节点上注入变化状态，就能随经验积累和时间流逝产生变易适应性的模式
		资源利用	循环	资源在主体间循环往复
4	多样性 Diversity	系统维持	填充	个体间依赖彼此所提供的环境空间，若移走某一个体，作为填充的新个体将提供大部分失去的相互作用，维持系统运行
		系统协调	进化	个体存在差异，且在面临新适应会有不断扩大和分化趋势，形成演化过程，从而促进进化的可能
编号	机制	内容	关键词	说明
1	内部模型 Internal Model	隐式模型	本能	对一种期望的未来状态的潜意识下一种本能的行为，而这种本能是进化得来，是遗传变异和自然选择筛选的结果，是一种预测
		显式模型	预知	主体内部进行明确的探索，能经验式地预知随之发生的结果
2	标识 Tagging	认知作用	共性	标识作用使得在不易分辨的主体或目标中发现共性，促进选择性的相互作用
		认知反思	操纵	利用标识操纵对称性，使人们有意识或无意识地使用它们领悟事物，突出组织结构
3	积木 Blocks	积木构造	元素	通过自然选择和学习，寻找那些已经被检验过能再使用的元素，高效简化问题机制
		积木使用	组合	用经过学习证明和自然选择行之有效的元素对恒新的事物进行组合，通过重复使用积木而获得经验，产生决策机制

（资料来源：根据文献整理改绘）

同样的，在乡村聚居环境中，可以借用复杂适应系统理论解释相关维度子系统的某些特性和作用机制规律（表 3.3）。其作为物质信息、人文涵养、生活需求综合表现的容“器”，具有复杂自适应性的生存之“道”，能随外部环境的变化，获取经验性、规律性信息并加以处理和整合，具有对其自身进行不断调整和修正的能力（图 3.6）。

表 3.3　乡村聚居环境中的复杂适应系统理论（CAS）特性与机制

特征 \ 维度	自然生态系统	社会文化系统	人工建构系统
聚集	生物种群或物种集聚、涌现	村民主体	墙体、屋架等宅院空间构成组件
非线性	种群内个体或种群之间的竞争、合作	村民之间的社会交往、对传统文化经验智慧的传承	功能空间、各建构组件之间的链接关系在不同历史时段、环境条件下的相互作用与变化

续表

维度 特征	自然生态系统	社会文化系统	人工建构系统
流	食物、能量、信息在种群间的传递流动	货币、生产用品在经济个体之间的转移	力、能量、人流在构件、功能空间之间传递和流动
多样性	生物个体或种群的多样态	等级序列、经济实体多样	构件的形态、功能或物理属性
内部模型	引导生物种群应对环境变化的对应机制	社会交往、文化传统、经济产业在城镇化转型背景下的机制呈现	功能空间或各建构组件从自身属性、特点出发对外部环境影响做出应对的变化机制
标识	生物种群的形状、气味、色彩或气味	村民主体的文化涵养、社会关系和经济能力水平	空间的功能态、建构组件的物理属性(形态、材质、使用特性)
积木	生物种群优胜劣汰的进化选择标准	文化、经济发展的演化规律和原则	影响功能空间更替、建构组件更新或创新的外部影响因素

(资料来源:作者自绘)

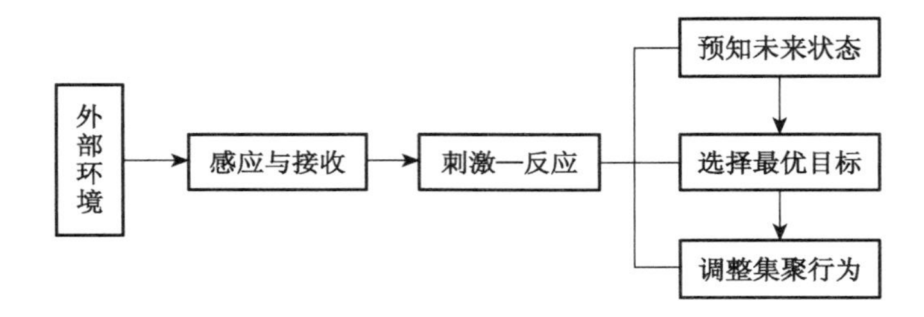

图 3.6 适应性主体的内部模型

(资料来源:杨昌新.从潜存到显现:城市风貌特色的生成机制研究[D].重庆:重庆大学,2014:77.)

3.2.3 空间环境行为

1) 从心理学视角看"适应行为"

心理学家皮亚杰把生命体与环境的持续交往过程描述为适应,这种交往的互动使主观心理不断顺应环境的复杂而愈加复杂化。心理学上的这种适应基于"同化"(assimilation)和"调节"(accommodation),依据主体人的感知范围,通过选择性地吸收信息,与旧有结构图式相结合,从而产生新的心理图式。心理学视角的这种"适应性"拓宽了主体人对周围环境和世界的了解①,使空间与人的主观意识活动相交,激发某种特定的意识活动,以赋予空间利用更复杂而深刻的意义,进而引导适应性行为。

2) 从人的基本需求谈"适应行为"

美国人本主义心理学者亚伯拉罕·马斯洛(Abraham Maslow)把人的基本需求分为五

① 李道增.环境行为学概论[M].北京:清华大学出版社,1999:6.

个层级：生理（physiological needs）、安全（security needs）、归属感（affiliation needs）、尊重（esteem needs）和自我超越（actualization needs），从低级到高级排成序列梯级，以最有效和最完整的方式表现自我实现的需要。从这个意义上说，基本需求是推动主体人行为能力的内在直接动力。这些行为能力在时空维度下表现出一种秩序化的动态适应，从而在各系统间形成网络联动。除以上五层级的基本需要外，马斯洛还提出了认知和审美需要的第二类需求层级（表3.4）。

表3.4　人类需求层次与人居环境要求

需求层次	人居环境要求	说明
生理	健康生存与繁衍	最基本和首要的需求层次，通过居住生活环境的场所和物质条件，如面积大小、日照通风、私密性、辐射噪音、空气质量等
安全	安全感和受保护	安全感的获得取决于秩序和确定性，表现为建筑结构的逻辑序列、空间与功能的统一，以及建筑群组的秩序感
归属感	社交便利和氛围营造	具有人情意味的开放空间交往环境，促进并推动主体人之间的交流，实现从属和爱的需求
尊重	感受重视和尊敬	吸收环境心理学和人体工程学的人性化设计，力图适宜并创造体现人本精神的物质空间
自我超越	体现自我价值和追求	自我价值通过与人居环境空间匹配和结合的相互作用下获得实现，促进自身的统一和完整性

（资料来源：作者自绘）

希腊学者道萨蒂亚斯（C. A. Doxiadis）也对“人类聚居学”的基本需要进行了整体概括，包含安全、选择与多样性、需要满足的因素三个方面。要获得这些基本需求，需在以下几方面予以满足：

（1）最大限度地与自然、社会、公共基础设施、资源等外部环境接触；

（2）最低限度的能源、时间、金钱的投入和消耗；

（3）最省力的聚居群组秩序之组织；

（4）最佳综合平衡性的人为环境适应人之所需。

3）空间利用的一般行为规律

（1）地理空间行为

地理空间行为从人所占据的空间范围及各种社会交往中，研究人对空间利用的理论与方法，其在于展示心理、社会及其他方面的人类决策与行为空间特征。空间不仅是客观对象，还是主体人行为发生的场所，更是按照自身需求和愿望来驱使行动力，从而与地理空间产生相关联的特定行为方式①，如传统乡村聚居空间环境的地理择址选择行为。空间的划分和组织体现了人对所选环境的人为改造和提升，使聚居空间环境呈现分异特征，而不同文化信仰、经济条件背景的差异性，引导主体人的差异行为模式，最终使聚居环境逐渐适应的

① 李晓峰．多维视野下的中国乡土建筑研究——当代乡土建筑跨学科研究理论与方法［D］．南京：东南大学，2004：94．

同时，保证地域性发展。地理空间行为对传统乡土聚居空间的层次研究起到积极作用。

(2) 种群密度与资源获取经济性原理

在一定区域内，人类种群的繁衍生息有较为适宜的密度范围，其密度分布关系着土地利用结构的布局配置，从而间接影响主体行为关联度水平的强弱。

密度制约是生物种群自我调节的基础，人类种群的发展也同样基于这一基础并遵循阿利定律(Allee's Law)①：种群密度过低或过高均会引发资源配置的不均衡，或因社会关联和需求度过低而内生进化动力不足，导致整体发展停滞；或因需求度过于旺盛与集中而使资源竞争激烈，导致系统内耗严重，同样易使整体发展受阻而止。只有保持在适宜密度水平范围时，才能最大限度发挥密度分布的正效益，规避资源条件的有限性，保证发展的平稳和谐。

除此之外，在密度分布制约的过程中，对环境资源获取的生存效益最大化，也是影响主体适应性行为的重要方面。

"近家无薄田，远田不富家"的俗谚，体现了传统村民"物尽其用，地尽其力"，在资源限定条件下创造最大经济价值。近距离的劳作范围有利于节省劳动力成本和路程时间消耗成本，而远距离农田不利于田间看护管理，会使大量精力和能量消耗在无法产生经济效益的连通道路上，这显然是低效而高耗能的。

因此，在环境资源获取效益最大化的驱动下，以自身为尺度、以生存需求为基准的原则，使得传统乡村规模和空间功能分配在限度范围内，提高出行效率，降低劳动生产成本。

(3) 资源与空间的辩证统一

在空间利用的过程中遵循一定自律特性，主要体现在资源与空间的辩证统一。人们意识到空间绝不仅仅只是地域内某种功能空间建筑的组合，它还是生活和居住活动整合而成的缩小版社会生发容器。在自给自足的封闭传统乡村聚居空间环境内，生存、储藏和生活空间是统一的，宅基地多一分则产粮之地少一分。人口的膨胀和随之繁殖生长的宅基地面积会打破原本的宅田平衡，由于限定田地上可承载的活动水平量是相对恒定的，超过负荷的活动量就会以水平或垂直向量的方向迁出原地，以减少环境承载的压力。

3.3　内容构成

"空间形态低碳适应性"将回答乡村社区空间形态如何影响碳排放量，以及在多大程度上对碳排放量产生制约或促进作用，即基于空间形态显性结构要素的组织关联以及结构关系的析分，研究其与碳排放量特征之间的相关性，及其在低碳化诉求下随时空不断变化、调适，从而建构"二次适应"的过程。同时，强调"人—地"空间配置和相互作用关系，明确人类

---

① 注：在一定区域范围，有最为适宜的种群密度范围，低于这个密度水平，尽管环境资源极其丰富，但其种群内部个体之间相互作用而产生的社会需求度过弱，无法达成社会发展的有效促进——整个种群的演进显得动力不足，总体发展缓慢；而种群密度过高，必然会产生对资源的激烈竞争，导致个体之间摩擦加剧，社会运行成本大大增加——整个种群内耗严重，总体发展也会受阻而止(参见毕凌岚.城市生态系统空间形态与规划[M].北京：中国建筑工业出版社，2007：85.)。

及其行为活动不仅是影响空间形态结构与功能调适的因素之一，还作为主体突出整体控制论、环境适应性理论、景观生态学等多种方法的运用，形成“空间形态—环境碳行为—活动碳排放”适应性机制架构，完成对空间形态低碳适应性属性解构，并诠释低碳适应性的过程生成机制，具体包括：

(1) 分别对空间形态低碳适应性的主客体对象进行构成要素组构(成分、规模)和组织逻辑关系的分析，即碳脉结构识别；

(2) 对影响空间形态物质、能耗差异性适宜分布与配置构成的重要“门槛”①，作出判断与量化分析，即碳排驱动解析；

(3) 引导、优化并协调“人—地—碳排放”发展的过程机制，即碳排调控管理；

(4) 在解析原型空间形态的作用规律基础上，进行形态模式语言的转译，使之更加规律和明确化，即碳排转移路径。

碳脉结构识别是前提、碳排驱动解析是核心、碳排转移路径是手段、碳排调控管理是关键，四者构成了对研究内容与相互关联关系架构的初探。

内容体系的搭建有助于促进乡村社区空间形态低碳适应性营建以及制定相对应的策略，使乡村社区本体与外部自然环境资源、几何形态特诊相适应，内部遵从秩序结构、容量控制、资源分配和时序发展，体现不断趋向低碳化状态的过程完善，引导和调控整体适宜性空间形态生发，并与主体人社群行为能力相适应与协调(图 3.7)。

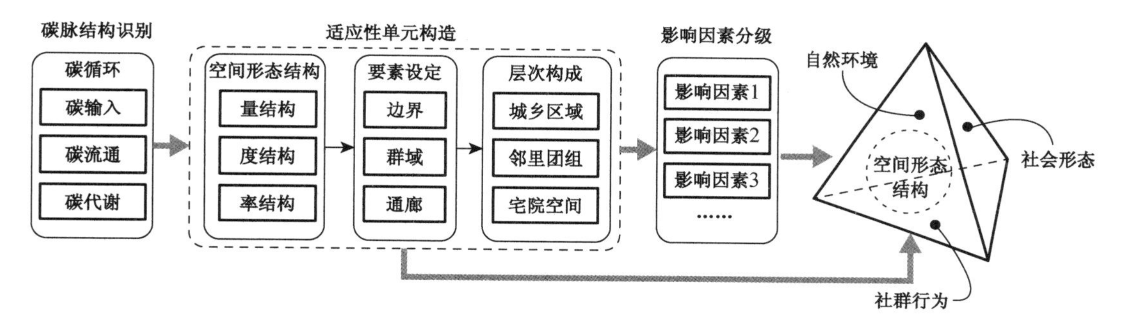

图 3.7　空间形态低碳适应性思路概念

(资料来源：作者自绘)

3.3.1　碳脉结构识别

碳脉源于中医，中医通过脉象的波动起伏探究病症，就症化解、去淤，行肌体血气输送的通道功效。同理可得，碳元素以化石能源或生命活动行为为载体，依循流动和燃烧等方式，在社会经济活动、自然资源环境以及乡村社区空间结构之间进行生成、分解、流通、传递、代

① 注：“门槛”理论最初由波兰学者马利什在研究城镇空间增长时提出。其认为当城镇发展到一定阶段后，必然会受到一些增长的限制因素，这些因素可能来自地理环境的限制，可能来自工程技术水平的限制，也可能来自城镇原有空间结构自身的限制，这些限制谁发展的阶段性极限，成为城镇增长的极限门槛(参见陈玮. 适应的机理——山地城市空间建构理论研究[D]. 南京：东南大学，2000：150.)。

谢与转换，最终以含碳温室气体形式释放于外部环境或转移至终端消费部门产品中，由此完成碳脉的循环过程。

1）碳循环与碳代谢

碳循环和碳代谢①是碳元素在水平和垂直向度上的主要过程表现，其中的转移和转化均遵循能量守恒原则。在垂直向度，绿植、林木通过光合作用将碳元素存储于土壤中（碳汇②作用），消解自然呼吸和人类活动过程中能源燃烧、土地覆被变化释放的碳排量。而水平向度碳循环则以人类活动直接或间接产生的含碳产物输送为主，包含交通营运等产生的含碳温室气体。由此可见，人类活动产生的碳排放量是单向开放的，而各植物种群与环境之间的碳排放则是双向关联。这种不均衡和复杂态，凸显出控制人工碳循环过程以减少行为活动碳排放碳源作用③的重要性（图 3.8）。

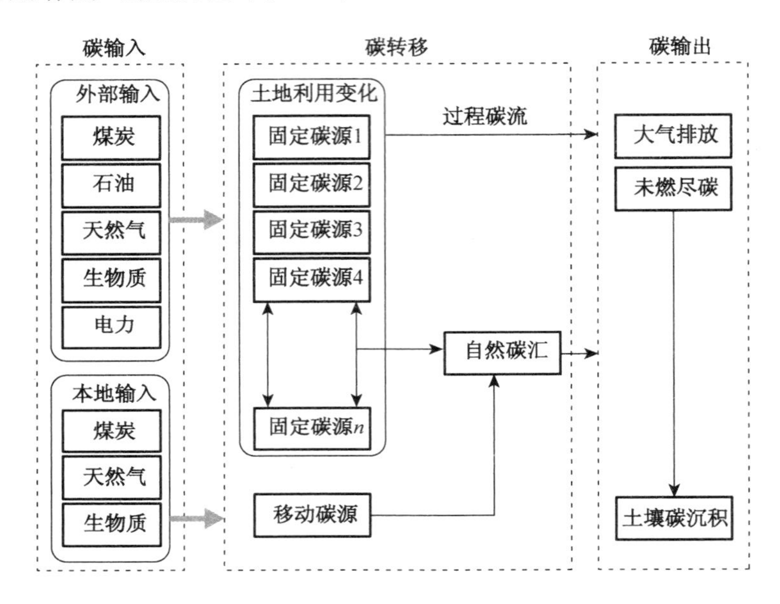

图 3.8　基于垂直碳循环与水平碳代谢的碳脉结构图

（资料来源：作者自绘）

2）乡村碳排放构成特征

城镇化背景下，乡村地区整体碳排放总量呈现持续高走势态。1979—2007 年，我国乡村地区人均能源消耗碳排放已从 1.12 t/人增至 3.95 t/人，平均年增长速度 4.59%④，而乡村能源消耗已占总量的 40%～60%。在相关研究中，杨彬如认为现阶段我国乡村能源结构

---

① 注：碳代谢（carbon metabolism），指含碳物质在系统中加工、消费和转换的过程。碳代谢可以理解为碳流通的一部分，但其更强调系统内部的碳加工与转换的过程。

② 注：碳汇，指从大气中清除温室气体、气溶胶或温室气体前体的过程、活动或机制（参见 http://www.ipvv.ch/publications_and_data.）。

③ 注：碳源，IPCC 定义为向大气排放温室气体、气溶胶或温室气体前体的任何过程、活动和机制（参见 http://www.ipvv.ch/publications_and_data.）。

④ 数据来自王长波，张力小，栗广省. 中国农村能源消费的碳排放核算[J]. 农业工程学报，2011(27)：7-8.

正在发生巨大变化且这种趋势还将持续①；韦惠兰指出乡村碳排放的增长点由生产碳排放，转移到生活能源消耗碳排放②；段德罡认为能源消耗碳排放结构正由非商品能源（柴薪、木皮屑）向商品能源（煤、电力、油气等）逐渐转型③。根据统计数据显示，2006—2012 年，商品能源消耗量年均增长率达 36.4%。其中，生活能源消耗量占商品能源消耗总量比重由 63.4%增至 69.0%，年均增长率近 1%。可见，我国乡村地区生活能源消耗量越来越占据主要位置，并将进一步高于生产能源消耗量（表 3.5）。

表 3.5 乡村能源消费量变化趋势 （单位：万吨标准煤）

类别	2006 年	2007 年	2008 年	2009 年	2010 年	2011 年	2012 年
商品能源	16 726.2	17 819.0	18 180.2	19 367.5	20 156.9	21 818.8	22 809.2
生产能源	6 118.0	6165.2	6 001.2	6 269.3	6 465.8	6 849.2	7 074.8
生活能源	10 608.2	11 653.8	12 179.0	13 098.2	13 691.1	14 969.6	15 734.4

（资料来源：国家统计局网站《中国能源统计年鉴 2013》）

在乡村社区范畴，能源活动用能和土地覆被变化的碳通量变更是碳排放结构的重要组成部分。其中，能源活动用能既包含建筑建造材料用能的间接碳排放，又涵盖功能空间下产业生产用能的直接排放和居住生活用能（炊事、照明、电器、采暖）的直接或间接碳排放（图 3.9）。

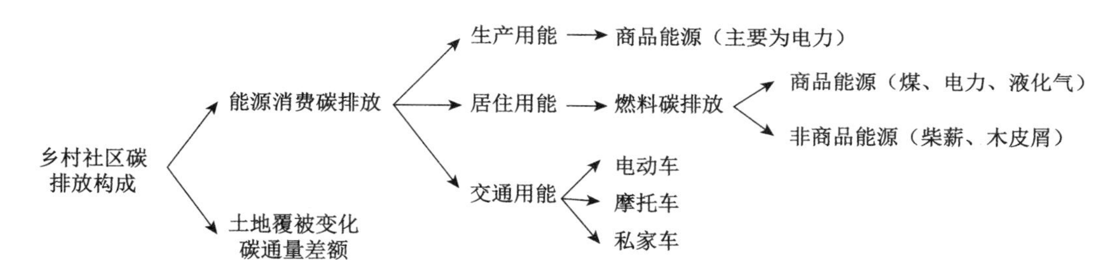

图 3.9 乡村社区碳排放构成

（资料来源：作者自绘）

而非持续性土地覆被变化的碳通量、碳排放量仅次于化石能源燃烧排放。当土地覆被利用发生变化时，如林木或绿植地转化为建设用地，可能引起由“碳汇”至“碳源”的转变，从而改变碳排放总量。当地域不断扩张后，需要大量建造公共基础设施与居住宅院空间，使建设材料的选取与利用增加了间接碳排放量（图 3.10）。

---

① 杨彬如. 多维度的中国低碳乡村发展研究[D]. 兰州：兰州大学，2014.

② 韦惠兰，杨彬如. 中国农村碳排放核算及分析：1999—2010[J]. 西北农林科技大学学报（社会科学版），2014，14(3)：10-15.

③ 段德罡，刘慧敏，高元. 低碳视角下我国乡村能源碳排放空间格局研究[J]. 中国能源，2015，37(7)：29.

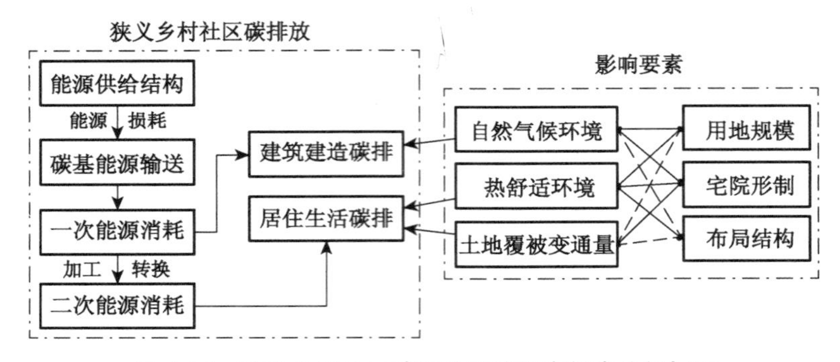

图 3.10 狭义乡村社区碳排放影响要素初步分析框图

（资料来源：作者自绘）

3.3.2 适应单元构造

为深入研究乡村社区空间形态特征与碳排放量之间的关联规律，需要分别对低碳适应性主客体研究对象的要素组构进行分类和甄别，厘清各对象要素的组构关系和测度参数指标，进而从整体上定性和定量地把握空间形态与碳排放量之间的相关性作用。

1）客观对象构成

客观对象构成主要是指低碳适应单元中具有双向多主体适应能力的空间形态物质构造单元。其适应性过程是环环相扣、逐级关联而整体生发的区域化、秩序化和结构化的内部作用。因而，对复杂适应性过程的理解需要建立在本体多尺度、多层次的解构剖析基础。根据复杂适应系统理论(CAS)的四个特性（流、非线性、聚集、多样性），可将适应单元构造的客观对象构成分为层次判定（社区、邻里、宅院）、要素设定（显性结构要素、材料属性等）、逻辑关系（结构组织）和成分生成（用地结构、几何形态）四个维度。其中，“要素设定”在“逻辑关系”的组织协调下，于纵向空间序列产生“层次判定”，并同时形成“成分生成”，是“要素设定”“逻辑关系”“层次判定”三者作用后的投射表达，此时，适应性单元成为了具有开放性的模块体（图 3.11，表 3.6）。

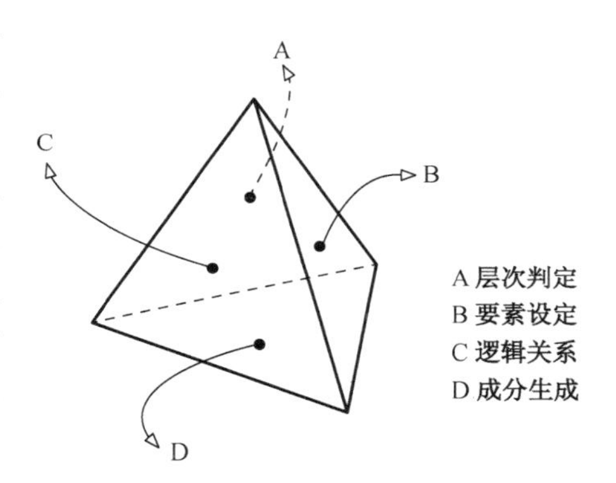

图 3.11 适应单元构造的客观对象构成

（资料来源：作者自绘）

（1）层次判定

根据第 2.1 节乡村社区原型空间形态层次构成的分析，可将适应单元中的空间物质主体分为社区、邻里以及基本细胞单元——宅院三个层次。

（2）要素设定

边界、群域、通廊这些显性结构要素（第 2.2 节），是基本空间形态结构要素构成，涵盖了生活和生产活动的所有物质空间需要。

（3）逻辑关系

空间形态显性结构要素在“流”(flows)的差位势能作用下，发生黏着和涌现，选取表征乡村社区空间形态邻接拓展效率的率结构、土地利用方式与强度的度结构以及土地投入规模的量结构，来表现“流”特性作用下聚集所形成的三种空间结构组织关系，这三者任一作用关系的变动，都会引起空间形态及结构组织关系的变化，进而在较大程度上影响了形态“成分生成”的规模、强度和效率。

(4) 成分生成

结构要素的逻辑关系演化是形态“成分生成”的重要过程，由此显示出形态的动态性与非线性。宅院序列形态(功能空间组织、材料的适用逻辑)、用地结构形态(用地性质、建筑密度、相关建设类型用地比例等)、外部几何形态(规模、形状)是要素设定、逻辑关系、层次判定共同作用下的相互适应与共存，彼此遵循相似的一般法则和反馈机制而不存在独立原则和标准。

表 3.6　适应性单元的客观对象构成认知

维度	CAS 特性		构成	说明
要素设定	流	利用	1. 边界 2. 群域 3. 通廊	生产和生活需求活动下的物质空间利用，具有生长的可能性
		交互		各物质空间利用之间存在资源交流的相互关联性
逻辑关系	聚集	黏着	1. “量”结构 2. “度”结构 3. “率”结构	要素在“流”的差位势能作用下，逐渐集聚、黏着，满足上层指导和下层要素需求，形成简化的逻辑组织推动力
		涌现		要素作为迭代的初始起点，在需求中公平博弈，呈现出多层次组织和空间结构关系
层次判定	多样性	填充	1. 社区 2. 邻里 3. 宅院	空间类型和主体形态层次是相互依赖、互动产生的，任何一环的缺失会由其下一层次的填充动作而获得满足
		进化		除了满足自身的适应性之外，上下层次之间的联系性在适应过程中会加强且趋于多样态
成分生成	非线性	复杂	1. 外部几何形态 2. 用地结构形态 3. 宅院序列形态	要素、逻辑组织、形态层次共同作用下相互适应共存并呈现复杂性
		反馈		用地结构、宅院序列、外部几何形态是相互作用共同影响并联系的呈现，围绕相似的一般性法则，不存在独立标准

(资料来源：根据相关资料绘制.)

2) 主观意识融合

在人居环境系统的构成划分中，吴良镛在道萨迪亚斯(C. A. Doxiadis)的人类聚居学基础上，将其归纳为自然、人类、社会、居住和支撑网络五大系统①。该划分方法较全面而系统地概括了人居环境系统内的全部活动，人类、社会与其他子系统之间并非相互孤立，而是在各种需求驱动下发生的物质和非物质化的网络联动，前者是物质空间客观对象实体以及构成的组织逻辑关系，后者便是人的心理和行为需求形成的自我判断，选择并决定适宜的大小、方向、位置与周边建筑及重要物质环境的关系。儒家学派更有说法，“天地人为宇

① 吴良镛. 人居环境科学导论[M]. 北京：中国建筑工业出版社，2001：37-95.

宙之三才”①，由此可见人在客观环境中所处的地位和重要性。

而在第 2.3 节对“结构—空间形态—功能”的适应力作用分析中，从理性与非理性的构成，主体与客体的过程机制到明晰与混沌共生的样态，均体现出人在形态结构区域化、秩序化、结构化中的重要地位。“只有当人处于主体地位时，真正的建筑才能存在”(阿尔瓦·阿尔托)。这里的“人”包含主观意识和意识驱动下的行为选择。

因此，对适应单元的构造需将行为人主观意识及选择行为进行叠加，从而串联起组织其他各系统的推动力。

3.3.3 影响因素分级

上一节的定性描述通过归纳、分类和整理对适应单元基本构造的要素设定、逻辑关系、层次判定和成分生成进行了构建，这是建筑学的常规方法。定量分析则通过测度参数指标的表征描述对空间形态结构控制要素的特征进行概括，并在适应性过程中与碳排放建立相关性分析和影响因素分级(空间形态结构具有共性特征，若需横向对比分析，应转化成可量化的归一语言)。适应单元空间形态的构造与特征测度参数的量化描述，是定量化研究其与碳排放强度作用关系的重要环节。

剖析形态特征和相关影响因素不仅仅是掌握结构关系，更是透过空间形态的配置布局和土地利用方式，找到长期、结构性的降碳减排对策和方案，即通过形态的发展和组织结构特征，找寻其与碳排放之间的关联性(关联性不等于事物间的因果联系)，引导解决当前能源消耗和空间形态非适应性发展的矛盾，探寻土地集约利用和优化的空间布局法则。当然，要完全厘清这些影响因素和动态的复杂联动关系是有难度的，而且，不同影响因素在不同历史和经济发展阶段，其产生影响的敏感度不同，但当这些影响因素分级类别化后，对观察各因素在时空维度上的影响力和稳定性会有所帮助(图 3.12)。

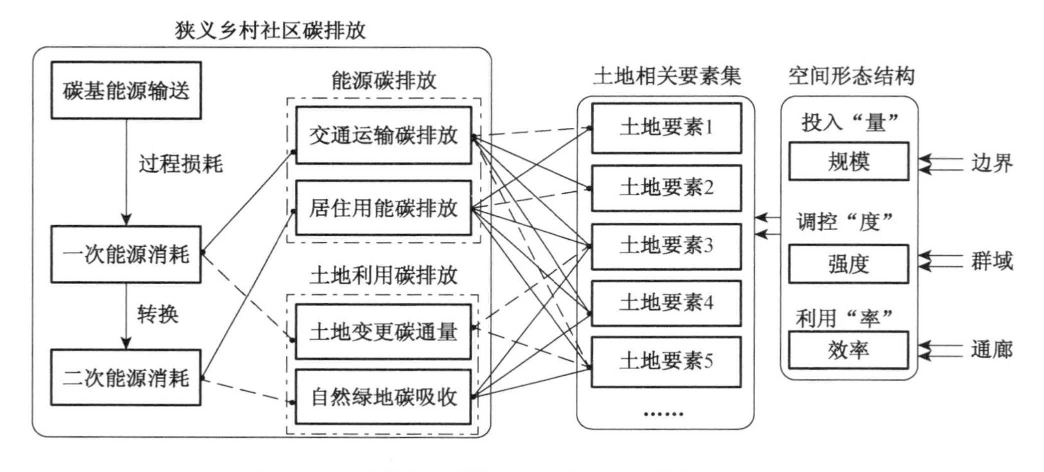

图 3.12 乡村社区“结构—形态—碳脉”关系框架图

(资料来源：作者自绘)

---

① 林语堂. 中国人[M]. 郝志东，沈益洪，译. 上海：学林出版社，2001：310.

3.3.4 过程机制调控

空间形态低碳适应性过程就是在碳视角下，进一步梳理各适应单元空间形态特征构成要素的“表象”①，在加入人的空间主观认知映射关系后，经由感性认识上升至理性认知，并与降碳减排需求相契合、与自然环境相匹配，同化、渗透、调节和整合，从而建立“二次适应”过程。从对建成环境空间形态构成要素的表象梳理到深层结构规律的探寻，再到与低碳化发展需求相匹配与融合。适应单元一方面需对低碳化的介入需求进行不断调整和修正自我，由过程生成形态，为适应单元空间形态的相容性与适应性调控能力增色，保持适应性状过程的稳定性；另一方面要在低碳化需求的不同空间形态表象下，呈现差异性和可调整性，追求“和而不同”②的秩序与个性的平衡（图 3.13）。

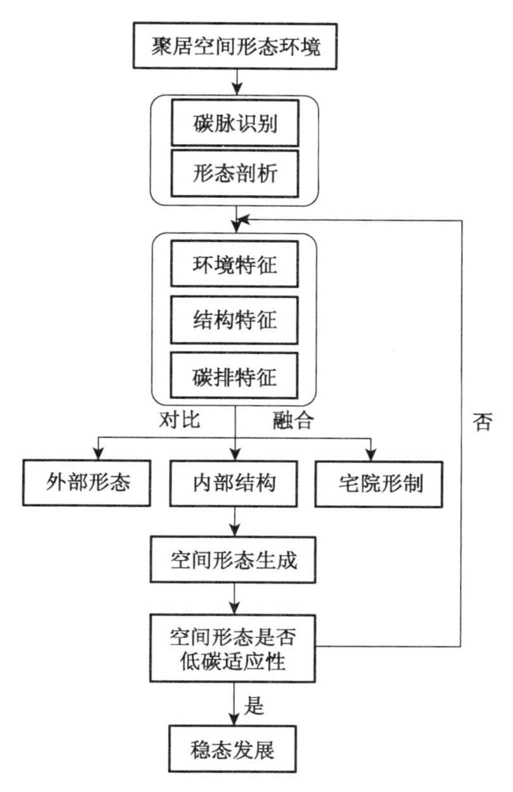

图 3.13 空间形态低碳适应性过程分解

（资料来源：作者自绘）

1）原型“一次适应”过程分解

对“一次适应”需要有客观全面的认知，它是“二次适应”飞跃的前提和基础。其主要包含了传统乡村固有空间形态的共通形式结构、一般性法则。从宏观看，乡村社区空间形态在受到外界刺激后引发联动效应，“流”的差位势能使空间梯度产生差额，激发连续反应的驱动力，空间形态根据自身组织结构的共性和特点，加强适应能力（同化、渗透、融合、整合），对可利用资源进行筛选和接纳，发生博弈与重组，使得功能要求不断被提升或更新，促使结构与功能的适应力作用启动（内部结构形态的布局和配置得到调适）：“功能变化—结构调适—形态演化”，结构随功能演进，结构与形态协同，形态最终又与外部环境发生平衡演化，进而推动适应性的扩散，获得功能性“质”的飞跃。这种对外的拓展适应与内部土地利用结构的匹配、重组、涌现、稳定时刻发生于整个适应性过程（表 3.7）。

表 3.7 适应单元的适应性阶段分解

阶段	CAS 机制与特点		适应单元表现与要求
雏形期	内部模型	匹配	适应单元最大限度地对可利用资源进行学习、筛选和接纳，将可获得资源吸收以转化或调整为自身组织结构

① 注：表象是曾经感知过的事物在脑海里形象再重现，是人的心理表征事物的一种形式（参见刘爱伦.思维心理学[M].上海：上海教育出版社，2002：78.）。

② 《论语·子路第十三》：在不同中寻找相同相近的事物或道理，即寻求“和”的过程（参见李宁.建筑聚落介入基地环境的适宜性研究[M].南京：东南大学出版社，2009：44.）。

续表

阶段	CAS 机制与特点		适应单元表现与要求
生长期	标识	重组	适应单元根据自身组织结构的共性和特点，发生博弈与重组，与外界环境资源的适应性，对吸收的资源利弊予以辨识和选择，以提高自身使用资源能力和相关应对能力
完善期	积木	稳定	适应单元在相互作用中了解、学习和选择，在保持自身的适应稳定性的同时，协调和整合资源能力，以适应不断变化和恒新的外部环境
成熟期	聚集	涌现	在遵循上述三种机制原则组织基础上的适应性扩散现象，获得理想态适应性动态拓展的延续和保持，此时，整体大于部分之和，非常小的内涨落能通过内部模型、标识、积木机制，呈现复杂的新适应性涌现，有质的飞跃

（资料来源：作者自绘）

2）“二次适应”过程机制建构

面对纷繁复杂的资源、环境等客观感性条件，困难的不是对这些感性条件的获取，而在于如何将它们调整、转化为对自身有利的条件，吸收或形成自体结构组织。这些客观感性条件往往是粗精混杂、真伪并存，需要行为主体具备判断和筛选能力。当然，适应单元自体亦具备调节能力（一次适应），但这是在一定范围和限度内，一旦涉及大面积、跨深度的调适，则需要借助外界的适度干扰（人、适宜技术的支撑）作为持续的推动力（图 3.14）。

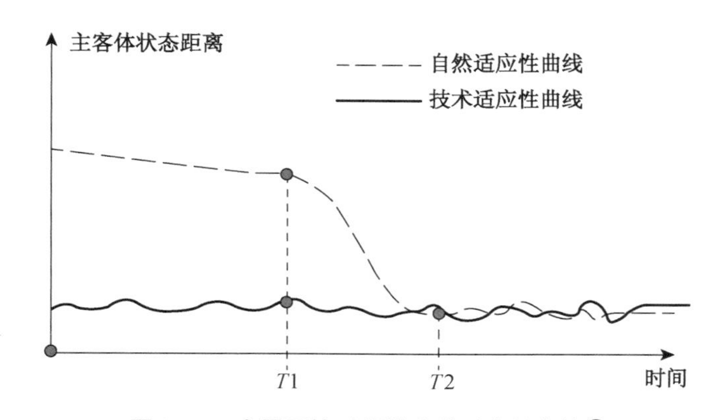

图 3.14 人居环境时间维度的适应性曲线①

（资料来源：汪洋. 山地人居环境空间信息图谱：理论与实证[D]. 重庆：重庆大学，2012：83.）

从感性认识到理性规律的认知与理解，再将这一理性规律深化，完成功能的调适和更替，形成具有飞跃性的动态过程机制，再回到实践中予以检验，这是“二次适应”建构的初衷。

从长期、固有的原型乡村社区空间形态的共通形式结构（具有共性的显性结构要素配置与空间形态层次组织）出发，抽析厘清要素组织间一般性法则（建成区空间形态与自然环境、

① 注：完全自然适应过程缓慢，而有外界适宜技术支撑下，适应性形状可以保持相对稳定状态。

其他人工建成环境、人的基本需求之间的协调适应性关联规律),通过其与碳排放强度相关性分析的量化约束和导引,对空间形态各要素映射下的土地利用规模、人口密度、单位用地建筑面积等进行优化组织,同时将非理性、随机偶然因素(隐性结构要素如何渗透并影响低碳化空间形态形成过程)介入调控,积极运用并发挥自身的正向演替经由定向干扰,减轻或消除可能出现的不利演替①,实现具有低碳适应效应的不同尺度空间形态模式(社区、邻里、宅院),由此完成对整个"二次适应"过程机制的构建和探讨,该过程机制始终将定性描述和定量分析相结合。

3) 碳排放的转移与调控

在碳脉结构识别及对碳排放影响因素分级的基础上,碳排放的转移与调控管理需要"从源头控碳,对过程消碳,使结果降碳"。具体来说,即让碳转移方法高效化,碳输出路径有效化,并系统认知乡村社区建成环境空间形态的生发原理和机制,考量空间形态结构的有效整合,由此形成对碳减排潜力的挖掘。从目标(低碳量化导向)、内容(调控人行为方式、空间形态结构与碳排放量关联)和容器(自然及人工要素组成的有形建成空间环境)三个维度,完善乡村社区低碳适应性营建的内涵与主要内容。

首先,低碳适应性营建讨论的核心即是如何应对气候变化、资源短缺和环境趋恶的挑战,体现复合生态学理论中的共生。相较于传统规划路径强调物质空间和功能的利用,低碳适应性营建将碳排放量的控制与空间形态优化利用相结合,形成一种相对量化而可控的设计思路及价值取向。然而,这一量化目标并非一成不变,而是不断调整以适应阶段性发展变化,若盲目以某一数据作为唯一标准,则容易出现限定的用地边界形态和千篇一律的建筑形制,量化不能完全取代空间形态的动态关联,却可作为一种警戒区段,引导可持续发展。

其次,在碳循环的输入、流通和输出的整个过程,实现功能的控碳、消碳与降碳。空间形态布局从自由化无序扩张,向容量荷载内适宜限度发展转变,以低碳为导向的优化空间形态结构,统筹乡村与生态环境的空间联系;对过去建立在单一经济生产力发展基础上的空间和产业土地关系,重新建立整合与协调关联,以获得适宜当下生产和生活需求的土地面积与人口数量,使资源配置从能源高消耗向低消耗过渡,积极推动碳基能源向清洁可再生能源转变,实现资源最低消耗的同时,对自然的"反哺"达到"正生态"目标②。

再次,突出碳行为调控作用的重要性。若将碳转移方法归纳为碳捕捉(CCS)与保护碳汇(减少对森林植被的破坏、保护土壤碳汇)、能源结构更替(由碳基能源向可再生能源调整)、提高能效(提高能源机械化利用转化效率,以及在空间形态结构中能源流通、吸收的速率和规模)与人类生活行为模式改变,并从减碳效益、经济成本、舒适性变化三个维度解析,可以发现,最经济的管控选择是主体人社群行为改变,其次是提高能效③(空间形态结构的优化),再次是能源结构更替与碳捕捉(表 3.8)。

① 刘邵权.农村聚落生态研究——理论与实践[M].北京:中国环境科学出版社,2006:77.

② 张泉,等.低碳生态与城乡规划[M].北京:中国建筑工业出版社,2011:10.

③ 注:根据国家发改委能源研究所的低碳情景分析设定,土地利用结构优化的碳减排潜力约为常规低碳政策的1/3(转印自杨庆媛.土地利用变化与碳循环[J].中国土地科学,2010,24(10):7-12.)。

表 3.8 低碳转型成本效益分析

减碳方式	碳捕捉(CCS)	能源替代	能效提高	行为改变
减碳效益	无	低	中	高
经济成本	很高	高	低	负
舒适性变化	存在风险	不可预估	减少舒适性	不影响

(资料来源:顾朝林.气候变化与低碳城市规划[M].南京:东南大学出版社,2013:121.)

3.4 本章小结

低碳适应性营建不应成为“粗蛮”技术化的全面武装,而应以联系的观点为起点,从自生性原型空间形态出发,从结构上追踪并挖掘碳脉流动路径,顺应空间形态主体的适应性作用机制,找寻调控路径的突破口和关键点。①

本章在尊重传统乡村人居环境“和”智慧、空间形态共通形式结构和一般性法则的基础上,引入环境适应性、复杂适应系统理论,并据此在适应性视野和框架下,提出“空间形态低碳适应性”内容体系,进一步明晰了适应性对象、研究思路和实现路径,试图建立起第 2 章与第 4、5、6 章之间的逻辑桥梁。以碳脉结构识别为前提,以寻找碳排放影响因素和适应单元建构为核心,借助碳排放的转移和调控的手段,完成“一次适应”的适应扩散,实现低碳适应性营建路径的建设。

① 吴盈颖,王竹,朱晓青.低碳乡村社区研究进展、内涵及营建路径探讨[J].华中建筑,2016(6):27-28.

4 乡村社区空间形态与碳脉结构识别

人类尚未解开地球生态系统的谜底，生态危机却到了千钧一发的关头，用历史的眼光看，我们并不完全拥有自身所居住的世界，仅是从子孙处借取暂为保管罢了。未来，我们将把怎样的城市和乡村交还于他们？

——《北京宪章》

第 2 章和第 3 章中，已对乡村社区空间形态的共通形式结构和一般性法则进行了深入分析和挖掘，明确了空间形态背后深层而隐秘的“功能—空间形态—结构”的适应力作用规律，以及空间形态投射下的土地利用结构对碳排放速度、规模和效率的结构碳锁定。土地利用结构和方式因活动需求量而变化，往往处于一种动态的互动演变。因此，要获得全面而准确的分析资料，唯有如同外科医生一般为样本或病例建立档案，仔细观察内外部现状，经过充分的解读和分析后才更有利于实践进行。本章将对浙北地区的 15 个乡村社区样本展开调查，对不同乡村社区类型的碳排放特征进行归纳，对空间形态的特征测度参数进行选择并描述，建立基于空间形态的碳计量模型。

4.1 样本阅读

4.1.1 样本选取

行政区划意义上的浙北地区位于杭嘉湖平原、太湖钱塘江流域，主要指杭州、嘉兴和湖州三市的市域范围，并以钱塘江为界。所辖面积约为 1.9 万 km^2，总人口 1 436 万，2015 年生产总值占全省的 38.7%，人口稠密、经济发达。这一地区位于我国地势的第三阶梯，地形特征较为丰富，涵盖了山地丘陵、丘陵、低丘平原、平原等类型，其中西南部以山地丘陵为主，东北部则呈现平原型地貌特征(图 4.1)。

1）选择依据

浙北地区位于典型北亚热带季风盛行区，四季分明，夏热冬冷且全年湿度偏高。具体来说，受夏冬季季风影响，夏季盛行东南风，气候湿热高温，降水充裕，日照充足，极端高温天气出现频率高；冬季盛行西北风，气候阴冷潮湿。正因为具有这一复杂气候变化特点，使得该区域在考虑环境热舒适性时，对气候变化的敏感度和应变能力要求会相应提高。

作为长江三角洲区域重要的腹地，浙北地区一直处于优越位置。地区城镇化发展规模位居全国前列，在全国第六次人口普查中，其城镇化水平高于全国平均水平 5.15 个百分点；乡村经济发展势头迅猛，乡村居民年均可支配收入达 24 987 元，高于全省平均值近 42%；乡村产业结构非农化趋势明显，根据 2010 年各地级市的统计年鉴，浙北乡村地区的非农产业比例（均值>70%）和非农从业人员比例（均值>90%）均远高于农业相关产业和从业人员。发达的业缘和开放的地缘关系，使浙北地区乡村社会秩序发生转变，乡土地域特质不明晰①，区域整体碳排放量逐年升高，每平方公里的碳排放量均在 1 800 t 以上②。

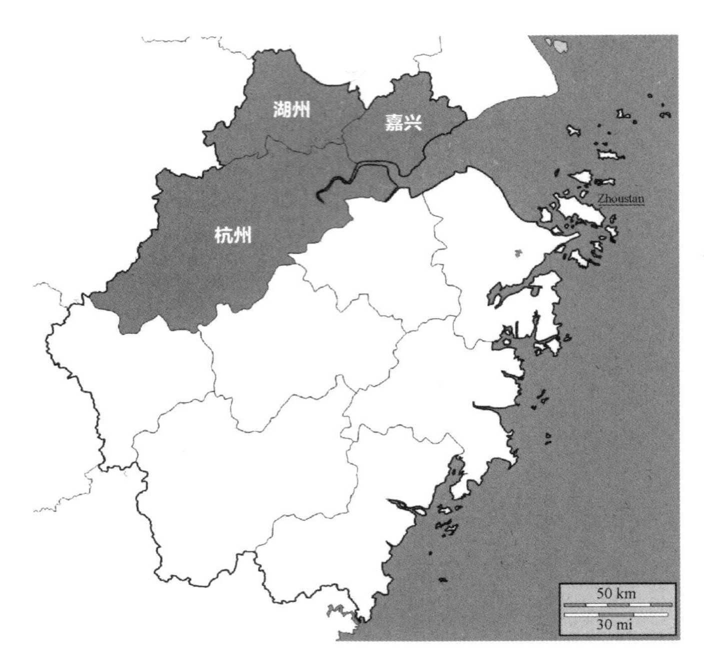

图 4.1 浙北区位分布及构成

（资料来源：作者自绘）

尽管浙北乡村地区的城镇化和社会经济发展良好，但受自然地理条件制约和城镇化发展时序的影响，乡村空间形态区域化差异显著。从各行政区乡村分布的地形地貌类型看，山区乡村约有 1 611 个，占总数的 28.24%；丘陵地区有 1 253 个，占总数的 21.96%；平原地区有 2 842个，占总数的 49.80%③，对有限的平原型土地资源形成巨大压力。与此同时，浙北乡村耕地数量总体呈下降趋势，1978—2003 年减少了 24 586 万 $hm^2$④。从乡村城镇化发展模式看，既有依靠市场经济外力、遵从城市发展意象的“类城镇化”新型乡村社区，其建成面积不

① 陈宗炎. 浙北地区乡村住居空间形态研究[D]. 杭州：浙江大学，2011：4.

② 曲建升，王琴，曾静静，等. 我国 CO_2 排放的区域分析[J]. 第四纪研究，2010，30(3)：466-472.

③ 的数据来自浙江统计信息网《浙江省第二次农业普查资料汇编》农村卷・第二部分。

④ 数据来自夏淑芳，许红卫，王珂，等. 浙江省耕地数量演变及其驱动力研究[J]. 科技通报，2006(3)：345-351.

断扩张，农居人均用地面积较大，并呈现逐年上升态势①；又有传统渐进式自生型乡村社区。这些差异化的乡村社区空间形态类型为比较分析研究提供了充足的样本遴选范围(图 4.2)。

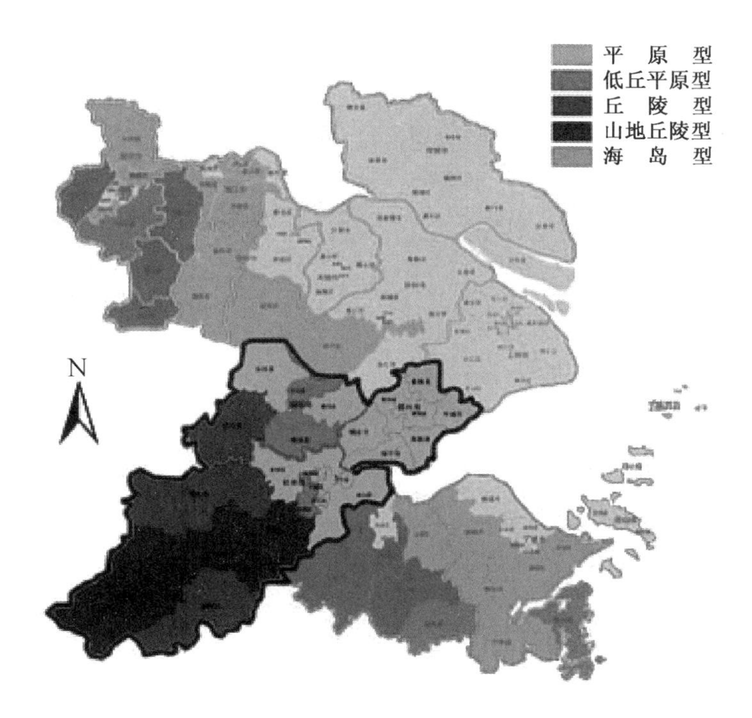

图 4.2 浙北分县区地形特征与分布示意图

(资料来源：根据课题组资料绘制)

而蓬勃发展的乡村经济和发达的社会组织支撑了浙北这块活力地带，美丽乡村建设觉悟早、发展快，有典型性和代表性，具备实践和推广乡村社区低碳营建模式的良好条件，更易起到示范作用。

2）案例选取

本研究的案例调查选取，涉及浙北地区桐庐县、安吉县、德清县的 15 个以行政村或自然村为单位的乡村社区。基于多样化、典型性、示范性原则，样本在空间地域上具有相对独立性，尽可能展现了城镇化不同阶段空间形态特征，体现浙北乡村社区的地域和文化特质。但受现有资料和精力的限制，虽力图反映各阶段区域的总况，在样本的选取上仍会存在一定主观性(表 4.1，图 4.3)。

① 注：根据全国第二次农业普查数据显示，2006 年末，浙江省农居户均用地面积达到 175.51 m^2，杭州、嘉兴、湖州户均用地面积均超过 171.51 m^2，分别为 224 m^2、273 m^2、226 m^2，而人均居住住宅面积分别达到 71.11 m^2、73.9 m^2、69.3 m^2。拥有两处以上住宅的比重分别为 7.95%、6.93%、10.83%(数据来自浙江统计信息网《基于第二次农业普查的浙江农村居民住房状况专题分析》)。

表 4.1　乡村社区样本案例调查列表

编号	乡村社区名称	所在县区	所在地市
1	江南镇环溪村	桐庐县	杭州市
2	江南镇深澳村	桐庐县	杭州市
3	鄣吴镇景坞村	安吉县	湖州市
4	鄣吴镇鄣吴村	安吉县	湖州市
5	上墅乡大竹园村	安吉县	湖州市
6	山川乡高家堂村	安吉县	湖州市
7	递铺镇东浜社区	安吉县	湖州市
8	递铺镇横山坞村	安吉县	湖州市
9	递铺镇晓山佳苑	安吉县	湖州市
10	递铺镇剑山社区	安吉县	湖州市
11	高禹镇南北湖村	安吉县	湖州市
12	洛舍镇张家湾村	德清县	湖州市
13	武康镇五四村	德清县	湖州市
14	莫干山镇何村	德清县	湖州市
15	莫干山镇劳岭村	德清县	湖州市

（资料来源：作者自绘）

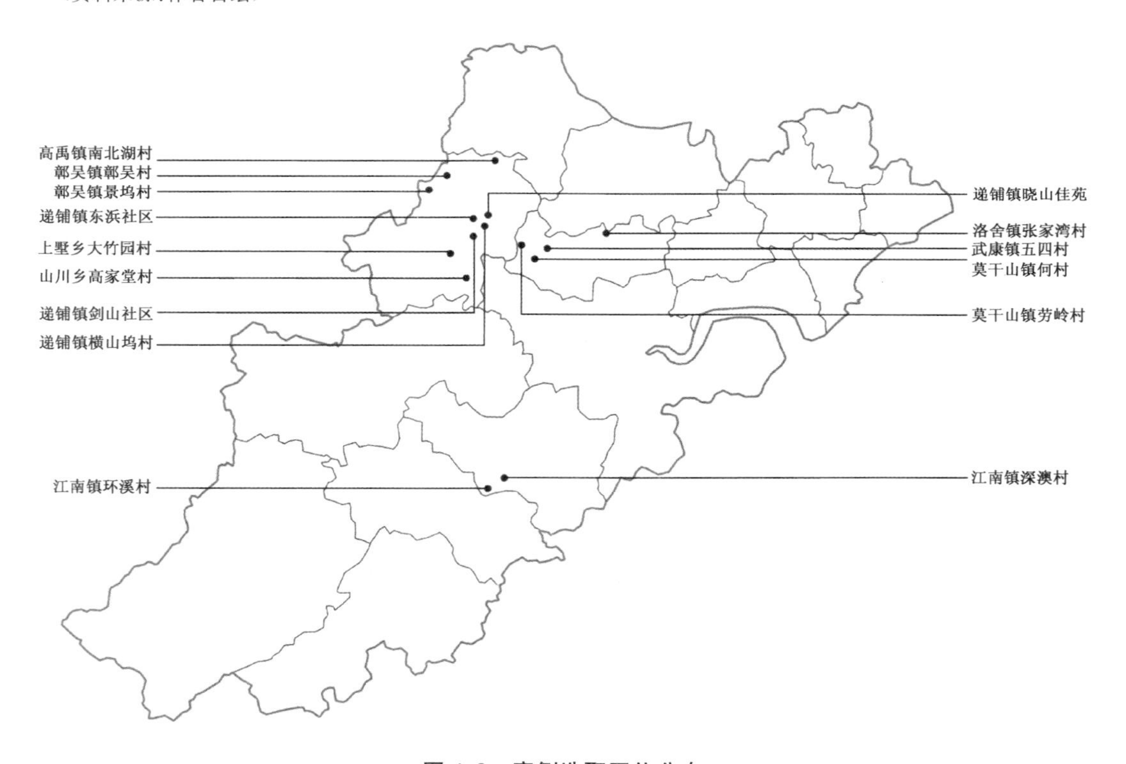

图 4.3　案例选取区位分布

（资料来源：作者自绘）

4.1.2 基本信息

自体生发型:No. 1(表 4.2)

表 4.2 湖州德清洛舍镇张家湾村(沿水系抱团)

历史影像(2000 年)	现状(2015 年)	基本情况	形态特点
		德清县洛舍镇张家湾村位于洛舍镇北部,南接三家村,西邻东苕溪,北交吴兴区东林镇,村域面积 3.88 km^2,地形以农田为主,村内水漾交织,是典型的鱼米之乡。截至 2014 年底,张陆湾乡村社区共有 8 个自然村,其中张陆湾中心村共有农户 229 户(陆家湾村 127 户 450 人,张家湾村 102 户 388 人),村集体经济收入 988 146.24 元	传统民居依据水网同构布局建筑,整体形态体现亲水特征,河道纵横、池塘遍布,村庄沿带状或斑块状分布,镶嵌在水乡格局之中,这是因为水乡交通以河流为主。总体形态继承了传统江南水乡布局手法,"一河一路一绿"和"前路后河"形式,把建筑与河、路有机结合为一体

新建民居

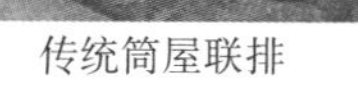

传统筒屋联排

传统筒屋联排

新建联排民居

注:以上图片均为作者自摄

自体生发型:No.2(表4.3)

表4.3 湖州安吉鄣吴镇鄣吴村(沿水系舒展)

历史影像(2000年)	现状(2015年)	基本情况	形态特点
		鄣吴村位于安吉县西北部浙皖边境,西北与安徽广德县东亭乡相邻,东南与天子湖镇接壤,辖鄣吴、瓦厂湾、蛟坞三个自然村,是著名艺术大师吴昌硕的故里。核心区有500余户、1 800余人。村内山林资源丰富,盛产树木、毛竹、茶叶、青梅、笋干、板栗等,村民人均年收入17 287元。同时,依托历史文化遗迹及自然生态环境,成为乡村旅游的重要示范乡村	村内"八府九弄十二巷"以及穿村小溪构成的核心空间形态布局基本保持原样态,维持农居高密度的紧凑状态,边缘区受商贸集市吸引有少量新建区块。村中小巷沿全长2 000余米穿村小溪曲折铺展,民居多更新于90年代的原址更建,保留了传统空间形态的街巷走势,以及水系塘池、古树洼地等节点空间

20世纪90年代普通民宅

20世纪90年代普通民宅

生活公共节点空间

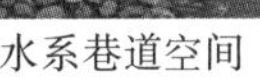

水系巷道空间

注:以上图片均为作者自摄

自体生发型：No. 3(表 4.4)

表 4.4 杭州桐庐江南镇深澳村(沿澳口生长)

历史影像(2000 年)	现状(2015 年)	基本情况	形态特点
		深澳村位于浙江省桐庐县富春江南岸天子岗北麓，地处丘陵地带，地势南高北低，总面积 10.5 hm^2(其中深澳古村为 7.5 hm^2)，共有 1 032户，3 625 人。深澳村边界呈长方形，中有老街南北走向，下筑引水暗渠(俗称澳)，澳深水冽，以此建村。其最初是申屠家族的血缘村落，现凭借深厚文化、悠久历史和独特地理环境，成为著名江南古村落	深澳村选址于山谷平原中，两侧有桐溪和后溪环绕，呈现“两山两溪夹一村”的外部形态特征。深澳村的空间格局、街巷走势依循水系、澳口发展而生发，澳口决定了巷道的形成，强化组织了形态的生发构成，形成独立而丰富的供排水系样态

传统民宅

老街商业

塘与井

巷道空间

注：以上图片均为作者自摄

外力分化型:No.1(表 4.5)

表 4.5 安吉县鄣吴镇里庚村(带状集聚)

历史影像(2000年)	现状(2015年)	基本情况	形态特点
		鄣吴镇里庚村位于安吉县西北部,天目山北麓,由里庚、里民和里村组成,共120户,400余人,生物资源丰富,生态环境优越,并保持较完整的原生态面貌。2010年始开始以文化产业为基础,结合农家乐、会所、农庄发展乡村旅游经济,目前有经营农户10家,占总户数的10%以上	廊道沿线村庄分布受到两侧山地地形限制,以带状向峡谷纵深分布,通过一两条入村道路与外部相连。沿线水资源丰富,以周边丘陵地为依托,休闲旅游产业发展潜力显著

农家乐 1

农家乐 2

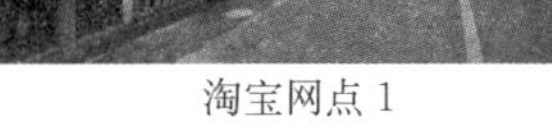

民宿 1

淘宝网点 1

注:以上图片均为作者自摄

外力分化型：No. 2(表 4.6)

表 4.6　安吉县上墅乡大竹园村(团状散落)

历史影像(2000 年)	现状(2015 年)	基本情况	形态特点
		大竹园村位于灵峰街道西南部，南接上墅乡，东临天荒坪镇白水湾村，西与刘家塘村接壤，北与孝丰镇交界。全村行政区域面积 8.7 km^2，共 16 个村民小组，1 878 人，共计 545 户，其中，中心村共 215 人。截至 2014 年，全村第一产业发展有 420 家，二、三产业分别有 15 和 11 家。村内发展休闲农产业七彩灵峰蔬香大地以及蓝莓基地，带动经济发展	沿线村庄基本沿龙王溪滨水景观带星状散落分布，人居与山水田园交织。村庄地处山麓广阔舒缓的平原地带，整体建筑较为低矮并沿内村成团状散落分布，呈现特色人居聚落模式及空间形态

自办竹帘作坊

竹木工艺加工厂

灵峰蔬菜公司

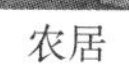

农居

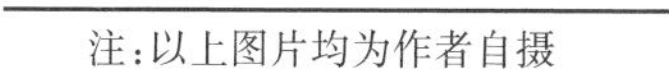

注：以上图片均为作者自摄

外力分化型:No. 3(表 4.7)

表 4.7 安吉县高禹镇南北湖村(条状集聚)

历史影像(2000 年)	现状(2015 年)	基本情况	形态特点
		南北湖村位于安吉县北部,天子湖园区下游,原为乡政府所在地,东临吟诗村,北临张芝村,南与良朋工业园区接壤。现为小白山集镇社区,全村区域总面积约 6.8 km^2,由南湖、北湖、凌斗三个行政村构成,总农户 678 户,户籍人口数 2 191 人,常住人口 2 752 人,村集体经济以水产养殖、厂房出租、土地流转为主要内容	商住一体联排农房沿主街道展开,一般为 2 楼砖混结构,部分 3 楼为后期加建产物,原住宅类型为单层土坯瓦房,集镇商街民房大多建造在 90 年代中期,公共服务设施较为齐全

加工厂

农贸集市

新建民居

农家餐饮

注:以上图片均为作者自摄

外力分化型:No. 4(表 4.8)

表 4.8 安吉县递铺镇横山坞村(点式散落)

历史影像(2000 年)	现状(2015 年)	基本情况	形态特点
		横山坞村位于灵峰山西麓,紧邻塘浦工业园区,云鸿西路穿村而过,交通便利。面积 6.8 km²,全村共有 11 个村民小组,453 户,1 557人。全村现有私营企业31 家,便民商店 12 家,农家乐 2 家,建立了无公害农产品生产基地	村内丘、岗、坡、冲层次分明,村民们依山傍坡而居,点状散落布局,结合乡村农地景观错落分散有致。开展产、供(技术)、销一条龙服务,同时积极发展加工和服务业,形成"横山坞村工业集聚区",以利用本地资源进行竹制品加工为主

竹制品加工厂

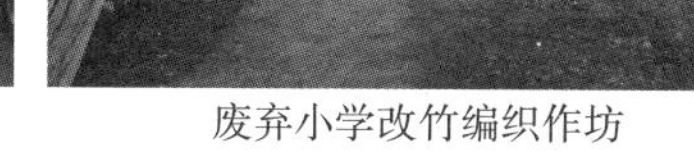

废弃小学改竹编织作坊

新建民居(未贴面砖)

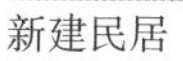

新建民居

注:以上图片均为作者自摄

外力分化型：No. 5(表 4.9)

表 4.9 安吉县山川乡高家堂村(线性延展)

历史影像(2000 年)	现状(2015 年)	基本情况	形态特点
		高家堂村位于浙江省安吉县山川乡南端，区位优势明显，东邻余杭，南界临安，西北与天荒坪接壤。境内植被良好，山清水秀，总人口 826 人。近年来，乡村旅游事业长足发展，农家乐自营、民宿经济，以及村外社会资本投资势头迅猛，村内已建成大型酒店民宿、度假区，并有浪漫山川乡旅游公司进驻	整体空间形态发展外力分化倾向明显。受制于坡地地形，民居主要沿缓坡带线性延展，通过与 2000 年卫星影像图进行对比，可以发现村落南部末端成为新的形态生长点，借助人口水库及自然植被风貌，建构大型度假型旅游集散点。村内其他民居 60%进行民宿经济倾向型改造，由于用地水平限制，部分民居沿垂直方向甚至建起五层楼房

方芳民宿

竹山水韵新建民宿

农家乐

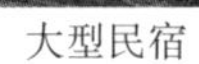

大型民宿

注：以上图片均为作者自摄

外力分化型:No. 6(表 4.10)

表 4.10 杭州桐庐江南镇环溪村(团状聚合)

历史影像(2000 年)	现状(2015 年)	基本情况	形态特点
		环溪村地处桐庐县江南镇的最东面,天子岗北麓,北接徐阪村,西临凤鸣村,西连青源村,东靠富阳赵村坞村。天子源和青源两条溪流汇合于村口,环溪村三面环水一面靠山,“门对天子一秀峰,窗含双溪两清流”是对环溪村地理风貌的真实写照。环溪村现有两个自然村,共有农户 505 户,户籍人口 2 034 人。村内主要经济产业依靠箱包制品加工和农家乐旅游,现农村自营民宿农家乐已达 55 家	环溪村属中低丘陵区,四周山体连绵,中部小河谷平原,山地与平原间则丘陵错落分布。村内传统民居因常年失修,大部分呈现空置状态,总空置住房 57 处,占地 8 804 m^2。沿老村落外沿村民自建、新建房屋居多,且多经营农家乐。原村落空间形态基本保持原貌,肌理布局密集,但新建民居的形制大小各异,使形态整体出现混乱,与 2000 年卫星影像图对比,可以明显发现形态组织的疏散变化

箱包加工厂

新建公共服务楼

爱莲祠堂

农家民宿餐饮

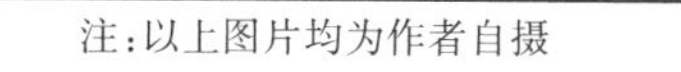

注:以上图片均为作者自摄

外力分化型:No. 7(表 4.11)

表 4.11 湖州德清县武康镇五四村(点式聚集)

历史影像(2000 年)	现状(2015 年)	基本情况	形态特点
		五四村位于莫干山东麓,东与三桥村光华交界,南与对河口村沈中坞为邻,西与莫干山镇高峰村接壤,北与三桥村赤山相连。村域地势西高东低,西部以低山为主,东部为缓坡平地,山清水秀,自然环境优美,全村总面积 5.62 km²,辖 14 个自然村,总人口 1 541 人。全村耕地实现 100%流转,村内有花木苗卉实践基地以及生态农庄等多种业态	五四村中心村以铜官桥居住组团为中心,民居布局以点式聚集为主,沿入村主道线性延展。村内民居多更新于 90 年代之后,部分新建于近期的"类西方化"别墅化民居,宅基地占地面积较大。村中水塘、古树节点保存较好,民居组织结构密度适中

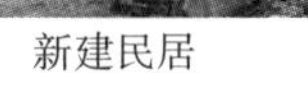

新建民居

五四综合市场

五四农庄

养老照料中心

注:以上图片均为作者自摄

外力分化型：No. 8(表 4.12)

表 4.12　湖州德清莫干山镇劳岭村岭坑里(带状散落)

历史影像(2000 年)	现状(2015 年)	基本情况	形态特点
		劳岭村位于德清县西部山区，东接高峰村，西连紫岭村，北与燎原村毗邻，南与何村村交界。全村现有总人口 1 412 人，分居在 8 个自然村，村域面积 6.6 km^2。劳岭村的村庄发展定位是打造具有鲜明山区特色的最佳宜居村庄。目前，劳岭村依托生态优势，大力发展乡村度假型农家乐，形成以三九坞、岭坑里、鸭蛋坞农家乐、洋家乐为主的民宿经济，发展乡村特色旅游，带动服务行业与三产的经济收入	作为莫干山环线上的第一村，交通与景观优势明显，但岭坑里组团位于山谷地带，适宜用地有限，造成人居聚落空间结构疏松涣散，民居沿道路与溪流线性带状散落分布

传统民居

改建新民宿

特色民宿

特色民宿

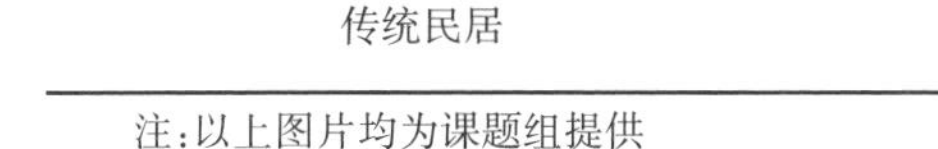

注：以上图片均为课题组提供

外力分化型:No. 9(表 4.13)

表 4.13 湖州德清莫干山何村(线状聚集)

历史影像(2000 年)	现状(2015 年)	基本情况	形态特点
		何村位于德清县西部山区,东接莫干山镇劳岭村,西连筏头乡兰树坑村,古时有河贯穿全村,村民沿河而居,故名“河村”。村庄群山环抱,区域优势明显,交通十分便利,村地域面积 6.8 km²,总人口 1 395 人。村域内有千年古铜矿、古代钱庄遗址、炼铜滩、铜山寺遗址等 13 处古迹。先后引进久祺国际骑行营、巴西风情小镇、广东棕榈、紫金农业等项目	村中新建房与旧房比例约为 3∶2,沿县道界面北面多为新建房,南面多为旧房,部分建筑质量极差的旧房已于近年进行包装改造用于孤寡老人居住。与 2000 年卫星影像对比,民居异址新建情况较少,基本原址更新建设,但宅基地占地面积普遍较大

沿线民居

商业服务中心

生活污水处理

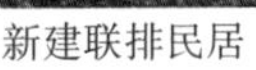

新建联排民居

注:以上图片均为作者自摄

官制规划型：No. 1（表 4.14）

表 4.14　安吉递铺镇晓山佳苑（点状围合）

历史影像（2000 年）	现状（2015 年）	基本情况	形态特点
		晓山佳苑位于灵峰街道横山坞村，建于 2012 年，东至横山坞村委会，南至山水灵峰观光园，西至云鸿西路，北至木鱼山自然村，共有 83 户安置居民入住	村内居民为横山坞村中心村居民，每户宅基地用地面积均等，模仿城市商住住宅小区，环状点式分布，房屋前后间距充足

在建新民居

民居群

民居群

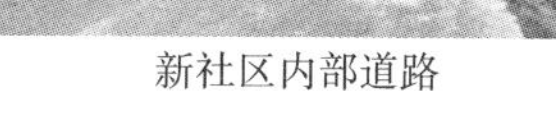

新社区内部道路

注：以上图片均为作者自摄

官制规划型:No.2(表4.15)

表4.15 安吉递铺镇东浜社区(兵列布阵)

历史影像(2000年)	现状(2015年)	基本情况	形态特点
		东浜社区位于安吉县西郊,龙王溪畔,交通便捷,社区区域面积3.565 km²,辖一个中心村,三个自然村,18个居民小组,2014年人均年收入达到21 605元,工业经济发达	现居住村民因塘浦工业区征地搬迁至此,亦有部分村民为其他远郊乡村集中移居聚集。每户农宅开间进深高度保持一致,外立面风格界定,空间形态呈现机械化兵列布阵

拆旧建新

联排建房新社区

三期在建民居

社区中心

注:以上图片均为作者自摄

官制规划型:No. 3(表 4.16)

表 4.16 安吉递铺镇剑山社区(兵列布阵)

历史影像(2000 年)	现状(2015 年)	基本情况	形态特点
		剑山河滨小区:位于灵峰街道剑山村,东至梅灵路,南至湿地公园,西至龙王溪,北至云鸿西路。剑山因村东南面的山峰形似宝剑而得名。剑山村域面积 6.9 km^2,辖一个中心村和七个自然村,总人口1 510人,2007 年人均收入 10 180 元,村集体可支配收入 57 万元	村内居民为原剑山村迁置户以及原基址居住村民,每户宅基地用地相同,间隔相同间距差,整体空间结构组织均质化明晰

社区内景

联排民居(一期)

联排民居(二期)

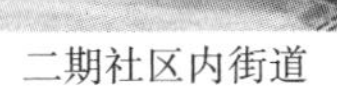

二期社区内街道

注:以上图片均为作者自摄

1）农居建造用能

在样本调查阅读中可发现，农居宅院的平面布局、结构形式和材料构造有四五十年的周期跨度，既有满足基本生存需求的单层独立砖木结构或联建宅院，也有盲目追求城市奢华砖混或框架结构的“类西方化”别墅型多层宅院。从夯土泥墙墙体，到实心黏土砖墙、混凝土砌筑块，材料构造的交替更新引发了能耗的波动变化。

在这15个样本乡村社区中，砖木、砖混和框架结构所占比例分别为5%、84%和11%，砖木结构多集中在自体生发型乡村社区或外力分化型的一些空心化村落，这些农居多建于20世纪80年代之前，外墙体为夯土或竹骨泥墙，这些当地的自然材料其美观性虽不能被现代村民完全接受，但是冬暖夏凉，夏季阻隔室外炎热、冬季抵御寒风侵袭，适应夏热冬冷地区的气候特征，有助于减少室内额外能耗消费。80年代之后，多数乡村社区进行了新一轮住宅更新，新建房普遍采用砖混结构，并逐渐以三层独立单体为主，墙体采用实心黏土砖、水泥砂浆和贴面砖装饰，现浇坡屋顶湿作业，门窗框也从平开杉木替换成了推拉铝合金窗，技术的提升对材料选取和利用的局限性降低。2000年以后，钢筋混凝土框架结构涌现，而民居样态的多样化也开始展现，人们逐渐意识到材料的生态性能，例如，墙体主要材料由被国家明令禁止的黏土实心砖替换成空心黏土砖，以减少对耕地规模和质量的破坏。而对围护结构（墙、窗、屋顶）的保温构造形式却鲜少提及，直至新农村集中安置社区的新建房，依旧不存在保温隔热构造，增加了热桥的热负荷（图4.4，表4.17，表4.18）。

图4.4 村民自建与集体共建过程

（资料来源：作者自摄）

表 4.17 样本乡村农居宅院的材料选取演进

农居宅院形态构造						特征
其他 \ 墙体		平房		楼房		
		400 mm 夯土+石砌基础	竹骨泥墙	240 mm 黏土砖+水泥砂浆+面砖(涂料)	砖+构造柱	
坡顶	杉树皮+石片	•	•			生存型 广泛运用当地廉价、原生态或简单加工的自然材料;但夯土墙易受潮软化,开窗面积不宜过大,泥土抗拉性差易产生裂缝
	茅草+青瓦	•	•			
	水泥瓦			•		
	琉璃瓦				•	
平顶	预制混凝土板			•		
门窗	杉木框	•	•			生活型 农居宅院高度、开窗不再受技术、材料限制,但所使用材料无法在自然界自主降解,且材料烧制、生产过程毁坏耕地、影响环境
	铝合金			•	•	
	塑钢			•	•	
地面	砂性土	•				
	黏土砖		•			
	水泥			•	•	
	铺面砖			•	•	
结构形式	砖木	•	•			
	砖混			•	•	
	框架			•		
		砖木	砖混		框架	享受型 超过实际需求的盲目“攀高攀大”,模仿城市别墅样板,闲置空房居多,占用土地资源,造成土地利用浪费
时间阶段	50 年代	•	•			
	60 年代	•	•			
	70 年代	•	•			
	80 年代		•			
	90 年代			•	•	
	2000 年以后			•	•	
	80年代以前	80年代—2000年		2000年以后		

(资料来源:作者自绘)

表 4.18 农居围护结构主要热工参数

围护结构	主要构造材料	传热系数 W/(m²·K)
外墙	240 mm 黏土砖＋水泥砂浆	2.40
	400 mm 夯土墙	0.56
内墙	黏土砖＋水泥砂浆	2.70
屋顶	现浇水泥板＋小青瓦	2.23
楼板	混凝土＋水泥砂浆	3.10
外窗	铝合金窗	6.40
	杉木框窗	0.29

（资料来源：根据文献①②整理绘制）

在平面布局形制上，不少传统民居已不再适应现代居住生活，村民对空间功能变异也有了新的认知，于是，便开始削足适履的“居住适应住宅”③，水平方向辅助用房搭建较为随机，垂直方向在原宅基础上加建层数，而原空间内部功能的改造分隔不合理，使空间功能用房穿套或不适宜生活需要，陡增临时性，因而又间接影响了部分能源消费。

2）生活居住用能

15 个样本乡村社区的调研显示，普通农居生活居住用能主要由四部分构成：炊事生物质用能、液化石油气用能、电能和交通用能，其中电能的能源消耗比重最大。以安吉鄣吴镇里庚村调研数据为例，柴薪作为炊事生物质直接燃烧用能，约占村民生活居住总能耗的 35.64%④，但传统柴灶用能效率不高，平均不足 20%，主要集中在临近山区的乡村社区，如湖州安吉县鄣吴镇鄣吴村、安吉上墅乡大竹园村、德清洛舍镇张家湾村（主要是木皮屑）等地。照明、制冷、电器等用电能耗约占 63.38%，且比例呈现逐年上升势态（图 4.5），逐渐由非商品

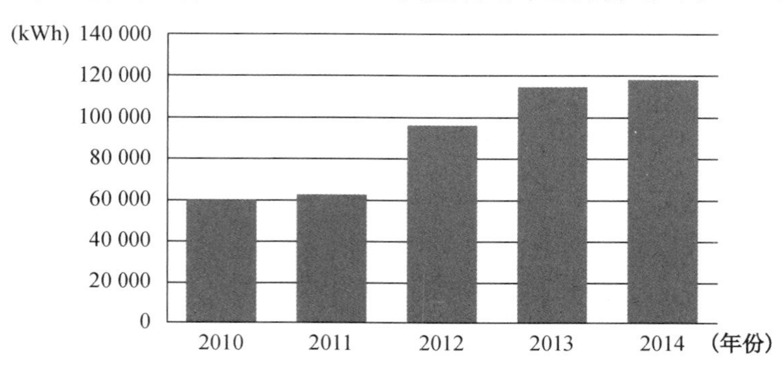

图 4.5 里庚村 2010—2014 年用电量

（资料来源：作者自绘）

① 王建龙. 江南水乡典型农村住宅能耗及能源结构优化研究[D]. 南京：东南大学，2015：34.

② 彭军旺. 乡村住宅空间气候适应性研究[D]. 西安：西安建筑科技大学，2014：52.

③ 王舒扬. 我国华北寒冷地区农村可持续住宅建设与设计研究[D]. 天津：天津大学，2011：59.

④ 注：调研数据显示，平均每户年柴薪消耗量为 0.8 t。

性能源为主向商品能源占主体地位转化。炊事用能的另一液化石油气能源则占总能耗的0.98%[①]。而个体交通用能量相较城市社区还是偏小，受经济条件及常住人口年龄构成的制约，且各类型差异较明显，如官制规划型、外力分化型乡村社区的交通用能能耗比重较自体生发型明显增大，在自体生发型乡村社区，村民多选择附近公共交通出行。

3）节能偏好态度

在安吉高禹镇南北湖村、递铺镇横山坞村、德清莫干山何村、桐庐环溪村等乡村社区的走访中，我们均发现村内安置了太阳能生物污水处理系统，如安吉横山坞村采用太阳能微动力污水处理技术，在转化过程中借助可再生能源提供动力，强化氮、磷的处理，提高处理效率和深度。此外，南北湖村还专门建立了垃圾循环处理回收站，社区引入垃圾简易转换机器，主要针对非塑性垃圾进行翻滚、切割和消化，转换成肥料提供予农户使用，将生活垃圾分类化、废弃物高转换化，既可减碳排亦可变废为宝。部分村领导、村干部对于低碳乡村建设，已有一定觉悟，并投入了精力和财力（图 4.6～图 4.8）。然而，乡村社区真正的居住和使用者的节能意识普遍较弱，或盲目攀比只注重改善外部构造和实际享用的面积尺度，而忽视材料选取的节能效应和环境影响，或受限于经济条件基础仅满足基本生活需要，而无更多余力支撑低能耗产品的消费。村民的节能意愿与经济收入有一定关联，但未呈现完全正相关性。（表 4.19）。

图 4.6　横山坞村污水处理

图 4.7　南北湖村垃圾循环

图 4.8　环溪村污水处理

（资料来源：作者自摄）

表 4.19　农居居住者节能偏好态度抽样调查

编号	1	2	3	4

年份	2006	1990	1993	1990

① 注：调研数据显示，平均每户年液化石油气使用量为 2.3 瓶。

续表

建筑面积	234 m²	239 m²	260.12 m²	273.22 m²
结构类型	砖混	砖混	砖混	砖混
年均收入	8 万～10 万元	5 万～7 万元	20 万元	8 万～10 万元
电量	3 564 kWh/a	1 003.7 kWh/a	4 460.97 kWh/a	3 206.32 kWh/a
节能意愿	会考虑节能减排	会考虑，节能就是省钱	会考虑节能，但不愿意进行额外改造或增加节能技术	会考虑节能减排
编号	5	6	7	8

年份	2008	1980	2013	1990
建筑面积	357.18 m²	311.36 m²	342.69 m²	270.74 m²
结构类型	砖混	砖混	砖混	砖混
年均收入	12 万～15 万元	4 万～5 万元	5 万～6 万元	4 万元
电量	5 576 kWh/a	3 903.35 kWh/a	8 364.31 kWh/a	2 230.48 kWh/a
节能意愿	偶尔会考虑节能，愿意进行节能改造或改善节能技术	会考虑，节能就是省钱，若有政府补贴可以考虑进行额外节能技术改善	不考虑节能	会考虑，节能就是省钱，但不会进行额外节能结束改善
编号	9	10	11	12

年份	2010	1994	1995	2009
建筑面积	300 m²	240 m²	215 m²	375 m²
结构类型	砖混	砖混	砖混	框架
年均收入	20 万元以上	7 万～8 万元	4 万～5 万元	10 万～12 万元
电量	10 594.8 kWh/a	2 007.43 kWh/a	1 895.91 kWh/a	6 412.64 kWh/a

续表

节能意愿	不会考虑，民宿经营节能不好控制，但愿意进行节能技术改善	会考虑，节能就是省钱	会考虑，节能就是省钱	不一定考虑节能

（资料来源：作者自绘）

注：表格内容为笔者根据调查内容整理绘制。1～2号为安吉鄣吴镇里庚村自住农宅；3～5号为安吉上墅乡大竹园村农宅，其中3号自住和家庭作坊为一体；6～7号为德清洛舍镇张陆湾村自住农宅；8号为安吉鄣吴镇鄣吴村自住农宅；9～10号为安吉山川乡高家堂村农宅，其中9号为农宅改造的小型民宿；11号为高禹镇南北湖村自住农宅；12号为安吉递铺镇东浜社区新搬迁民居

4.2 形态识别

乡村社区空间形态作为长期以来生活和社会交往的物质载体，存在着自发且隐匿的适应性关系，这在第2章中已作了定性分析和研究，但却难以用准确的语言描述并解释其中低碳对空间形态发展的影响（结构碳锁定）。于是，本小节结合15个样本乡村社区实例，对样本空间形态的特征测度参数进行甄选，依循空间形态构成的共通形式结构和一般法则，通过与土地投入规模和利用水平相关的"量结构""度结构""率结构"三种结构组织关系的转化，来表现整体外部几何形态、内部用地结构和宅院序列形态等特征，获得不同层次尺度上形态特征的异同性以及这种异同性的地理分布状况。

4.2.1 参数选择

1）量结构测度参数

量结构测度参数指标主要表征形态构成各要素的规模大小及由此形成的界域特征，反映土地利用的投入水平量，主要涉及指标有：建设用地总面积（S_{b_area}）和户均宅基地面积（S_{ph_area}）。

（1）建设用地总面积（S_{b_area}）

要计量建设用地总面积，首先需明确建成环境区域的边缘界域，即"是由建筑单体的实体边界与各单体之间的虚体边界共同连接而成，其中，虚体边界的选择决定了边缘界域的实际大小"①。

图4.9 高家堂村建设用地界域示例

（资料来源：作者自绘）

本研究参考了浦欣成关于乡村聚居整体空间形态的平面量化方法，以最大跨越距离30 m作为虚体边界，对边缘界域进行测度描述，获得表征土地总体利用投入规模的建设用地总面积界域（图4.9）。该测度参数指标有

① 参见浦欣成.传统乡村聚落二维平面整体形态的量化方法研究[D].杭州：浙江大学，2012：52-58.

别于乡村社区占地总面积，其实际数值小于后者，后者还包含了农林耕地等非建设用地。

(2) 户均宅基地面积 (S_{ph_area})

表征土地个体利用投入水平情况。当居住户数为 n 时，户均宅基地面积可用公式表达为：

$$S_{ph\_area} = \frac{\text{各户宅基地面积之和}}{\text{户数}} = \sum_{i=1}^{n} S_i / n \quad (4\text{-}1)$$

式中，S_i 为各户宅基地面积。

2) 度结构测度参数

土地利用的度结构关系，表征了土地利用结构的逻辑组织与开发强度，反映了基本宅院单元方向和间距的差异性与协调性，界定了物质空间利用对聚集“度”的把控。合理适度的土地利用结构不仅满足系统自身高效有序运转的需求，也是适应性发展的要求①。从二维平面到三维形态，涉及的相关测度参数指标有：宅基地覆盖率($h\_density$)、户均建筑覆盖占宅基地面积比($pa\_density$)、人口密度($pp\_density$)、空间异质性指数(Heterogeneity Indices, HI)。

(1) 宅基地覆盖率($h\_density$)

宅基地由主宅基地和人口地两部分组成，主宅基地用于建造家庭主要生活用房，表征水平方向维度的占用频率水平，人口地涵盖了房屋前后院落中承载生产功用的土地②。宅基地覆盖率揭示了宅院建筑单体与外部非建成环境空间之间的集聚程度关系，由各户宅基地面积 (S_i) 和建设用地总面积(S_{b_area}) 之比获得，可用公式表示为：

$$h\_density = \sum_{i=1}^{n} S_i / S_{b\_area} \quad (4\text{-}2)$$

(2) 户均建筑覆盖占宅基地面积比($pa\_density$)

该指标描述了空间形态水平方向的疏密分布特征，通过宅院单体在宅基地范围内局部的覆盖特征，反映宅院实体与院落开敞“虚体”空间的占比关系。需要注意的是，相同覆盖率下很可能会产生不同的分布肌理，因而仍需通过相同尺度的图底分析，对比不同模式对碳排放产生的差异效果，这将在下一章中具体展开讨论。

$$pa\_density = \frac{\text{所有宅院建筑覆盖面积之和}}{\text{宅基地用地总面积}} = \sum_{i=1}^{n} S_{i,a} \Big/ \sum_{i=1}^{n} S_i \quad (4\text{-}3)$$

式中，S_i 为各户宅基地面积，$S_{i,a}$ 为各户宅院建筑覆盖面积。

(3) 人口密度($pp\_density$)

即单位建设用地面积上的人口集聚程度，是考量土地消费空间容量的表征指标。

$$pp\_density = \frac{\text{人口总数}}{\text{建设用地总面积}(S_{b\_area})} \quad (4\text{-}4)$$

① 柏春. 城市气候设计——城市空间形态气候合理性实现的途径[M]. 北京：中国建筑工业出版社，2009：60-61.

② 段威. 浙江萧山南沙地区当代乡土住宅的历史、形式和模式研究[D]. 北京：清华大学，2013：219.

(4) 空间异质性指数(Heterogeneity Indices, HI)

空间异质性指数是生态学的重要概念，异质性描述了不同性质的用地组织、不同用地的内在功能，表征了功能空间混合使用的复杂程度，反映出空间形态内部土地利用的多样性及功能地块的配置格局，参考了香农—韦弗(Shannon-Weaver)的多样性指数，将该指标表示为：

$$H = -\sum_{i=1}^{n}(p_i \times \ln p_i) \tag{4-5}$$

$$H' = H/N \tag{4-6}$$

式中，H 为信息量(Shannon-Weaver 多样性指数)，i 为空间类型数，p_i 为该类型 i 的空间个体在全部个体总量中的比例(这里用某类型用地占建设用地总面积的比重表示)，$n(N)$ 为类型数。当 $H \geqslant 0$ 时，无上限；当 $H = 0$ 时，表示只有一种用地类型；H 值越大，则多样性越高。H' 为多样性均度(辛普森指数)，H'越大，表示土地利用空间分布越均衡①。

3) 率结构测度参数

率结构主要表征了一定土地投入水平量下，乡村社区空间形态向外拓展产生的几何形状变化，反映空间形态结构要素(边界、通廊)与群块、邻近自然环境间的连接性。作为能量和信息的传输通道和生态接触界面，其决定了物质空间的资源利用效率(形态边界和廊道会与外界进行资源交互，而土地利用的效率决定了这些资源能否更方便地“进入”)。相关测度指标包含：土地紧凑度(Compact Ratio, CR)和公共空间分维测度(Area-Perimeter Relation, D)。

(1) 土地紧凑度(Compact Ratio, CR)

土地紧凑度侧重于反映实体空间形态与外部自然环境或其他空间异质体之间的交合关联，反映外部生态接触界面的复杂程度，即“土地的集聚和连续度”②，其与形状指数 (S) 互为倒数。在景观生态学中，整体斑块的空间形状指数通过某一斑块形状与相同面积的圆形之间的偏离程度来表现形状的复杂程度③，常见表达形式有：

$$S = P/2\sqrt{\pi A} \tag{4-7}$$

那么，紧凑度 (CR) 则可表示为：

$$CR = 1/S = 2\sqrt{\pi A}/P \tag{4-8}$$

式中，P 是斑块整体的轮廓周长，A 是斑块面积。CR 取值为 0～1，其值越大就代表紧凑度越高。从生态学观点看，不同的形状指数和紧凑度由于受离心力、向心力和地形地势阻力的综合力场影响，各方向的扩展力迁移距离和趋势各异，产生了相异的生态边界效应。

① 储金龙. 城市空间形态定量分析研究[M]. 南京：东南大学出版社，2007：41.

② Wheeler S M. Planning for metropolitan sustainability[J]. Journal of Planning Education and Research, 2000(20)：133-145.

③ 邬建国. 景观生态学——格局、过程、尺度与等级[M]. 北京：高等教育出版社，2007：107.

(2) 公共空间分维数(Area-Perimeter Relation, D)

公共空间分维数利用实体与虚体不规则围合边界形态的几何分形参数,反映整体空间形态可填充能力①及结构组织效率水平。本研究借鉴王青对聚落空间形态分形参数的数理分析,将公共空间分维数测度参数指标表示为"面积—周长"关系:

$$D = \frac{2\lg(P/4)}{\lg A} \tag{4-9}$$

式中,D 为分维数,表示了公共空间整体的空间填充能力和不规则程度,P 为公共空间边界周长,A 为公共空间基底面积(建设用地总面积与宅院居住用地之差),其理论值在1.0～2.0②。

由虚体间距围合成的公共空间,是由多个处于相互断裂关系的非整体图斑组成,在测量其边界周长时,需要将这些断裂的图斑连接成整体(图 4.10),这里借鉴了浦欣成在《传统乡村聚落二维平面整体形态的量化方法研究》博士论文中提出的方法③。分维测度数值越大,代表公共空间的界面越破碎,受到周边宅院空间的挤压越大而间接呈现致密化程度较高,此时,空间结构组织的聚集能力越强,样态更丰富而复杂,空间形态的发展以内部填充扩增为主要倾向。

(a) 鄣吴村组团形态边界划定　　(b) 边界与宅基地实体间的公共空间析出

图 4.10　安吉鄣吴村公共空间析出示例图

(资料来源:作者自绘)

① Longley P A, Mesev V. Measurement of density gradients and space-filling in urban systems[J]. Regional Science, 2002,81(1):1-28.

② 王青.城市形态空间演变定量研究初探——以太原市为例[J].经济地理,2002,22(5):330-341.

③ 注:假设在不影响聚落空间内部结构的情况下,每个聚落边界线(30 m虚边界尺度下的中边界)2.5 m以外虚设一圈半人高围墙,从而使得公共空间图斑能连成一整体。2.5 m的数据来自于聚落公共空间面积之和与公共空间实体边界之和之间的比值,即得到以实体边界长度为基准的公共空间平均宽度,这个宽度接近于聚落单体之间的平均距离(参见浦欣成.传统乡村聚落二维平面整体形态的量化方法研究[D].杭州:浙江大学,2012:133-135.)。

4.2.2 特征描述(表 4.20)

表 4.20 15 个样本空间形态特征测度参数的特征描述

	张家湾村(150 m×150 m)	郭吴村(150 m×150 m)	深澳村(150 m×150 m)
自体生发	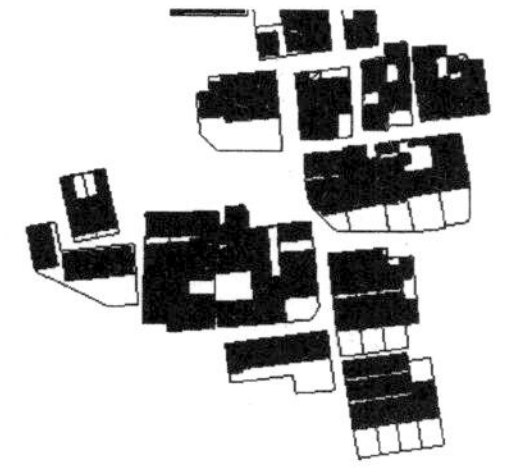	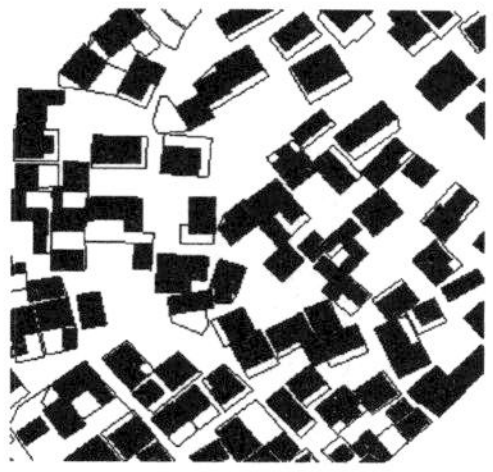	
地形地势	平原水乡	平原	平原
S_{b_area}	36 158.42 m^2	40 918.76 m^2	45 589.59 m^2
S_{ph_area}	270.41 m^2	147.86 m^2	134.78 m^2
pa_density	0.585 0	0.709 6	0.886 6
h_density	0.402 5	0.394 9	0.424 2
pp_density	0.009 7	0.013 5	0.012 5
HI	0.257 3	0.504 8	0.424 0
CR	0.332 6	0.649 6	0.688 8
D	1.334 9	1.382 5	1.461 4
	大竹园村(150 m×150 m)	横山坞村(150 m×150 m)	五四村(150 m×150 m)
外力分化		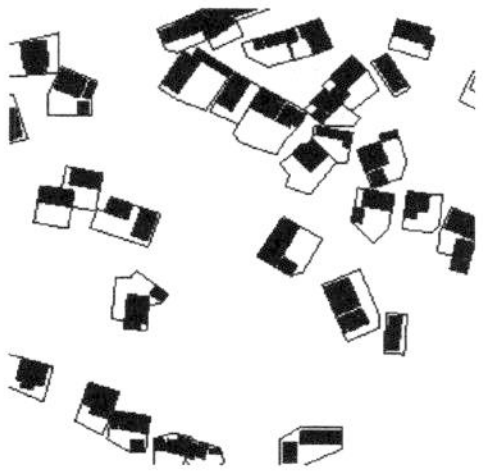	
地形地势	平原	缓坡地	平原
S_{b_area}	46 387.39 m^2	28 429.22 m^2	62 507.67 m^2
S_{ph_area}	552.15 m^2	274.69 m^2	654.85 m^2
pa_density	0.206 4	0.426 5	0.336 5
h_density	0.125 3	0.160 7	0.232 7
pp_density	0.003 8	0.004 7	0.003 5
HI	0.598 2	0.367 8	0.255 2
CR	0.252 9	0.513 3	0.348 4
D	1.165 3	1.160 0	1.308 4

续表

	何村(150 m×150 m)	劳岭村(150 m×150 m)	高家堂村(150 m×150 m)
外力分化	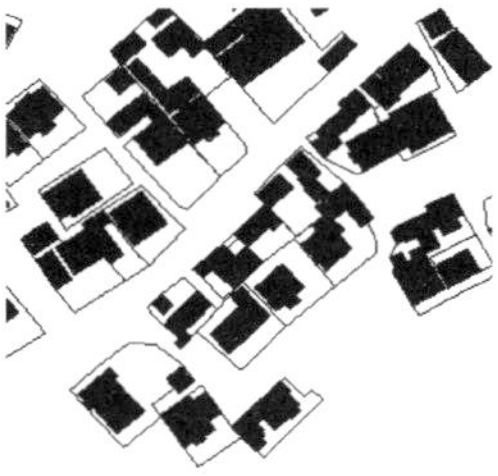	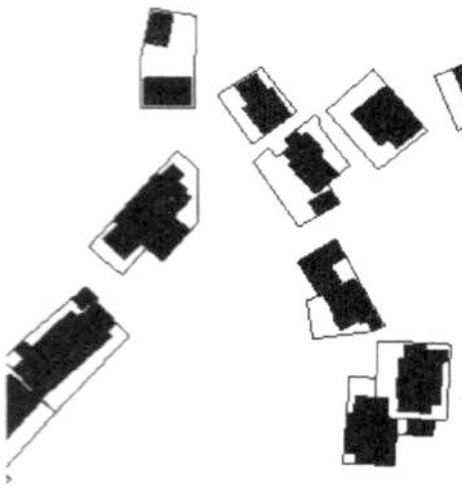	
地形地势	平原	山地	缓坡
S_{b_area}	60 471.47 m²	28 855.33 m²	40 618.13 m²
S_{ph_area}	435.26 m²	611.98 m²	156.50 m²
pa_density	0.421 6	0.556 5	0.714 1
h_density	0.282 8	0.413 1	0.305 1
pp_density	0.005 3	0.004 4	0.009 9
HI	0.268 7	0.221 2	0.574 6
CR	0.262 1	0.223 3	0.290 6
D	1.357 8	1.118 6	1.292 1
	环溪村(150 m×150 m)	南北湖村(150 m×150 m)	里庚村(150 m×150 m)
外力分化	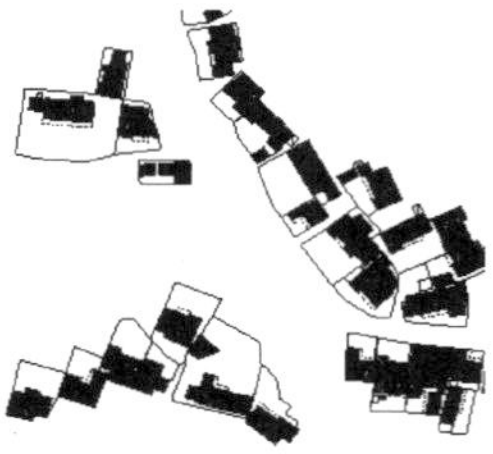	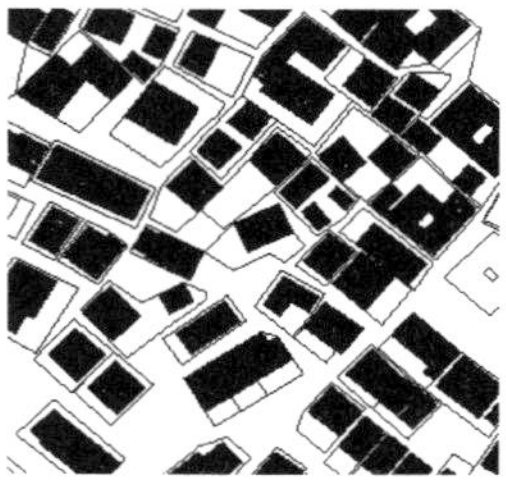	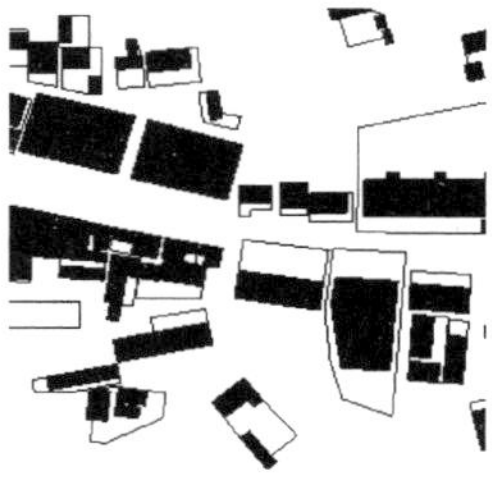
地形地势	平原	缓坡地	平原
S_{b_area}	60 225.69 m²	50 892.81 m²	38 659.83 m²
S_{ph_area}	326.622 m²	124.45 m²	223.83 m²
pa_density	0.555 5	0.635 9	0.616 3
h_density	0.367 5	0.158 6	0.396 1
pp_density	0.007 0	0.008 1	0.010 3
HI	0.343 2	0.638 4	0.284 1
CR	0.637 9	0.419 7	0.319 6
D	1.181 7	1.229 5	1.321 9

续表

	晓山佳苑(150 m×150 m)	东浜社区(150 m×150)	剑山社区(150 m×150 m)
官制规划	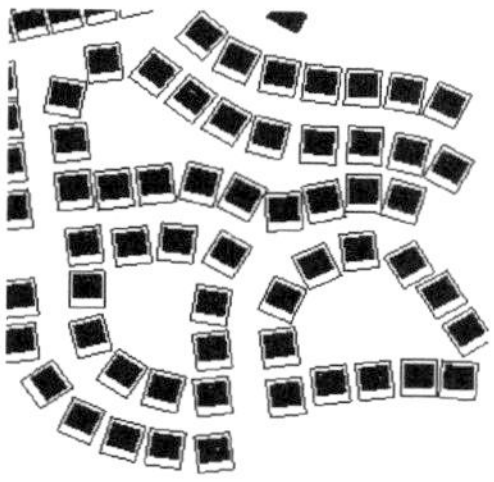	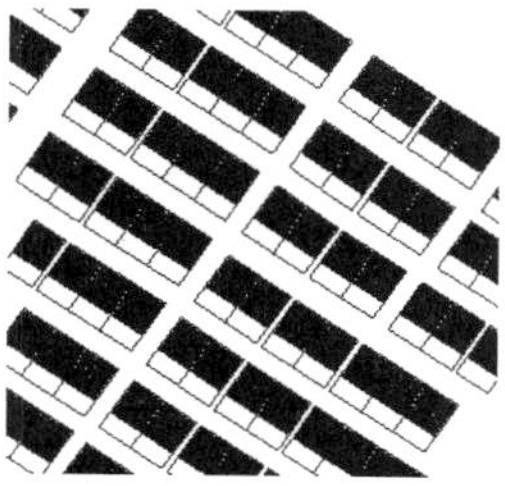	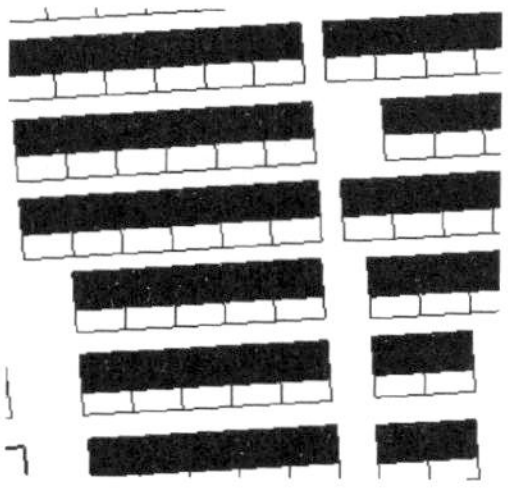
地形地势	平原开阔地带	平原开阔地带	平原开阔地带
S_{b_area}	35 798.38 m^2	85 447.50 m^2	66 098.87 m^2
S_{ph_area}	205.79 m^2	212.28 m^2	291.43 m^2
pa_density	0.491 4	0.588 8	0.542 5
h_density	0.234 5	0.332 1	0.358 8
pp_density	0.008 1	0.009 3	0.009 7
HI	0.353 1	0.483 7	0.273 4
CR	0.792 3	0.627 6	0.695 2
D	1.088 7	1.159 5	1.156 6

注:由于较少有完全保持原貌的自体生发型乡村社区,都会有部分区域被更新,对于这部分采取复原的方式,用近似传统住宅替代新建住宅,以保证数据和指标较好反映了乡村社区的原貌。

4.2.3 对比分析

将各形态特征测度参数指标数值转化成无纲量的标准分数(Z-score)①后,按数值大小顺序进行分级顺序,级数越高代表原实际测度参数数值越大,由此依据三种结构原则(量结构、度结构、率结构),对空间形态的综合适应性能力予以比较和评价(表 4.21)。

表 4.21 各类型乡村社区空间形态特征参数雷达图

外力分化型乡村社区		
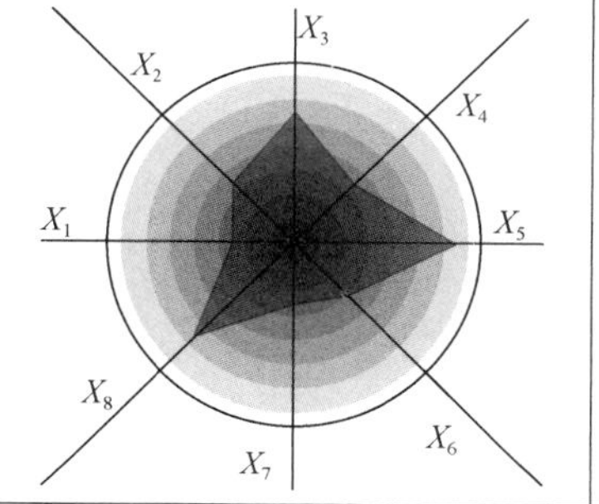	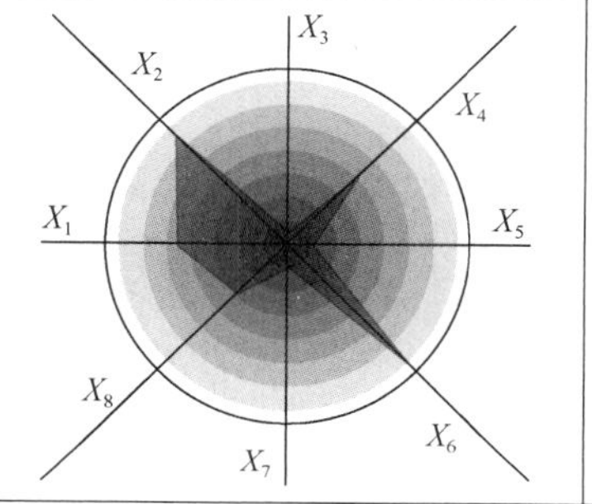	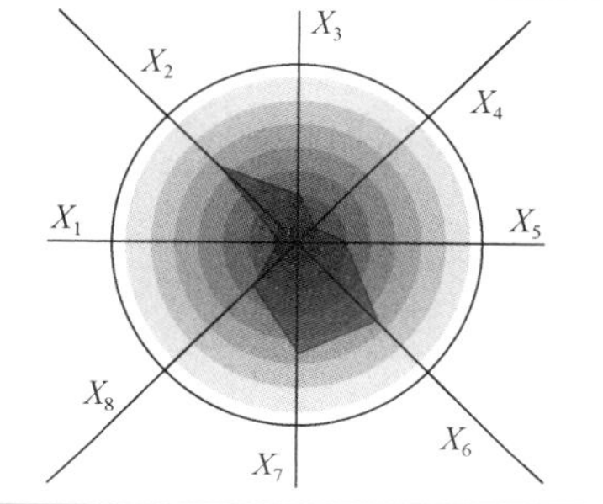
里庚村	大竹园村	横山坞村

① 注:标准分数(standard score)是各分数与平均数差值再除以标准差的过程,$z=(x-\mu)/\sigma$。

续表

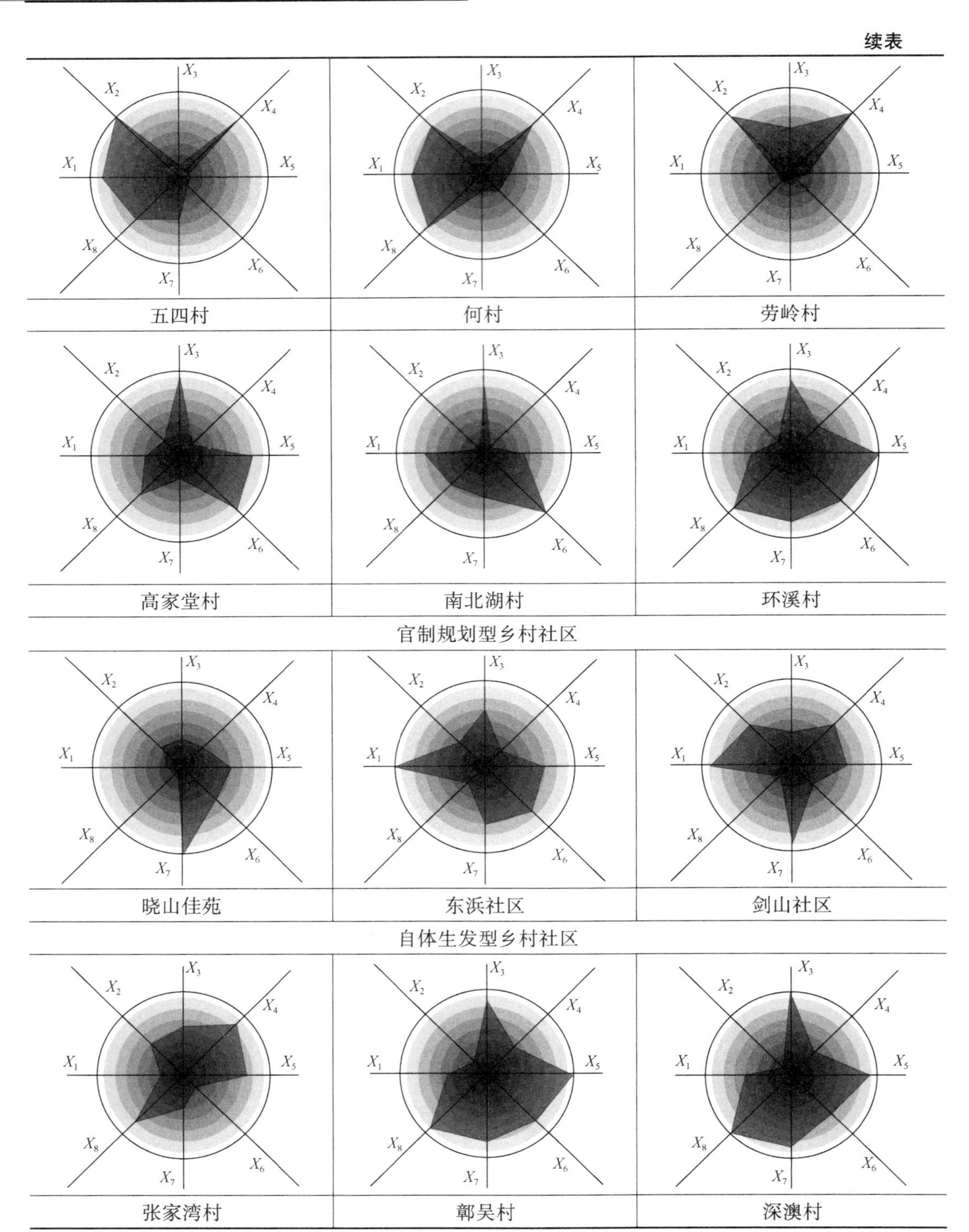

注：X_1 = 建设用地总面积 S_{b_area}，X_2 = 户均宅基地面积 S_{ph_area}，X_3 = 户均建筑占宅基地面积比 $pa\_density$，X_4 = 宅基地覆盖率 $h\_density$，X_5 = 人口密度 $pp\_density$，X_6 = 空间异质性指数 HI，X_7 = 土地紧凑度 CR，X_8 = 公共空间分维数 D

（资料来源：作者自绘）

在量结构方面，土地利用总体投入量和个体投入量存在类型上的鲜明差异。从表 4.21 的雷达对比图看，自体生发型乡村社区在相似的地形地势与自然环境制约下，户均宅基用地面积(X_2)相对较小，用地面积大小受约束，这符合第 2 章中对传统乡村用地规模变化的判断，即受行为力场、心理力场及信息力场影响，遵循耕地经济性原则，保证用地规模的适度性，以获得“适形”和“厚生”；而表征土地利用总体投入量的建设用地总面积(X_1)则更多受地形地势等因素影响，如德清莫干山劳岭村位于山谷夹地，建设可用地总面积规模受限而较小(28 855.33 m^2)，地处平原开阔地带的五四村则水平扩展明显而用地面域较广(62 507.67 m^2)；另一方面，受不同性质外力分化影响，官制规划型和部分处于平原地带的外力分化型农家乐乡村社区，呈现出规模用地普遍趋大的迹象。用地规模量的增加考验了原空间形态对新形态、新结构、新功能置入的整合与调适能力，即自我调节和适应能力，仍需要度结构和率结构的进一步测度参数分析与对比。

在度结构方面，从自体生发型到外力分化型，户均建筑占宅基地面积比值(X_3)、宅基地覆盖率(X_4)、人口密度(X_5)的变化趋势非常明显，均呈现下降态势。在这些特征测度参数指标影响下，宅院建筑间距逐渐变大，留白的公共空间范围扩增(图 4.11)，实体与虚体的空间占用份额互换。

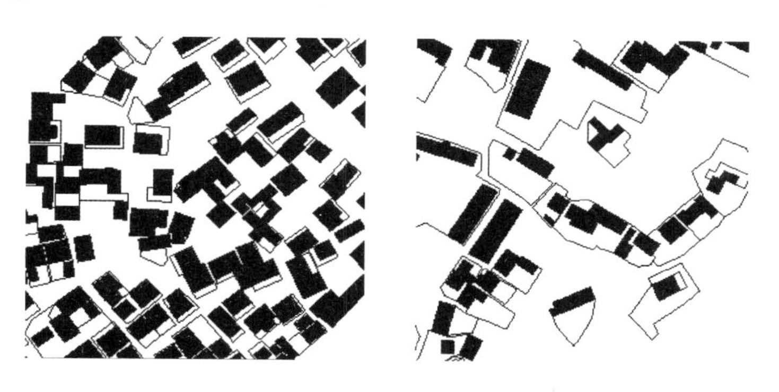

图 4.11　郭吴村(左)与大竹园村(右)比较(同比例尺度)

(资料来源：作者自绘)

这里有必要区别一下相同宅基地覆盖率(X_4)下分裂的聚集和等级次序的聚集两种情况。通过对特征测度参数值的对比不难发现，官制规划型乡村社区的宅基地覆盖率 X_4 表现并不低，甚至非常接近一些自体生发型的传统乡村社区，但这是人工指标规划下的产物，仅是简单机械分裂后的兵阵排布，缺少中间尺度层次的连接关联，更没有等级次序的区分(图 4.12)。简单机械式的配置分布，虽然提高了整体宅基地覆盖率，但由于缺少连接作用，显然是“伪真性”的强结构化组织，其与环境尺度间的适应性有限而生硬，只能继续包融和整合相似尺度的自体单元，结构关联的连接韧性低。传统自体生发型乡村社区依循等级层次秩序、内部结构要素组分的连接和功能的适应力作用，产生了空间形态的丰富性与复杂性，这是可持续性和良好适应性生发的基础条件之一。

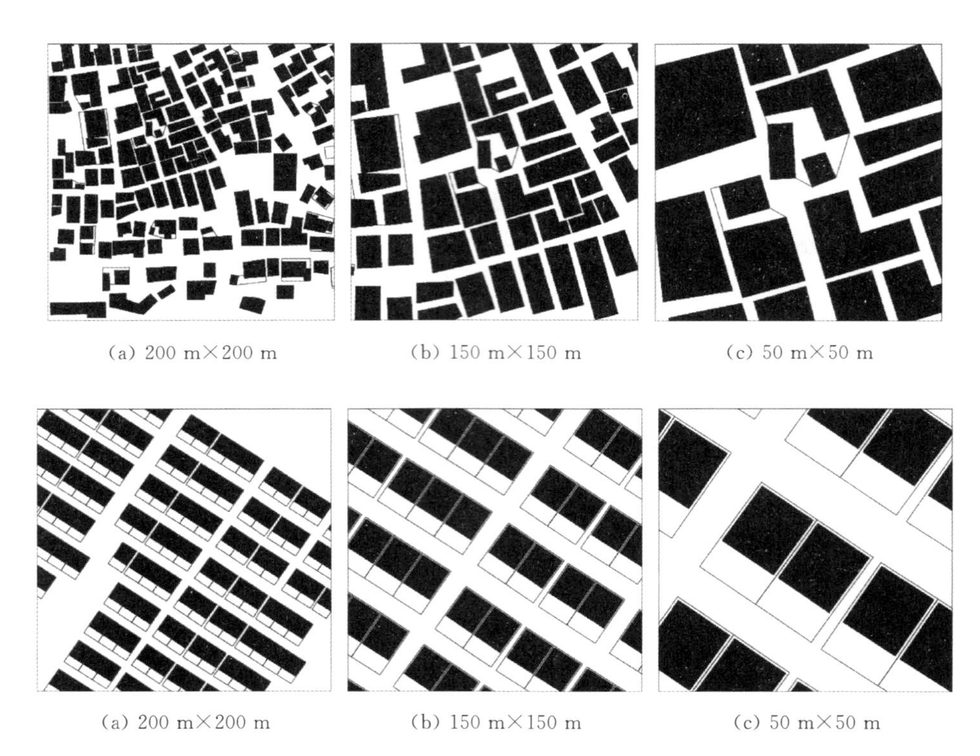

(a) 200 m×200 m　(b) 150 m×150 m　(c) 50 m×50 m

(a) 200 m×200 m　(b) 150 m×150 m　(c) 50 m×50 m

图 4.12　不同类型乡村社区空间形态的系列变焦镜头

(资料来源:作者自绘)

注:上图为自体生发型乡村社区桐庐江南镇深澳村在不同变焦镜头下的空间形态,左中右三幅图展现了不同尺度下的等级次序关联,符合逆幂定律的分布,相似而韧性、丰富而复杂;下图为官制规划型乡村社区安吉递铺镇东浜社区,在不同变焦镜头下的空间形态只有尺寸大小的视距差,而不存在等级次序之分。

此外,相同类型乡村社区在相似宅基地覆盖率状态(X_4)下,空间形态的布局也不尽相同,甚至结构组织关系差别较大。如安吉递铺镇横山坞村宅基地覆盖率为 0.160 7,安吉高禹镇南北湖村为 0.158 6,两者的数值相对较接近,但是透过图底关系图不难发现,两者的实际空间形态组织结构差异化明显,横山坞村宅院建筑用地的散落状点式布局使得乡村空间整体的结构组织聚集特征不明显,甚至凸显杂乱空间关联(图 4.13)。

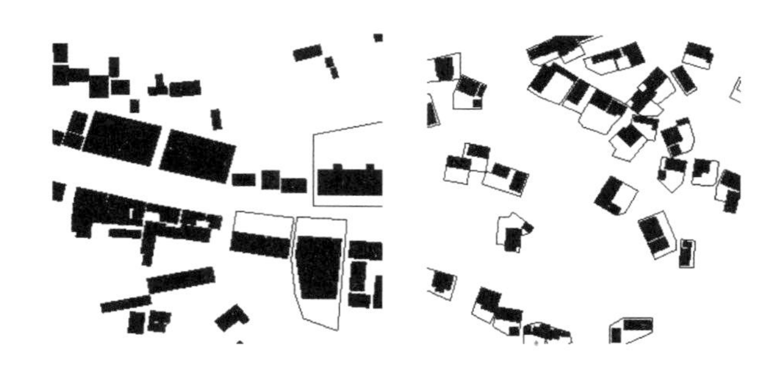

图 4.13　南北湖村(左)与横山坞村(右)比较(同比例尺度)

(资料来源:作者自绘)

因此，单一宅基地覆盖率值的高低仅是一个抽象的相对概念，还不能充分说明空间形态的结构组织性能或适应能力的变化强弱，需要结合率结构关系再进行观察分析。同理，人口密度（X_5）和户均建筑占宅基地面积比值（X_3）作为中介要素都与宅基地覆盖率（X_4）发生关联，也只能作为参考因素而不能表征空间形态的结构组织适应能力①。

在度结构关系的特征测度参数指标中，除了表征描述整体密度的人口密度（X_5）、宅基地覆盖率（X_4）和户均建筑占宅基地面积比值（X_3）之外，空间形态异质性指数（X_6）描述了功能用地空间的复杂性和异质化程度，通过对比分析发现，异质性指数相对较高的数值集中在外力分化型乡村社区，说明异质化是外动力作用的直接表现，但其动力作用的实际效果程度也同样需要结合率结构的特征表现来共同分析决定。

在率结构方面，官制规划型乡村社区的公共空间分维数（X_8）较其在所有样本的宅基地覆盖率（X_4）测度指标下的排序等级均有所下降，公共空间分维数（X_8）表征了公共空间的填充能力和结构组织效率水平，当处于较低值时，说明空间形态内部的短程力度作用并不突出（逆命题不成立），形态有外扩倾向，而此时官制规划型乡村社区的土地紧凑度（X_7）数值却显示较高值，由此更加印证了其空间结构组织效率的不为，也说明由单一宅基地覆盖率（X_4）表征结构性能的“伪真性”。当结构发生波动或外体介入时，尺度的降级和密度的高位，对原结构组织的抵抗和恢复包容能力形成一定负担，反映出空间形态适应能力被削弱。

而作为宅基地覆盖率值（X_4）较高的自体生发型乡村社区，拥有良好公共空间分维数值（X_8），说明空间形态的结构组织对个体具有一定牵拉或聚合力，空间填充能力较好、利用率高，此时，土地紧凑度（X_7）数值也位于较高序列，进一步验证了自体生发型乡村社区的空间组织效率和能力，反映整体空间形态的适应性机能较强。

再将视角转向外力分化型乡村社区，部分样本由于乡村旅游、农家乐模式的介入，自建、更新、嫁接移植宅院的行为涉面广、范围分散，破坏了原有空间形态的布局肌理和尺度层次，虽然宅基地覆盖率（X_4）的数值依旧保持较高水平，但土地紧凑度（X_7）和公共空间分维数（X_8）均不高，间接反映其空间结构组织能力不强，形态外扩趋势较明显。如桐庐县江南镇环溪村，其原始村落中心保留了当地传统的天井式多进落宅院民居，同时零星散布着原址新建的现代式独立多层住宅，在边缘区域还发展了联立式多层民宿用房，从村中心向边缘带，结构的组织聚集化程度逐级削弱，边界涣散而不清晰（图 4.14(a)），直接表现在空间形态测度参数指标数值上，其宅基地覆盖率为 0.367 5、土地紧凑度 0.637 9，而公共空间分维数只有 1.181 7，在 15 个样本数据中偏后，空间的组织聚合能力下降，从而降低了形态的适应性能力。

① 注：安德森（Anderson）以人口密度定义为基础，从理论上推演出住宅容积率、住宅用地比重和建筑面积间的关系，也就是说，人口密度＝单位建筑面积人口数×住宅容积率×住宅用地比值（参见 Anderson. The changing structure of a city: temporal changes in cubic spline urban density patterns[J]. Journal of Regional Science，1985(25)：413-425.）。土壤肥力、宅基地面积大小决定了土地范围承载人口的数量，以及村落的规模和密度（参见赵之枫. 传统村镇聚落空间解析[M]. 北京：中国建筑工业出版社，2015：9.）。

图 4.14 空间形态适应力热度变化

（资料来源：作者自绘）

由此可见，度结构和率结构关系所包含的宅基地覆盖率（X_4）、土地紧凑度（X_7）和公共空间分维数（X_8）测度参数指标，共同关联和决定了宅院建筑间的连接度及空间利用效率，体现空间形态结构组织性能和适应性能力（在上述雷达分析图表中面域较大则说明样本本身空间形态适应性能良好，尤其是 X_7 和 X_8）。

通过形态特征测度数值的比对和分析，验证并肯定了对传统自体生发型乡村社区形态发展适应能力的定性描述，即空间形态发展的动力来自于功能用地的异质化，持续性能力源自短程力度的强弱。除在时间维度有“结构—形态—功能”的适应性原则之外，在空间维度通过连接性、宅基地覆盖率、土地紧凑度和公共空间分维数，展现外部形态变化和内部结构组织的双向交合过程机制。处于不同城镇化阶段的各类型乡村社区，对外以合共生形式，对内则以功能更替、牵拉力度的浮动进行不断修正，在各种推力的矛盾运动中，表现空间形态适应性能力的强弱。

4.3 基于空间形态的碳计量

4.3.1 碳计量组织架构

1）适应单元的碳结构（P_1）

传统的碳计量清单结构编制以各能源消耗部门为主要分类依据，对人和土地利用要素、人和空间形态要素的关注度较低，相应的研究结论多倾向于将调整产业政策、提高碳减排技术能效与开发新能源，作为遏制碳排放急速增长的主要应对方式①。

本研究从课题组“基于三维空间用地测算法”②的提出获得启发，同时根据上一章对适应单元要素设定的构建，从空间形态的结构要素组织展开，用碳结构（P_1）表征适应单元的

① 姜洋，何永，毛其智，等. 基于空间规划视角的城市温室气体清单研究[J]. 城市规划，2013，37(4)：51.

② 参见吴宁，李王鸣，冯真，等. 乡村用地规划碳源参数化评估模型[J]. 经济地理，2015，35(3)：9-15.

物理属性，反映各结构要素在不同土地利用上承载的能源活动水平量。具体包含碳群域(核块 C_1)、碳边界(基底 C_2)和碳通廊(C_3)三部分。其中，碳群域(核块 C_1)涵盖了对乡村整体面域的空间功能单元和区域实体的碳计量，如宅院、公共建筑和产业建筑建设用地上的能源活动水平量，以及碳边界(基底 C_2)中对建成环境范围内生态绿地系统固碳的消除量。碳通廊(C_3)则主要涉及陆路交通用地(宅前、村中、村边)的主次干道，反映村民生活和日常出行活动的机动车能耗碳排量。从碳排放量的释放形式看，其与土地利用性质、规模以及土地承载的活动水平量程度有关(表 4.22)。

表 4.22　适应单元碳结构要素分类及能源构成

碳结构	类别	主要活动水平量大纲	能源构成
碳群域 C_1 (主要对象)	宅院 $C_{1\text{-}R}$	照明、炊事、采暖、制冷用能	电、液化气、柴薪
	公建 $C_{1\text{-}C}$	照明、采暖、制冷用能	电
	产业 $C_{1\text{-}M}$	照明、生产、采暖、制冷用能	电
碳边界 C_2	绿地 $C_{2\text{-}G}$	固碳消除量	—
碳通廊 C_3	交通 $C_{3\text{-}T}$	机动车出行油耗	汽油、柴油、电

(资料来源：作者自绘)

在确定碳排放构成方面，Label 曾根据生产和消费关系将碳排放类型分为直接碳排放(direct emissions)、责任碳排放(responsible emissions)、间接碳排放(deemed emissions)和物流碳排放(logistic emissions)。直接碳排放是同一区域内生产消费的用能排放，例如家庭生活碳排放，责任碳排放是本地生产异地消费的用能排放，间接碳排放是能源输入、转移、输出过程中的用能排放，例如房屋材料建造含能的碳排放、交通运输的机动车用能碳排放或电力线路上的输送电损耗，物流碳排放是指过境交通流量的流动碳排放①。

由此可见，碳排放类型的构成和选取，与区域内主要能耗活动水平量的内容相关。而对碳计量来说，基于终端能源消费量的核算方式最符合实际情况，其相关数据获取难度较责任碳排放、物流碳排放的动态数据有所降低②。于是，本书主要选择直接碳排放及部分间接碳排放作为碳计量的数据获取范围。

在乡村社区建成环境范畴，碳排放的主要活动水平量内容来自能源活动用能和土地覆被变化的碳通量变更。其中，在占域面积较大的碳群域(核块 C_1)中，课题组对安吉鄣吴镇景坞村建设用地现状的碳源测评显示(表 4.23)，其主要活动用能是农居用地能耗(相较于城市碳排放构成，乡村领域交通能耗排放较低)，其既包含建筑建造材料生产用能、材料运输用能、房屋建造和维护过程用能等间接碳排放，又涵盖建筑的运行能耗，如农产业生产用能(照明、采暖、制冷、机械)和农居生活居住用能(炊事、照明、电器、采暖、制冷)的直接碳排放。

---

①　赵荣钦.城市系统碳循环及土地调控研究[M].南京：南京大学出版社，2012：62.

②　注：责任碳排放、物流碳排放需要涉及运用投入产出法(input-output)、生命周期评价法(life cycle assessment)、混合生命周期评价法(hybrid life cycle assessment)等方法进行量算。

蔡向荣等[①]对居住建筑50年全生命周期用能情况的分析表明，建筑运行能耗一般占总能源消耗的20%左右，使用阶段的建筑运行能耗降低是促进整体能源活动用能下降的重要部分。

表4.23 景坞村建设用地现状碳源测评结果

碳源用地	服务业用地	农居用地	交通用地	合计
碳源量(tC)	94.00	567.16	67.02	728.18

（资料来源：冯真.浙江山区型乡村用地低碳规划模拟分析研究[D].杭州：浙江大学，2015：43.）

因此，本研究仅针对建筑运行能耗的直接碳排放量（生活居住用能）进行核算和探讨。

2）适应单元的碳属性（P_2）

适应单元的碳属性是指包括家庭人口结构、社会经济收入等社会属性要素资料的总和。社会属性是影响碳排放量外部驱动的隐性要素，对这些因素进行适当调节，有助于适应单元碳属性活力的有效控制。

4.3.2 碳核算方法与模型

1）碳排放核算方法

政府间气候变化专门委员会（IPCC）出版的《2006年IPCC国家温室气体清单指南》[②]（以下简称《指南》），建立了碳排放核算的基本框架体系。《指南》将有关人类活动水平量（activity data）与能耗排放因子系数（emission factors）的乘积，作为温室气体排放量的基本计算程式[③]，可表示为：

$$E = AD \times EF \tag{4-10}$$

式(4-10)中，E是温室气体排放量；AD是活动水平量（能源燃烧、工农生产、废弃物处理等能源消耗）；EF是能耗排放因子系数。其中，活动水平量的选取会存在差异性，这一般是由主观认知引起的。因此，在实际情况下，会将活动水平量转化为相对统一的“物理单位活动水平量”，即标准煤数据法[④]，再根据标准煤的二氧化碳排放转化系数换算出实际碳排放量。此时，式(4-10)被细化为：

$$C = \sum Q_{st} \times EF_{st} \times 44/12 \tag{4-11}$$

式(4-11)中，C是碳排放总数值（t/kg）；Q_{st}是折算为标准煤的不同能源使用量（tce、kgce）；EF_{st}是能源标准消耗量的排放因子系数（t/tce、kg/kgce），即碳排放强度，作为一个估算经

① 蔡向荣，王敏权，傅柏权.住宅建筑的碳排放量分析与节能减排措施[J].防灾减灾工程学报，2010(9)：428-431.

② IPCC. 2006 IPCC guidelines for national greenhouse gas inventories: volume II[EB/OL]. http://www.ipcc-nggip.iges.

③ 叶祖达，王静懿.中国绿色生态城区规划建设：碳排放评估方法、数据、评价指南[M].北京：中国建筑工业出版社，2015：42.

④ 丛建辉，朱婧，陈楠，等.中国城市能源消费碳排放核算方法比较及案例分析——基于“排放因子”与“活动水平数据”获取的视角[J].城市问题，2014(3)：5-11.

验值，在不同技术水平、不同国家地区及能源构成下，系数值不尽相同。其取值可参考表 4.24，本研究取 1t 标准煤碳排放因子系数 0.68 t/tce(取表 4.24 中各能源研究所 EF_{st} 系数的平均值)。

表 4.24 单位标准煤对应的排放因子系数(t/tce)

参数	国家发改委能源研究所	日本能源经济研究所	美国能源信息署
EF_{st}	0.67	0.68	0.69
EF_{ph}	2.456 7	2.493 3	2.530 0

(注：表格中 $EF_{\overline{ph}} = EF_{\overline{st}} \times 44/12 = 2.49$ t/tce)
(资料来源：《中国能源统计年鉴 2013》附录 4)

折算为标准煤能源使用量前的活动水平量(能源消耗值)从入户抽样调查、相关能源统计网站、各村镇国家电网供电所以及《中国农村住户调查年鉴》中的统计数据获得。乡村社区直接碳排放量的现商品能源构成有电能和液化石油气用能，其中电能按照当年火力发电用煤耗计算法折算为标准煤(tce)，其余燃料消耗按低位发热量法折合为标准煤消耗(表 4.25)。非商品能源消费(柴薪)的碳排放测算则以王革华①等人提出的计算方法为参考，建立公式为：

$$EBM = BM \times C_{cont} \times O_{frane} \times 44/12 \tag{4-12}$$

式(4-12)中，EBM 为非商品能源消费总碳排放量(t)；BM 为生物质能消耗总量(t)；C_{cont} 为生物质含碳系数(柴薪含碳系数 45%)；O_{frane} 为生物质氧化率(柴薪氧化率 87%)②。

表 4.25 碳群域(核块)要素的活动水平量标准煤折算参考系数

碳结构	基础数据	
	能源名称	折标准煤排放系数
碳群域 C_1 (核块)	电能	1 kWh=0.354 kgce
	液化石油气	1 kg=1.714 3 kgce

(资料来源：《中国能源统计鉴 2013》附录 4)

2) 基于空间形态的碳核算模型

基于空间形态的碳核算模型(图 4.15)是将能源消耗碳排放转化到以空间用地为主导的碳计量方法，其能源碳排放计算公式可表示为：

$$RC_{i,j} = \sum_k [RQ_{i,j,k} \times EF_k] \tag{4-13}$$

式(4-13)中，$RC_{i,j}$ 为碳群域土地利用上承载的建筑运行能耗碳排放总量(kg)；$RQ_{i,j,k}$ 为

① 王革华. 农村可再生能源建设对减排 CO_2 的贡献及行动[J]. 江西能源，2002(1)：1-3.

② 陈艳，朱雅丽. 中国农村居民可再生能源生活消费的碳排放评估[J]. 中国人口·资源与环境，2011，21(9)：88-92.

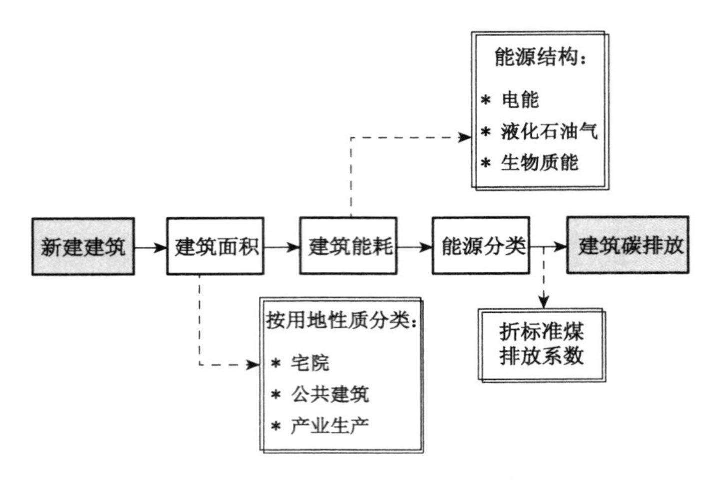

图 4.15 碳群域(核块)要素碳核算模型框图

(资料来源:作者自绘)

各建筑终端用能消费量的标准煤折算值(kgce); EF_k 为各能源折标准煤排放系数(kg/kgce);i 为主要建设用地分类,包括宅院居住用地 C_{1-R}、公共建筑用地 C_{1-C}和产业生产用地 C_{1-M}; j 为各终端用能内容,包括采暖、制冷、照明、炊事、电器等;k 为能源品种,如液化石油气、电能等①,即

$$C_{1-R}(\text{kg}) = C_{电} + C_{液化石油气}(+C_{柴薪})$$
$$C_{1-C}(\text{kg}) = C_{电} + C_{液化石油气}$$
$$C_{1-M}(\text{kg}) = C_{电} + C_{生产能源}$$

其中,

$C_{电}$(kg)=用电消费量(元)/0.538 元/kWh②×0.354 kgce/kWh×0.68 kg/kgce×44/12

$C_{液化气}$(kg)=液化气消费量(瓶)×15 kg/瓶×1.7143 kgce/kg×0.68 kg/kgce×44/12

$C_{柴薪}$(kg)=柴薪消费量(m^3)×0.87×0.45×44/12

4.4 碳排放概况与特征

4.4.1 碳均值类型化

人均碳排放量、单位用地碳排放量,作为反映空间形态能源消耗能力和碳循环水平的参数,是可持续性、低碳化发展的重要表征。经调查统计发现,样本乡村社区人均碳排放量有

① 参见姜洋,何永,毛其智,等.基于空间规划视角的城市温室气体清单研究[J].城市规划,2013,37(4):54.

② 注:实际调研中获得基本电力单价为 0.538 元/kWh。

两种趋向，自体生发型乡村社区普遍数值较低，而外力分化和官制规划型的部分人均碳排放量已逼近城市人均水平。同样的，单位居住用地碳排放量也显现出相似的两极类型化态势。这一趋势可能与合力场介入作用下经济基础条件的变化有关（图 4.16，表 4.26）。

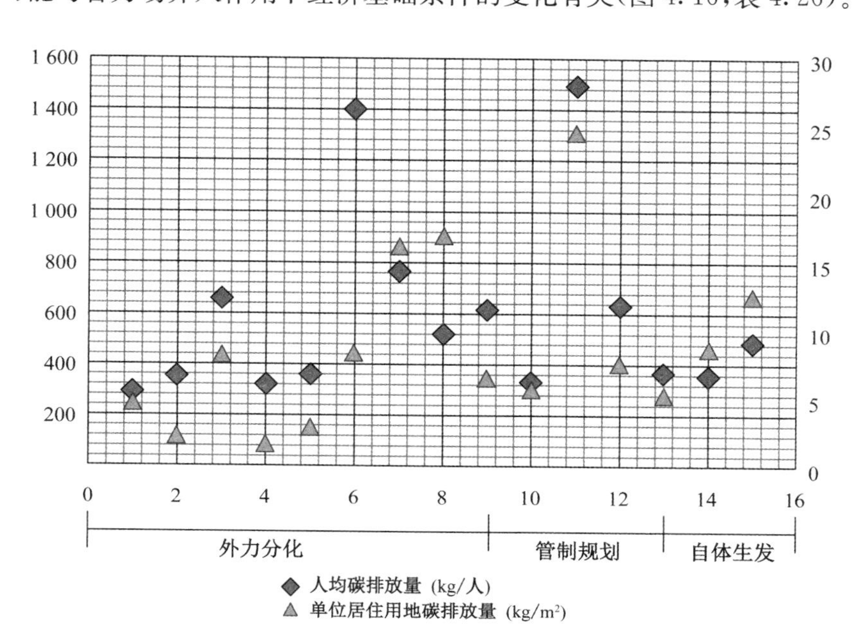

图 4.16　不同乡村社区类型样本年人均、单位居住用地碳排放量

（资料来源：作者自绘）

表 4.26　各类型乡村社区人均碳排放分级分布

类型	低	中	高
自体生发型	100%	—	—
外力分化型	55.56%	33.34%	11.10%
官制规划型	—	66.67%	33.33%

（资料来源：作者自绘）

当计算单位经济收入碳排强度，并比较其相互数值和走向趋势时不难发现，人均收入的增长或降低没有完全影响碳排放强度，只有当收入处于较低水平时，其对碳排放强度的抑制作用才会相对明显，而当处于中等或更高水平时，经济条件的促进或抑制作用并不十分确定（图 4.17）。因而，试图通过经济或技术的进步与提升，来减少碳排放量超额释放的空间在逐渐减小，说明除了人口数量、经济作用等刚性影响外，还有其他相关因素同时在起作用。又由于调研中大部分碳排放量来源于碳群域土地利用上承载的建筑运行能耗碳排放，因此，加强空间形态自体的低碳适应性优化，就显得更具降碳减排效用。

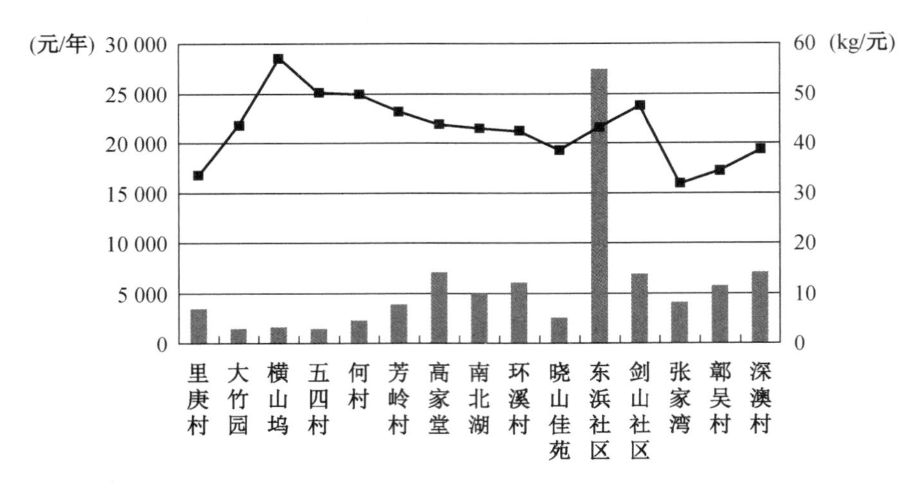

图 4.17 样本人均年收入与单位经济收入碳排强度(自绘)对比与趋势

(注:折线为人均年收入,条柱为单位经济收入碳排强度)

(资料来源:作者自绘)

4.4.2 季节性周期化

第 4.1.2 节对用能数据的调研统计可发现,各类型乡村社区生活居住用能主要以电能消耗为主,随时间呈现季节性周期变化。从图 4.18 中可以看到,夏季和冬季碳排放量变化浮动较大,而春秋季则较为平稳。季节性变化是夏热冬冷地区的气候特征所致,也是各类型乡村社区的不同产业内容所决定,如一些农家乐型乡村社区,其夏季的碳排放量尤为突出,而拥有竹制品加工厂的乡村社区在夏季订单销量达到峰值时,其碳排放量也呈现惊人的波动变化。

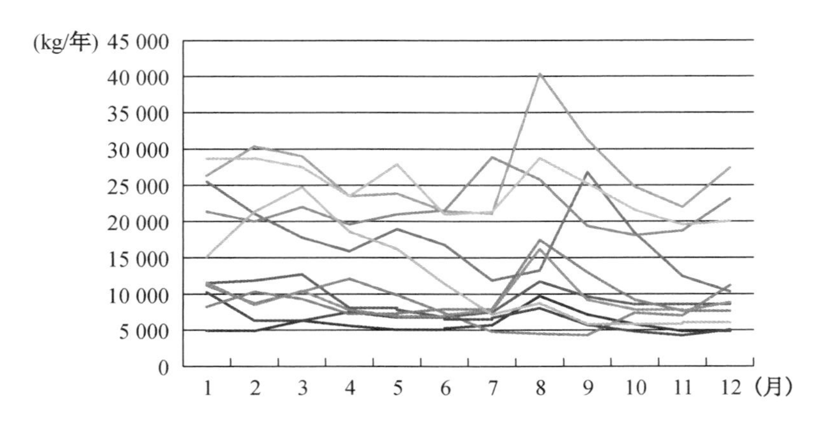

图 4.18 样本年周期碳排放量(kg/年)季节性变化

(资料来源:作者自绘)

4.4.3　碳用地异质化

不同类型乡村社区碳排放水平有均值类型化之差，有时间季节性周期变化之差，而内部基本宅院单元的碳排放分布，则呈现同质性和异质化。本小节参考洛伦兹曲线的绘制原理，将各类型乡村社区单位居住用地碳排放量，按升序排列的累积百分比数值进行绘制，得到表示百分之几居住用地产生相应百分之几碳排放量的曲线。

以安吉鄣吴镇里庚村、德清洛舍镇张家湾村以及安吉上墅乡大竹园村作为各类型样本代表，通过绘制乡村社区单位居住用地碳排放的洛伦兹曲线（图 4.19），发现外力分化型乡村社区（安吉上墅乡大竹园村）80％的碳排放量仅由 40％居住用地上的活动水平量产生，表现出分布的不均等性，碳排放特征呈现多元倾向，异质化明显；而自体生发型乡村社区的曲线斜率则较缓，说明碳排放的均等性分布较明显，同质性强，相互之间的关联影响可能较大。

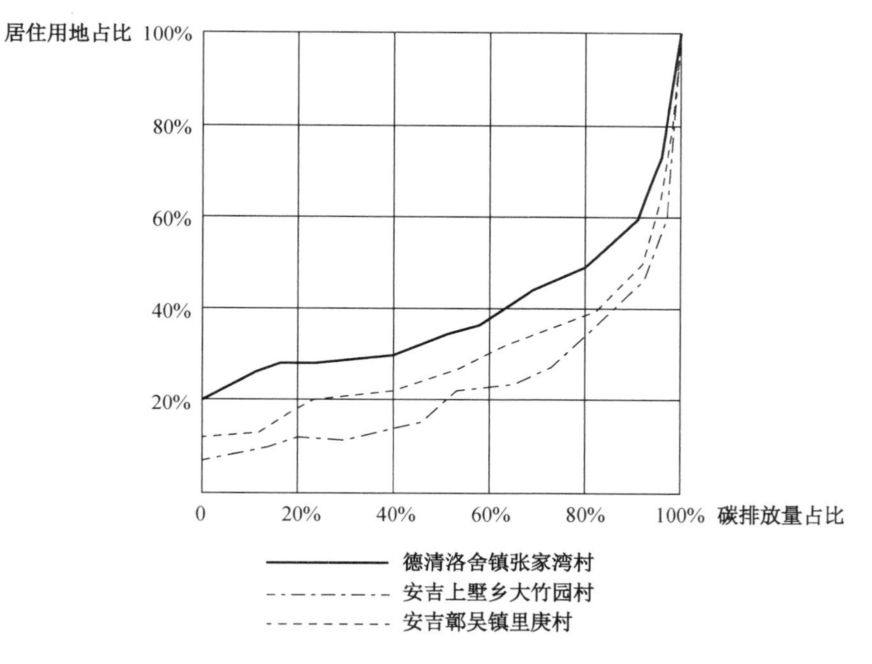

图 4.19　代表类型乡村社区的碳排放洛伦兹曲线

（资料来源：作者自绘）

标准化的数据和曲线描述有时会过于抽象，抹平了区域间实际空间布局的差异，若尝试将这些数据信息与空间配置和分布结合，进行概括、组织和阅读，便可直观了解不同居民的需求差异，使相应的对策更有针对性。于是，我们依据微观碳群块的能耗数据，计算各样本内数据均值及标准差，并由此进行碳图谱的分级分布①，根据高、中、低的分级，分别用深色、中间色和浅色的标准化色块加以表示与区分并进行比较（表 4.27）。

① 注：低碳[0，均值]，中碳[均值，均值＋标准差]，高碳[标准差，max]。所有均值与标准差均取整数。

表 4.27 代表类型乡村社区空间碳用地特征

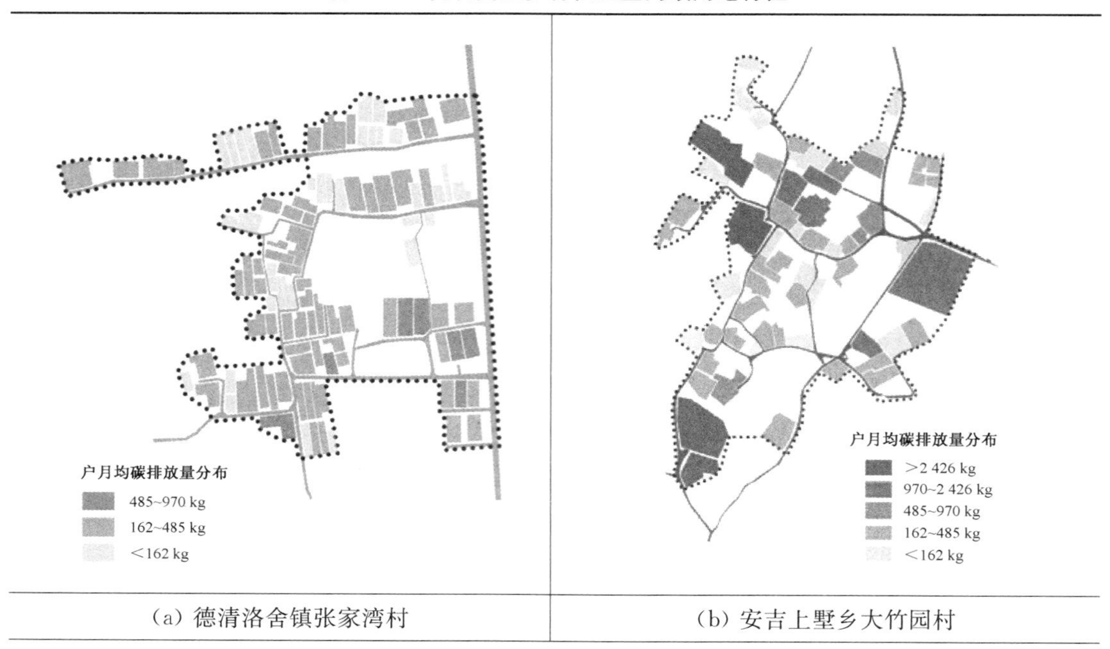

(a) 德清洛舍镇张家湾村　　(b) 安吉上墅乡大竹园村

(c) 安吉鄣吴镇里庚村

(资料来源:作者自绘)

经空间序列、时间周期性变化和户月均碳用地排放量的信息叠加,可以获得关于碳排放特征性能的综合掌握,初步获得以下关联猜想:

(1) 碳排放时间周期性变化更多反映出社会属性的差异,例如,特定的业态内容(农家乐、加工厂等),决定了能源消耗和碳排放的周期性变化以及这种变化周期时间的长短。

(2) 碳排放的空间序列分布反映出碳流通和代谢与组团大小、功能配置、宅院间距等形态要素的关联度和相关性。例如,独立点式宅院布局较并排联立式宅院能源消耗量多,宅院用地面积大小与碳排放高低不存在完全映射关联,但在一定程度上影响了碳排放的高低,即

“大”用地不一定产生“高”碳排。

(3) 对普通农居来说，在经济条件相当的条件下，相邻农居之间存在一定趋向性和相似性，这是部分村民“攀比”心理驱使下不断横纵扩增或更新所致，延续了村民的自相似模仿效应。同时，高碳排往往集中在乡村社区交通相对便利或社交频繁汇聚的道路沿线、公共中心组团及边缘界面地带。

当然，现阶段对样本碳排放特征的分析还相对片面，仍需进一步的数据量化研究，从而更直观精准地判断病症，明晰各影响因素关联，这部分工作将在下一章中详细展开。

4.5 本章小结

本章立足实地调查研究，依托浙北地区 15 个鲜活的既有乡村社区，对空间形态的碳脉结构进行识别，归纳各类乡村社区碳排放特征及能源利用特点。在样本阅读和比较分析中，选取表征土地利用相关的八个主要特征测度参数指标，分析和判断不同类型空间形态的配置布局和适应性能的优劣。同时，提出基于空间形态的碳核算方法与模型，协助分析空间形态要素构成与碳排放强度之间的关联性。

5 “空间形态—环境碳行为—活动碳排放”适应性机制

夫人禀五常，因风气而生长，风气虽能生万物，亦能害万物，如水能浮舟，亦能覆舟。

——引自《金匮要略·脏腑经络先后病脉证第一》

上一章我们对15个样本乡村社区进行了调研走访、数据收集和分析整理，并对空间形态的碳脉结构进行识别，借助形态特征测度参数指标，分析各样本间的形态差异性特征，判断适应性能力，初步分析获得样本间类型化的碳排放特征及关联影响因素。

本章将继续深入研究并量化分析空间形态“量”“度”“率”结构关系对碳排放强度的影响因素分级。此时，表征各空间形态结构关系的特征测度参数指标为“自变量”，而具有时间周期性、空间序列性和碳用地异质性特征的碳排放水平量作为“因变量”，由此搭建空间形态低碳控制要素的关联框架，从而将低碳排放调控与乡村营建在“空间形态”这个直观层级结合起来，继而完善空间形态低碳适应性过程机制的生成，完成空间形态“二次适应性”的建构。

本章主要解答了三方面问题：

(1) 空间形态结构要素和碳排放强度之间的关联，即如何影响活动碳排放。

(2) 空间形态低碳适应性的过程机制建立。

(3) 什么是具有低碳适应性的空间形态。

5.1 空间形态结构要素与碳排放强度关系

在城市领域，研究城市空间形态与能源环境绩效之间作用关系的方法主要有四种：形态对比分析、梯度分析、相关性分析以及环境模型分析。

形态对比分析包括平行间样本形态对比和独立个体的样本对比两种情况。针对前者，选取在一定研究尺度内形态条件大致相似的研究样本，探究不同碳环境绩效结果呈现下的形态间异同对比，验证空间形态特征对碳排放量的影响，但实际操作中条件相似的两个样本空间形态较难同时觅得；或对相似碳环境绩效误差条件下的不同乡村社区空间形态进行研究，判断碳排放需求对空间形态生成和变化的作用力；独立样本分析则是对同一空间形态样本的变迁与碳排放量变化之间的关联，可了解某一特定变化空间形态要素在碳排放发展变化过程中的影响力和作用效果。但是，无论哪种分析过程都无法避免其他非空间形态要素的干扰和影响。

梯度分析法是一种地理横断面的分析方法。通过对地表平面的线性切割，调查不同断面形态样本的结构指数，分析其余环境指标的相关性，再与研究范围内的空间梯度耦合分析，解释沿梯度变化方向的环境指数变动规律和与形态序列间的相互关系，但此种方法对空间梯度选择的要求较高①。

相关性分析法是对空间形态特征与碳排放绩效值进行关联分析。通过数据统计排除其他因素干扰，利用显著性分析判断并获得影响碳环境绩效的关键空间形态控制要素，但此分析法只停留在表层数值统计，无法解释空间形态作为复杂动态系统的作用过程和内在动力机制。

环境模型分析法是由描述环境要素相互作用的一系列函数关系组成概念性结构群组，并逐渐成为城市空间结构与环境绩效关系的研究热点。但其包含的参数较多，模型结构和方法复杂。

因而，对乡村社区空间形态与碳排放强度的研究将选取操作较为简便、数据获取及方法运用难度较为适中的综合方法，即相关性分析与形态对比分析相结合的方式。前者依据不同形态特征指标在不同变量条件下的统计分析，明确关键控制要素，同时排除干扰因子项；后者突出内部作用力和过程机制，进一步引导和说明空间形态对碳排放量的控制路径，从宏观到中微观，全面解析空间形态要素特征与碳排放的关联性。

5.1.1 量结构与碳排放

1）基本分析

量结构测度参数指标反映了某一区域范围内土地利用的投入水平量，在第 4.2 节的形态识别与对比分析中，已就土地总体投入量和个体投入量进行了初步分析，土地投入量除受政策、市场经济等不可抗强制外力影响，与地形地势、人口数量需求及耕地面积和质量相关，在户均宅基地用地面积上呈现从自体生发型至外力分化型逐渐增大的趋势。

土地利用规模的扩增，一方面需要建造更多公共设施与之相配套，随之增加用地面积上承载的新增人为活动量，或由于功能属性的更替（居住用地与产业服务性用地的更替）而引发能源需求量的上升，从而提高间接碳排放量；另一方面，新增用地建立在林耕绿地等土地覆被类型被转换更替基础上，使得碳汇吸收作用削减。有研究显示，非持续性土地覆被向人工状态转变过程释放的碳排放量，与原农林地本身的碳排放强度相比翻转了近几十倍②。从理论上讲，土地总体投入量和个体投入量的增加会导致碳排放量上升，对量结构的规模调控可以降低碳排放量数值，然而，土地利用的规模大小不同，其相应所具有的环境容量不同，进而对碳排放矛盾的化解能力也不尽相同，因此，仍需要结合土地利用的度结构和率结构关系来综合把握。

---

① 参见颜文涛，萧敬豪，胡海，等. 城市空间结构的环境绩效：进展与思考[J]. 城市规划学刊，2012(5)：52.

② 注：有研究指出，林地在采伐变更性质后的前 20 年，其土壤碳含量一直呈现较低状态，并且，根据被更替后土地利用方向的不同，土壤碳库的损失比例也不同，若转化为道路或其他永久建设性用地时，则表层土壤的碳含量将损失殆尽，由此在整个自然系统的碳循环中减弱了土壤作为碳库的吸收消解作用（[丹]塞西尔・C. 科奈恩德克，希尔・尼尔森，托马斯・B. 安卓普，等. 城市森林与树木[M]. 李智勇，何友均，等，译. 北京：科学出版社，2009：87-92.）。

2）实证相关联性

冯真[①]在对安吉鄣吴镇里庚村用地碳排放的情景分析中，对交通、农居、服务业用地进行了三种情态的碳排放估算，用地规模尤其是不同性质功能活动下的碳排放强度对整体碳排放值影响较大。通过相关性质用地面积大小的调控，可获得相对稳定且较低的碳排放量。

本研究通过对多样本数据的整理与对比，获得了量结构与碳排放的相关性分析。各类型乡村社区的建设用地规模、户均宅基地面积与户均碳排放量之间存在一定相关性（图 5.1、图 5.2），尤其是产业性质相对单一、以自住农居为主的官制规划型和自体生发型乡村社区，建设用地总面积与户均碳排放呈现近似正相关，即规模用地变大则碳排放量增大，而在外力分化型乡村社区内部，其正相关性则并不十分明晰，这也许与乡村社区自身的主导产业性质有关联（如农家乐集聚的莫干山劳岭村）。为进一步验证，笔者对安吉鄣吴镇里庚村 100 户纯自住农居进行了抽样调查，结果表明自住农居宅基地用地面积与碳排放量存在正相关趋势（图 5.3）。可见，土地总体和个体尺度的利用规模在不同程度上影响了人均碳排放量的变化，但不是完全主导因素。

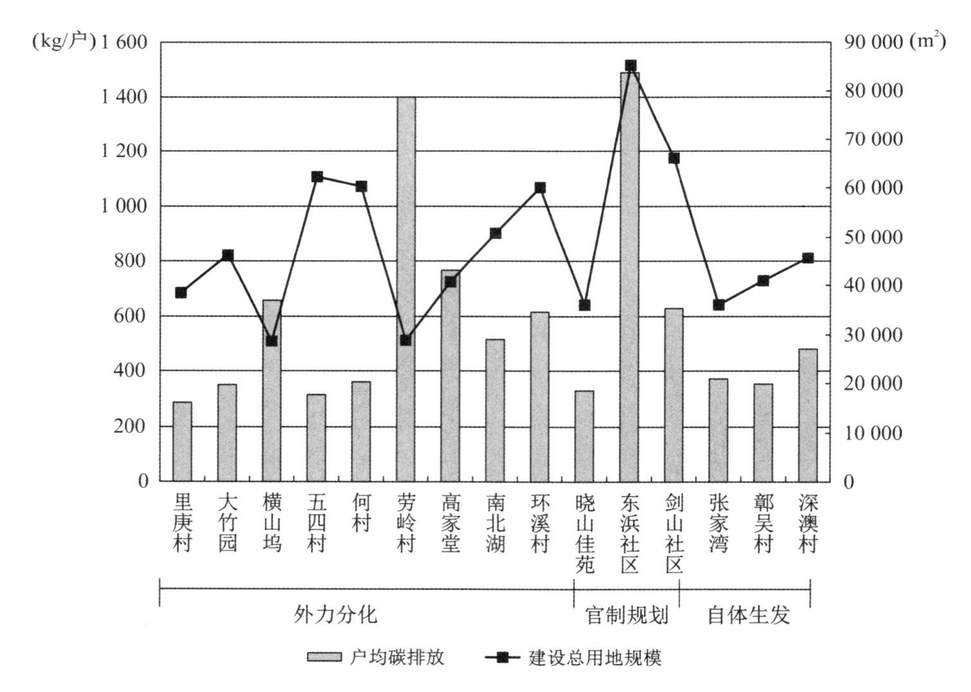

图 5.1　户均碳排放与建设用地总面积关系

（资料来源：作者自绘）

① 冯真. 浙江山区型乡村用地低碳规划模拟分析研究[D]. 杭州：浙江大学，2015.

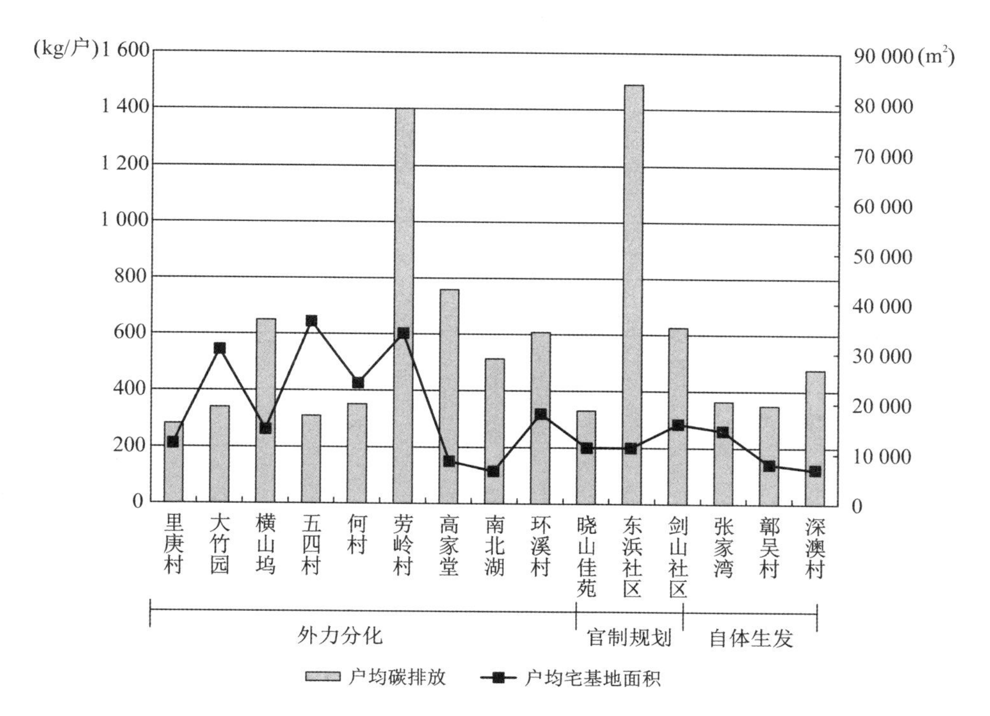

图 5.2　户均碳排放与户均宅基地面积关系

（资料来源：作者自绘）

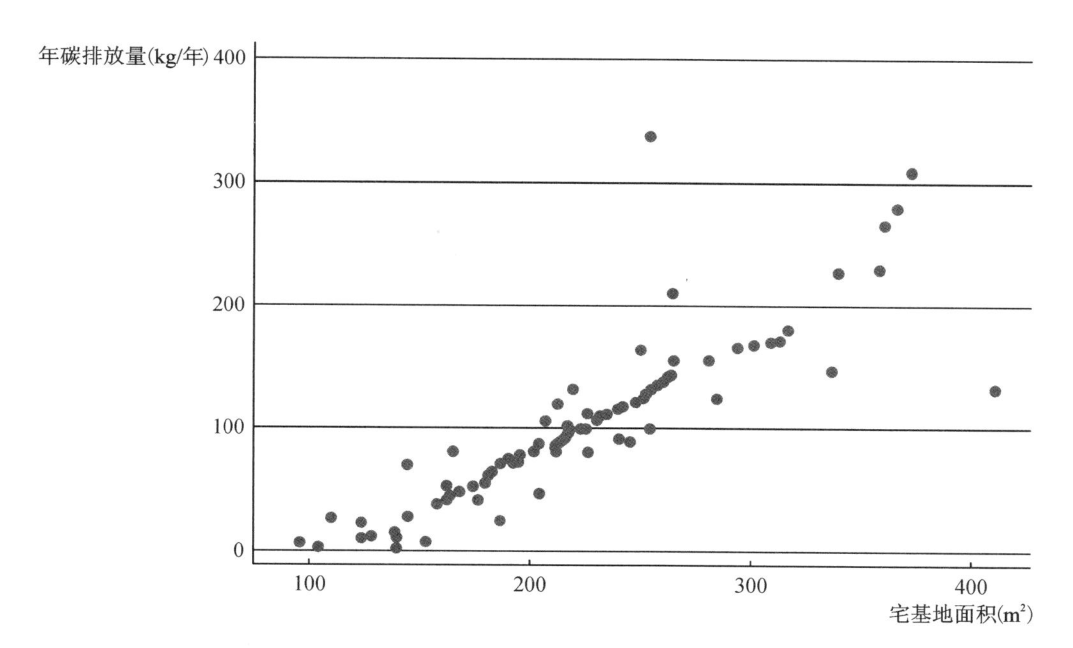

图 5.3　里庚村自住农居宅基地用地面积与碳排放量关系

（资料来源：作者自绘）

5.1.2 度结构与碳排放

1）基本分析

度结构测度参数指标反映了一定区域内土地利用的集中度和复杂性程度（即密度和空间异质性），关注土地结构的集聚和扩散、同质和异化。土地利用变化直接影响人类活动水平量和能源消费方式，从而引起自然碳循环过程的改变，产生直接或间接的能源消耗碳排放量。在形态识别中，密度测度参数包含了户均建筑覆盖占宅基地面积比值、宅基地覆盖率、人口密度和空间异质性指数，描述实体与开敞空间之间的疏密关系、单位宅基地建筑覆盖等状况。从传统自体生发型至标准化官制规划型，再到开放、自由化的外力分化型乡村社区，其宅基地覆盖率数值逐渐下降，户均建筑覆盖占宅基地面积比值也一并降低，而空间异质性表征指数则呈现逐渐上升趋势。

宅基地覆盖率和户均建筑覆盖占宅基地面积比值的下降，共同表征了密度的稀释。密度与空间形态的碳排放之间存在关联性，但非直接关联，而是通过某些中介要素，如地区气候与热舒适性等，影响整体能源消耗量，涉及建筑形制、群域朝向与规模、组团布局、巷道高宽比等因素（图 5.4）。尤其是样本乡村社区所在的夏热冬冷地区，其气候条件冬季阴冷潮湿、夏季酷暑湿闷，因此，夏季避晒隔热保通风，冬季防风加强太阳辐射，是使物理热舒适环境质量和人体热平衡保持差异较小状态的主要内容。空间形态所塑造的各种室内外环境通过对日照和通风效果的过滤及功能的变化调节，缩小环境与人体热平衡的差异度，进而改变“人为热”碳排放量。

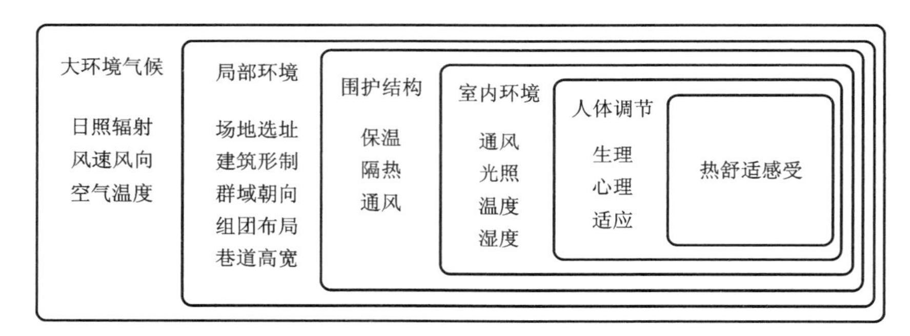

图 5.4 热舒适性调节过程

（资料来源：作者自绘）

（1）密度指数

现有城市领域研究一般认为密度和碳排放之间存在负相关关系。例如，尤因（Ewing）等认为在相似规模范围内的高建筑密度，通常意味着较小的空间单元体积和外表面面积，使房屋的采暖热损耗值小，热（冷）能量存储效率相对较高，从而减少利用能源维持热环境舒适性而降低碳排放①。罗森菲尔德（Rosenfeld）则认为高密度会形成城市热岛效应，需要更多

① Ewing R, Rong F. The impact of urban form on U. S. residential energy use[J]. Housing Policy Debate, 2008, 19(1): 1-30.

能源来指导降温,使单体碳排放量加大[①]。密度的稀释会对群体空间形态招致以下问题:① 空间有限资源被浪费,非优化的空间利用丧失了用于其他功能性质的可能;② 用于公共基础设施和相关管网线路铺设的投入会加大,并增加碳排放量;③ 实体间布局模式的松散和开敞空间水体、绿地的补给不足,使得难以通过调节局部微气候来维持热环境舒适性。

在乡村领域则具体表现在以下几方面:

① 宅院组群间距变化

在高度相同情况下,宅院组群的前后间距会显著影响室内自然采光、日照和太阳辐射量,从而影响照明和采暖能耗的碳排放量。宅院组群前后间距紧密有利于冬季防风,如德清和桐庐地区的传统自体生发型乡村社区,其宅院密度相似,空间梯度变化小,南北向布局使冬季风掠过屋顶时易形成“无影区”;夏季由于围护结构处于各自的遮挡面形成“日影区”而有利于躲避日晒,部分处于坡地的宅院组群则借助自然地势的高差,形成前后遮挡。

而左右邻近间距的高宽比会关系到巷道的通风排热效果。在相同高度设定条件下,左右邻近间距较近则高宽比数值较大,而天空可视因子值[②](Sky View Factor,SVF)偏小,夏季进入街巷层峡[③](street canyon)内的太阳光短波辐射和天空的长波辐射量减少,可接受的直接日照表面积也随之减小,使热量的停滞效果不明显,同时利用层峡内上下部分的受热温度差,带动并加快近地面原较低的风动速度,形成组织宅院内外间风向循环的对流换热,即冷巷的作用(冷巷宽度一般小于 2 m,高宽比大于 2),使宅院组群空间内的小气候得到调整和改善。

此外,界面物性材料的辐射和吸收效率也会影响日间太阳辐射的热容量储存和夜间辐射散热的热损失。实体宅院内部的热量获取则主要来自太阳辐射直接得热、围护结构传热和对流得热。因此,界面物性材料的热阻越大、蓄热性能越好,则围护结构内表面的传热量越少。

② 群域的团组布局

团组布局和模式同样会影响通风、日照和太阳辐射摄入,并以采暖、制冷等能耗需求形式改变碳排放量。在湿热地区,宽敞的团组布局有利于通风降温,如云南傣族村落点式散落布局,建筑四面通风,有利于湿气的扩散,但这种布局运用在夏热冬冷地区虽能降低通风阻挡,却不利于夏季对阳光直射暴晒的遮挡,以及开敞空间下垫面的辐射热影响,在冬季虽满足充分的日照间距却无法阻拦寒风侵袭。除此之外,建筑形制选择的地域差异化也较大,由北往南传统民居的庭院面积逐渐减小。北方传统民居的院落式布局是为了争取冬季更多日照,而南方江浙地区天井式民居布局则更多是为了遮阳和通风纳凉。从风系统的流动路径来看,天井式比院落式对进入的风量挤压效果明显(通过烟囱效应增加自然通风),进而形成

---

① Rosenfeld A. Mitigation of urban heat islands: materials, utility programs, updates[J]. Energy and Buildings, 1995,22(3):255-265.

② 注:巷道中某一点的天空可视区域相对于半球天空的面积比值。在实际情况中,地面任意一点的天空可视因子均不同,因而在一些研究中将其定义为水平表面所能接受的天空实际辐射量和从天空半球辐射环境所接受的辐射量之比。

③ 注:Street Canyon,指街道两边的建筑及其形成的狭长街道空间(参见王振.绿色城市街区——基于城市微气候的街区层峡设计研究[M].南京:东南大学出版社,2010:22.)。

风压差带走多余热量，显然，其更能降低南方地区的夏季室内温度。

因此，夏季热冬季冷地区团组布局的选择和考量要综合考虑气候特征、地势特点以及宅院的朝向组织（表5.1），考虑对环境变化的双向适应调节和不断修正作用。

表5.1 不同气候影响下建筑群布局和街道走向

气候特征	优先因素	次级因素	应对策略
寒冷	防风	日照	1. 与主导风向平行的街巷形成不连续的通道 2. 街巷区块最好形成正交方向布局 3. 东西朝向街道宽阔，利于冬季日照
温寒	冬季日照 夏季通风	冬季防风 夏季遮阳	1. 建筑群朝向可与正南存在30°夹角区间 2. 与夏季主导风向夹角在30°之内 3. 东西向街道宽敞，争取冬季太阳辐射 4. 加大南向轴开间间距
夏季干热	夏季遮阳	夏季通风 冬季遮阳	1. 南北向街道狭窄，利于遮挡阳光 2. 可与正南形成夹角，增加街道遮阴 3. 东西朝向街道宽阔，利于冬季日照
夏季湿热	夏季通风	夏季遮阳 冬季日照	1. 建筑群和主导风向夹角控制在30°之内 2. 调节街道走向利于夏季通风与遮阳 3. 若有需要增加南向开间间距

（资料来源：杨柳. 建筑气候分析与设计策略研究[D]. 西安：西安建筑科技大学，2003：120.）

对街巷的走向布局来说，与主导风向平行能使街巷层峡内部整体的通行风速高于其他走向，依赖纵向的自然通风进行热交换带走热量，若加大街巷宽度能进一步提高通风潜能；反之，若垂直于主导风向则街巷层峡内风速流动的自然风动力不足，尽管冬季能良好躲避寒风，夏季则需借助层峡垂直面层的上下温度热差进行对流换热。因此，夏热冬冷地区，街巷走向应尽量平行于夏季主导风向而垂直冬季主导风向（图5.5）。

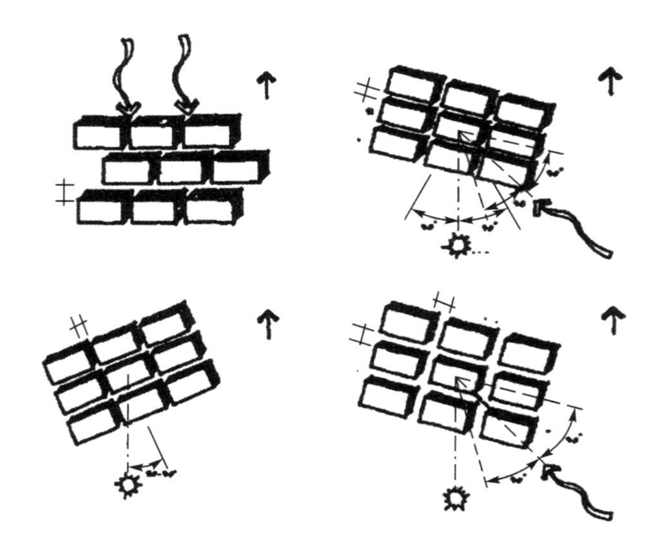

图5.5 建筑布局与日照和风向关系

注：寒冷地区（左上图），错位布局排列以防止形成街道的贯通风道不利冬季避风，东西向保证足够日照间距；温寒地区（右上图），最佳朝向南偏东30°，与主导风向成30°范围区间，争取冬季日照和夏季通风；干热地区（左下图），建筑与正南方向互成一定角度形成阳光遮挡；湿热地区（右下），布局较开敞，考虑与夏季主导风向保持30°范围区间（资料来源：杨柳. 建筑气候分析与设计策略研究[D]. 西安：西安建筑科技大学，2003：120.）。

在相似高宽比和几何形状条件下，南—北走向的街巷相对于东—西向更能体现提高街巷高宽比改善夏季局部微气候的优势①，较高的街巷高宽比有助于夏季在层峡内部形成更多日影区，却不利于冬季日照的获取。因

① 王振. 绿色城市街区——基于城市微气候的街区层峡设计研究[M]. 南京：东南大学出版社，2010：79-80.

而，宅院组群沿东—西向较宽阔的街巷布局，能获取较多冬季太阳辐射，而山墙面间的南—北向巷道的狭窄布局，有利于夏季实体的相互遮挡①。同时，对宅院组群整体建筑高度布局的调整也能应对夏冬季不同的主导风方向，如北侧建筑群较南面相对较高，或顺应坡地地形构建梯度宅院，或对巷道走势进行多方向布局选取，以满足对冬季西北风的拦截和对夏季东南主导风向的迎合。

传统自体生发型乡村社区在团组布局与风环境关系的调控方面，有值得借鉴的经验。其既考虑到巷道宽窄、宅院朝向，同时结合下垫面绿地植被、水体，对局部微气候环境进行多层次调节，营造较舒适热环境，主要包含：社区季节性自然主导风系、组团内环境水陆风环境和局部宅院间的风热压流动循环（图 5.6）。

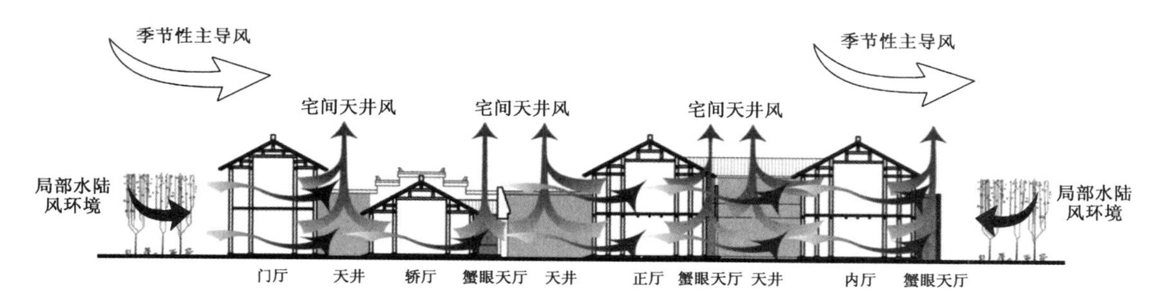

图 5.6 传统自体生发型乡村社区单体院落内风环境示意图

（资料来源：根据课题组资料改绘）

以桐庐江南镇深澳村和德清洛舍镇张陆湾村为例，风系统通廊以“街道—巷弄—水系—院落”空间为输送层级和秩序，形成乡村群域内的风循环过程：

层次一，外部环境的季节性主导风向，形成乡村社区整体风环境基础。

层次二，团组间或团组内部的水系、塘池或澳口形成水陆风，由冷热温差促进空气流动，并进一步利用组团宅院间分布的疏密不同，形成风压差，降低公共空间温度，增强通风能力。

层次三，宅院间南北向的巷弄多形成日影区，能有效避免夏季日照，温度数值相较开敞院落和东西向街巷更低，从而构成温度热力压差，加快空气流动。日间风由温度较低的巷弄吹向街巷、前院、室内、院落（天井）、后院再至外部风环境，形成宅院内外的局部风流动循环。

在空间布局中，水系、塘池或澳口与巷道形成了风的公共通廊，将社区的外部夏季主导风顺着水系和街巷引入团组内部，进而在各宅院间及其内部流通散热。三个层次的风组织和调控，根据风向、风速、太阳辐射、下垫面组织并结合组团群域分布的疏密有度，使空间形态的功能布局与组织效用产生自然融合或渗透，体现空间形态结构的适应性调节，建立起相对完整的动态风环境路径，满足风热压动力的形成与持续性流通，达到夏季除湿排热需求。

③ 宅院体形系数

密度测度指标除了在水平方向表征土地的占用频度外，在垂直方向还考量整体容量能力。在相同面积、同等高度条件下，宅院占地平面的长宽比越大，体形系数越大，每平方米建

① 杨柳.建筑气候分析与设计策略研究[D].西安：西安建筑科技大学，2003：119.

筑面积的能耗热量比值也随之增大(表 5.2)。体形系数的增大,加大了建筑表面积与室外大气的接触面,从而增加了热损耗值。根据体形系数定义,可将其计量公式表示为:

$$f=\frac{F_0}{V_0}=\frac{nhL+S}{nhS}=\frac{L}{S}+\frac{1}{nh} \tag{5-1}$$

式(5-1)中,F_0 为体表面积,V_0 为总体积,L 为建筑占地平面周长,S 为建筑占地面积,n 和 h 分别为层数和层高。在相同层数和层高条件下,体形系数与周长和面积的比值呈正相关性①。假设等面积、等高度条件下,对不同形态的体形系数增加比值进行比较,圆形体形系数最小,长宽比在 1∶1～1∶2 时体形系数的增加比值均在 10%以内比较适宜,长宽比值过大不利于侧向风流通。而同体积下,考虑不同占地面积大小和层数的宅院组群组织方式,则分户共山墙的联排联立式相较于点式独立的宅院体形系数更小(图 5.7)。

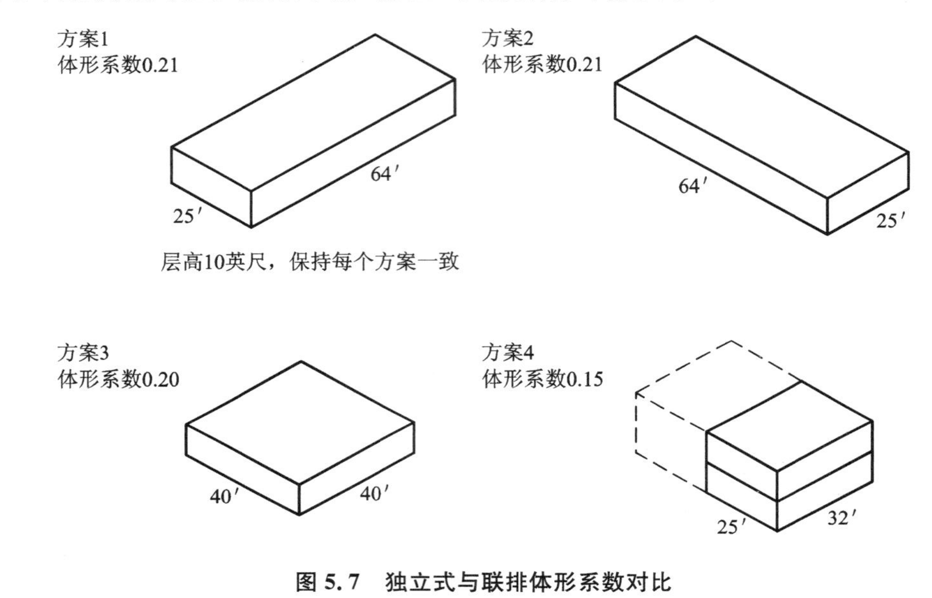

图 5.7 独立式与联排体形系数对比

(资料来源:作者自绘)

表 5.2 等面积、等高度条件下体形系数与能耗比较(建设总面积 500 m²)

平面形式	长宽比	周长	f 增加比值
圆形	—	79.27 m	−12.83%
正方形	1∶1	89.44 m	0
长方形	1.5∶1	91.29 m	2.065%
	2∶1	94.87 m	6.070%
	2.5∶1	98.99 m	10.683%
	3∶1	103.28 m	15.470%

(资料来源:[美]阿尔温德·克里尚,尼克·贝克,西莫斯·扬纳斯,等.建筑节能设计手册——建筑与气候[M].刘加平,张继良,谭良斌,译.北京:中国建筑工业出版社,2005.)

① 王建华.基于气候条件的江南传统民居应变研究[D].杭州:浙江大学,2008:70.

综上所述，在度结构关系的密度参数指标下，窄小的南北向巷道、较宽阔的东西向街道、低层适宜高密度的用地模式布局（主要针对平原、盆地、滨水型乡村社区，山地、丘陵型地区则主要顺应坡地布局）能够提高建筑物自身对太阳直射的遮挡作用，改善外部近地面、围护结构表面的受热量，从而降低对其他能源的依赖。

（2）空间异质性指数

在城市范畴，对空间异质性指数的研究显示，不同土地利用类型的碳排放量由高到低依次为：生产用地、居住用地、交通用地、特殊用地、农用地和水利用地。碳循环路径的调整在很大程度上是因循土地利用方式的变革来实现能源消费格局的更新和环境热舒适性的调适，并进一步影响碳循环的规模和速率①。在乡村领域，课题组对山地型乡村社区安吉鄣吴镇里庚村的主要用地碳排放系数进行统计，除本研究边界范围之外的农业用地，农居用地作为最大的能源消耗用地，其比重达到总能源消耗用地的 62.5%，而乡村产业服务用地和交通用地分别占 4.37%、33.13%左右(图 5.8)。能耗调查数据显示，农居用地碳源系数为 28.14 tC/(hm^2 · a)，交通用地碳源系数为 25.53 tC/(hm^2 · a)，产业服务用地碳源系数为 53.18 tC/(hm^2 · a)，非农居用地的高碳源系数增加了整体碳排放量趋高的可能。

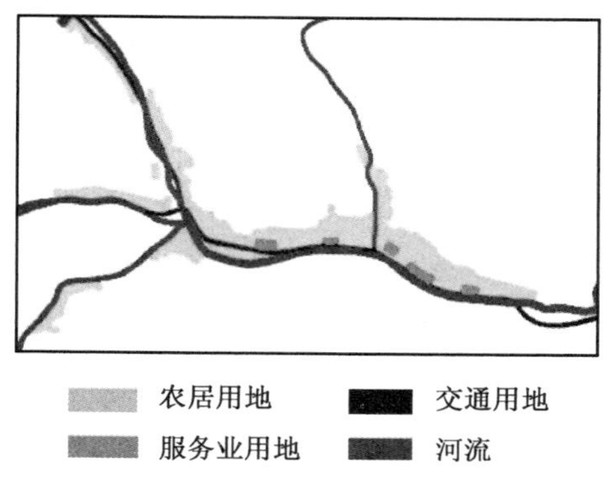

图 5.8 里庚村建设用地分类

（资料来源：课题组绘制）

城市的较高空间异质性指数能带动功能的混合发展，大大缩短城市生产和生活的交通运行距离，减少商品能源消耗依赖。然而，在一般以居住为主的乡村社区内部，交通运行能耗显然不集中在边界内部，而主要产生于建成环境边界之外，以及与外部其他乡镇直接连通的空间中。那么，这就意味着在异质性指数较高的某些外力分化型乡村社区，控制基本居住生活能耗是可行的优化思路。

不同用地性质由于空间承载的活动水平量需要不同，使得土地利用结构和开发强度形成差异性，空间异质性凸显。这一方面使碳排放量构成成分多元化，提高了整体活动量总体碳排放数值；另一方面作为外力介入下空间动力的源头，产生空间局部功能用地分布的“不均匀化”和梯度差额，使传统民居与村民自建或更新的“准城镇化”“类西方化”“趋自由化”的第三代享受型民居，以及社会资本介入下的现代产业服务用地，以差异化的规模和尺度被“拼接”置入空间原形态结构(图 5.9)。这种“拼接”是断裂式的突变，往往在交接处发生形态上的异变。此时，水平横向扩增了的建筑占地面积和垂直纵向被拔高的建筑高度，有可能会改变原日照间距和时数，形成日影区和背风涡旋区，干扰周边邻近较低民居宅院的通风效果，进而影响或改变热环境舒适性，使碳排放量呈现局部增加的异质性特性。

① 赵荣钦，黄贤金. 基于能源消费的江苏省土地利用碳排放与碳足迹[J]. 地理研究，2010(9)：1639-1649.

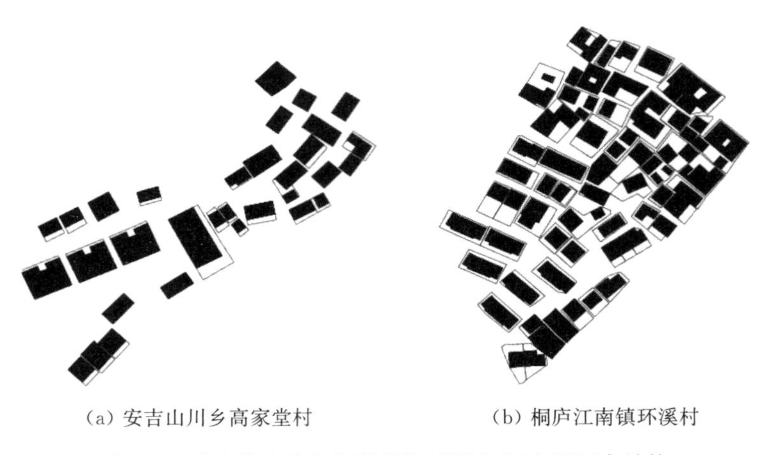

图 5.9 社会资本介入下的“拼接”置入原空间形态结构

(资料来源:作者自绘)

2) 实证相关联性

用密度特征测度参数指标对本研究 15 个样本不同群域宅院布局下宅基地覆盖率与碳排放强度进行统计比较,结果显示,宅基地覆盖率与碳排放强度在不同布局形式中大致呈现出负相关性,尤其是点式散落、综合式与行列式布局形式(图 5.10)。

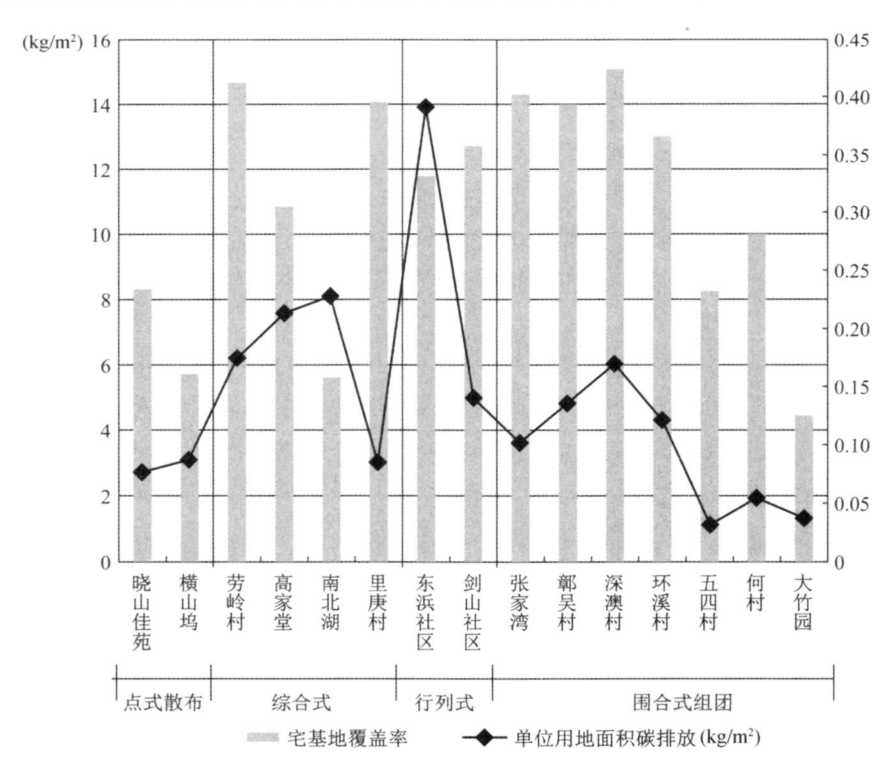

图 5.10 不同布局条件下宅基地覆盖率与单位用地面积碳排放关系

(资料来源:作者自绘)

在围合式布局中，其宅基地覆盖率相对于其他相同数值的不同布局方式，碳排放强度普遍较低，如劳岭村与深澳村，何村与高家堂村，环溪村与剑山社区，五四村与晓山佳苑①。紧凑的围合式布局能借助相互的遮挡与联排共墙，在相同宅基地空间利用条件下，降低对能源消耗碳排放量的依赖。但围合式布局的宅基地覆盖率与碳排放强度关系却呈现出正相关（图 5.10），这说明宅基地覆盖率的增加同时增大了单位用地面积上的活动水平量，而活动水平量增加的碳排放量大于因高覆盖率消解掉的能耗降低量。由此可见，宅基地覆盖率结合不同的布局方式确实能起到一定降低能源消耗的效果，但宅基地上的具体活动水平量对整体碳排放量影响更大。

对样本户均建筑占宅基地面积比与单位居住用地碳排放的关系进行分析，结果发现两者存在较为明显的正相关性（图 5.11），各类型乡村社区都呈现出户均建筑占地比越大，碳排放强度值越大的态势。在宅基地单元个体中，自体生发型乡村社区的建筑空间利用率普遍较高，体现出一定节地的态度，外力分化型乡村社区则表现得不是很稳定，部分样本占用宅基地面积虽大，却实际空间利用率较低。建筑用地规模大小和空间利用率直接影响了碳排放强度的变化。

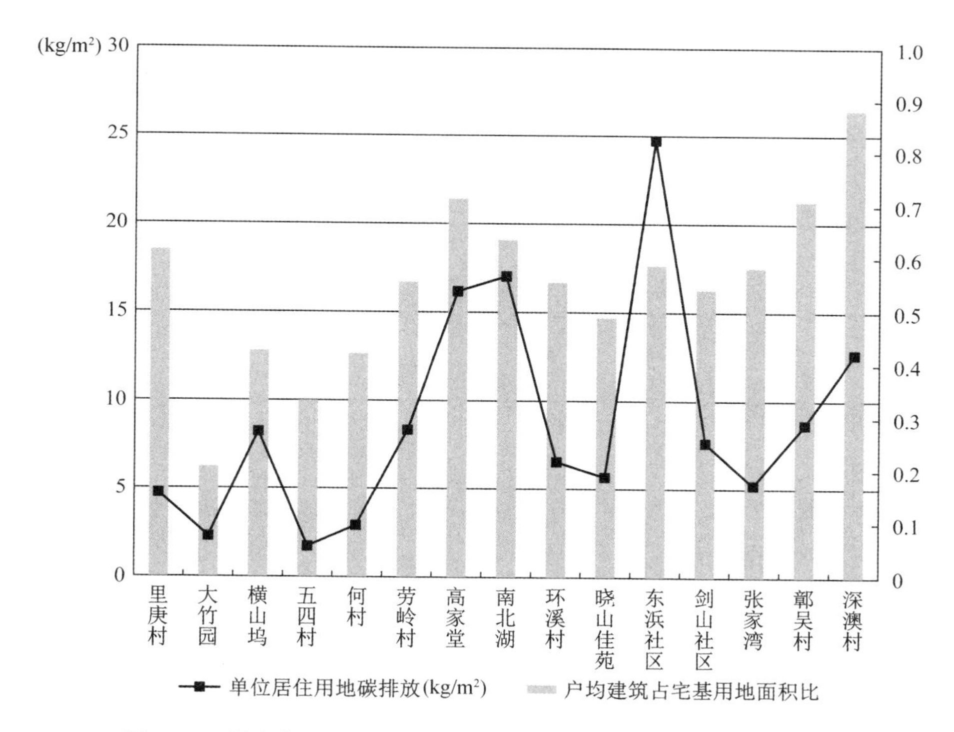

图 5.11 样本户均建筑占宅基地面积比与单位居住用地碳排放关系

（资料来源：作者自绘）

① 注：南北湖村与大竹园村，虽然也呈现宅基地覆盖率相当而碳排放强度值差异大的情况，但考虑到两村的实际产业收入差距同样明显，不排除社会经济影响的可能，因此未考虑列入。

空间异质性指数与单位用地面积碳排放之间同样呈现正相关趋势(图 5.12),空间异质性指数高则乡村社区内部功能用地类型多样化,随之提高了整体碳排放总量和碳排放强度。其中,外力分化型和官制规划型乡村社区的空间异质性指数较高。

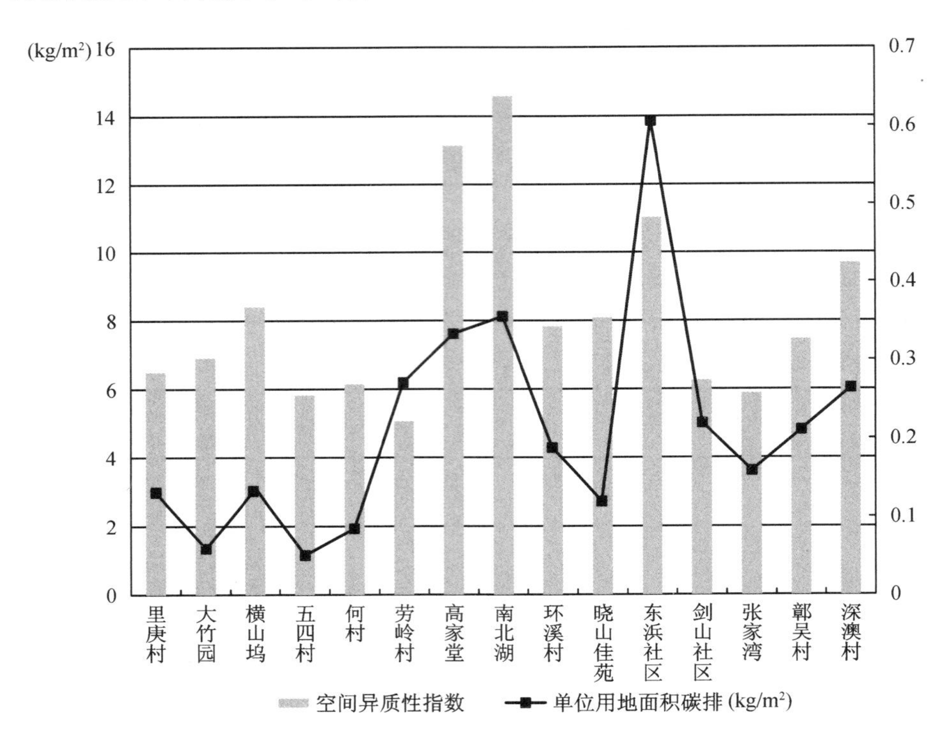

图 5.12　样本空间异质性指数与单位用地面积碳排放关系

(资料来源:作者自绘)

5.1.3　率结构与碳排放

1) 基本分析

率结构特征测度参数指标表征一定土地投入水平量下,物质空间利用效率、连接性和边界几何形态的复杂程度。

土地紧凑度和形状指数,表现了不同乡村社区外部几何形态特征对资源环境利用的态度,其直接影响了作为社区建成环境区域边缘,实体与虚体间界限内外两侧的生态接触面域大小(边界效应),以及对地域自然资源(地形、水系和风)利用的可能性。

边界几何形态的变化受到内部通廊和外部资源环境的综合影响,从而间接影响了物质和能量传输的规模和速率,其作为众多信息汇聚的临界质态,相较于中心地区,是形态变化的敏感带。因此,一般情况下,指状空间形态的布局与自然资源环境能形成较大接触面,界面外侧的有利资源具有更易被利用的可能性,从而降低其他能源消耗的依赖,而团状、圆形空间形态则不一定具备这种优势。如位于湿热地区的广东顺德大墩村,为适应多雨高温的气候,整体乡村形态呈梳式布局,其宅院和巷道沿水系生发并垂直于水体,使整体排引水路线最短而直接，梳式布局扩大了与自然水系的最大接触可能，显示出外部几何形状与资源环境的自适应性(图 5.13，图 5.14)。然而，在一些气候条件恶劣地区(如寒冷地区)，团簇状紧凑布局能形成自我庇护而抵御外界不良自然因素的影响和破坏①。

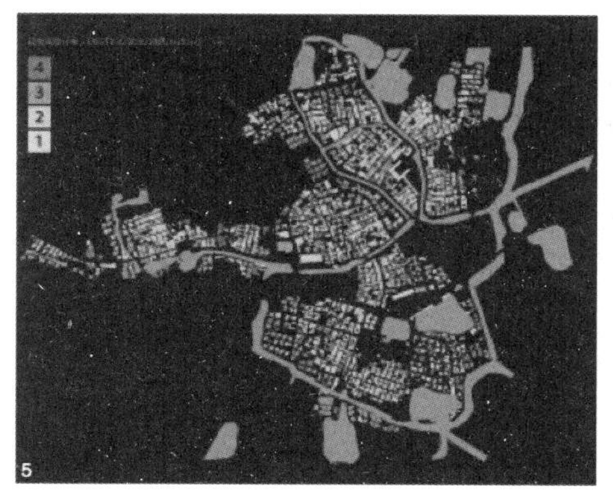

图 5.13 大墩村整体形态与水系②

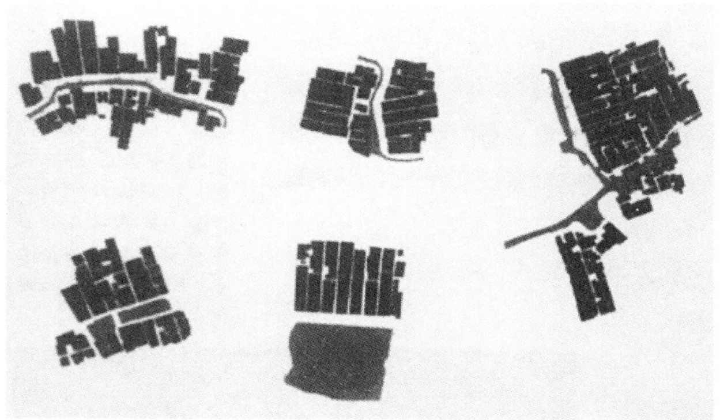

图 5.14 建筑与水体关系③

如果说紧凑度和形状指数表达了界面与自然资源环境接触面域的充分性，那么公共空间分维数则倾向于反映二元界面意义上，边缘界面两侧交互开启后，实体与开敞空间形成的“孔隙”或“围合实体”对“进入”动作的难易把控，其借助边缘界面和团组内部公共空间虚体的间距大小、复杂程度，表达了对邻近自然资源利用过程中，或封闭或抵御或开敞或接纳的态度。其中，主要开敞空间的大小与方位、通廊的分布与走势、下垫面的规模与物性材质均直接影响了外界资源(主要是通风)“进入”乡村社区的效率。如公共空间分维数较大，则表明内部公共空间环境的分形形状越复杂，填充能力和组织水平越好，但有时过于复杂的孔隙形态，会使栖息地片段化、破碎化，不能满足下垫面水体、绿植被有效利用而降温促通风的合理面积④，弯曲、破碎化的街巷走势，使主导风或水陆风易因受阻挡而形成风阻，降低“进入”团组内部的速度(图 5.15)。

因此，紧凑度、形状指数、公共空间分维数仅是对乡村社区形态现状的一种几何量化表达方法，不存在数值与优良等级的完全映射，在一些情况下其逆命题也并不成立，只是代表了一种可能的趋向结果。不同几何形态、空间分形维数的优劣与否需要结合其背后的生成逻辑，置于不同地形地势、不同气候环境条件背景下区别对待和综合考量。一味强调形状指数与自然资源环境的最大生态接触面，也可能会陷入盲目多向扩展而导致空间内部实际利用率降低的非适应性误区，此时，土地无序利用和扩张反而会增加土地利用更替变化释放的碳排量。

① 柏春. 城市气候设计——城市空间形态气候合理性实现的途径[M]. 北京：中国建筑工业出版社，2009：86.

②③ 资料来源：冯江. 祖先之翼——明清广州府的开垦、聚族而居与宗族祠堂的衍变[M]. 北京：中国建筑工业出版社，2010.

④ 注：水体面积增加同时降温效果更明显，但要注意控制水体面积过大导致空气湿度过大而不利于层峡内的微气候。绿植大体可分为绿地和植载，前者以低矮草坪以及墙壁垂直绿化为主，后者以能遮挡日射的树木为主，同时随着绿植面积的增加其降温作用也愈加明显(参见王振. 绿色城市街区——基于城市微气候的街区层峡设计研究[M]. 南京：东南大学出版社，2010：79-80.)。

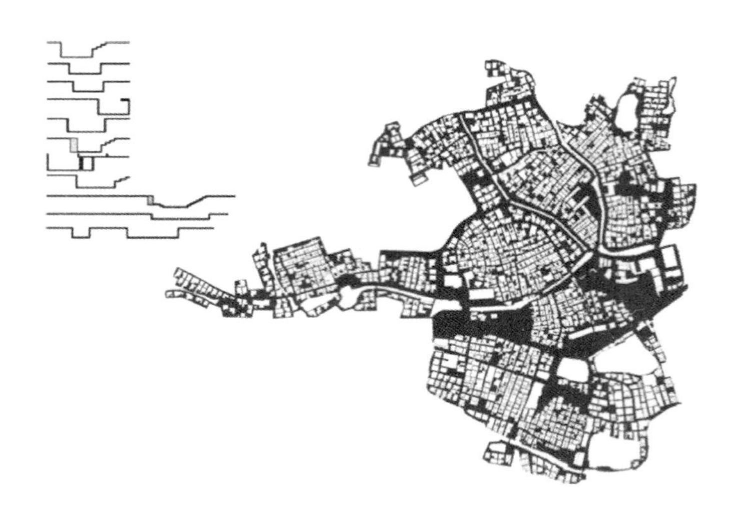

图 5.15 大墩村不同街巷及开敞空间分维图解①

（资料来源：冯江. 祖先之翼——明清广州府的开垦、聚族而居与宗族祠堂的衍变[M]. 北京：中国建筑工业出版社，2010.）

2）实证相关联性

在上一部分基本分析中，理论上，多向扩展的不规则边界几何形态与外侧自然资源的生态接触面较大，具有借助自然资源降低能源消耗依赖的可能性。通过对 15 个样本乡村社区的统计对比分析，确实印证了这一规律，带状线性和不规则多向延伸的空间形态相较于团状布局具有整体较低的总碳排放量(图 5.16)。与城市领域主张紧凑集聚的多中心组团式以减少交通出行距离能耗有所不同，由于在乡村社区内部交通运行能耗的整体影响比重较低，主要为生活居住用能耗，因此，狭长、不规则的外部几何形态反而有助于利用自然资源，适当降低能耗。但土地紧凑度与碳排放的相关联性并不明晰，不能凭借单一紧凑度值来判断碳排放量的情况。

在公共空间分维数测度参数分析中，其与碳排放强度在外力分化型乡村社区中存在负相关性趋势，分维数值的降低弱化了形态结构内部的开敞空间和通廊的有效组织，增加了碳排放的强度值，而在自体生发型乡村社区中则呈现正相关性。自体生发型乡村社区的分维数值整体较高，其样本案例均表现为紧凑团状集聚布局态势，说明空间的填充水平较好，形态结构的组织效率较高，但有时过高的分维数可能会因通风路径被阻挡反而增加了碳排放强度，当然也可能存在其他因素，分维数仅是其中的可能因素之一(图 5.17)。

① 注：垂直水系体的街巷道路，沿水系的开敞空间、水系沿岸布置的点式民居。

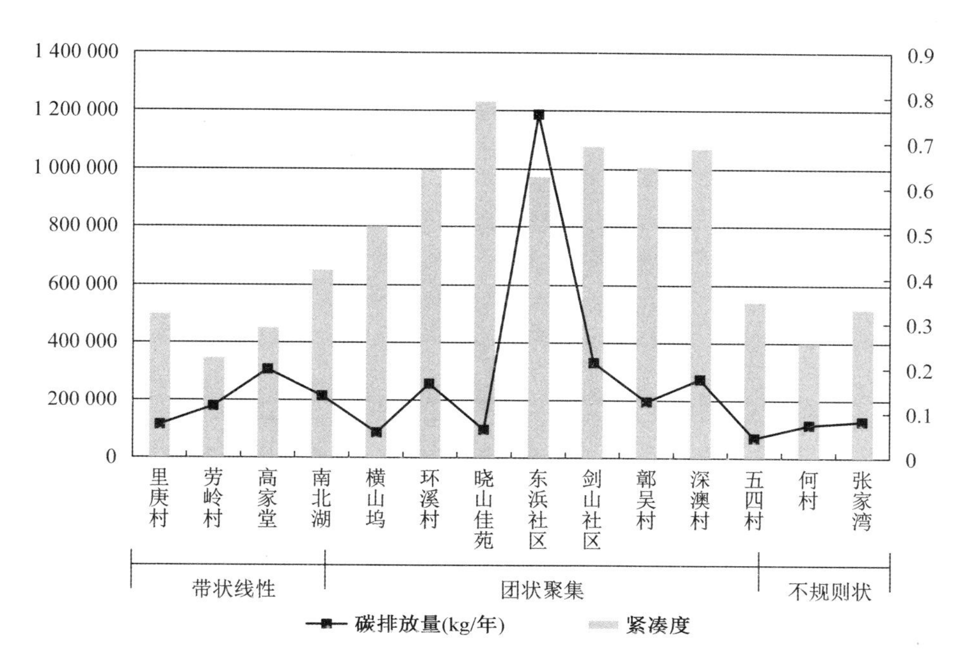

图 5.16　土地紧凑度、外部几何形态与碳排放量关系

（资料来源：作者自绘）

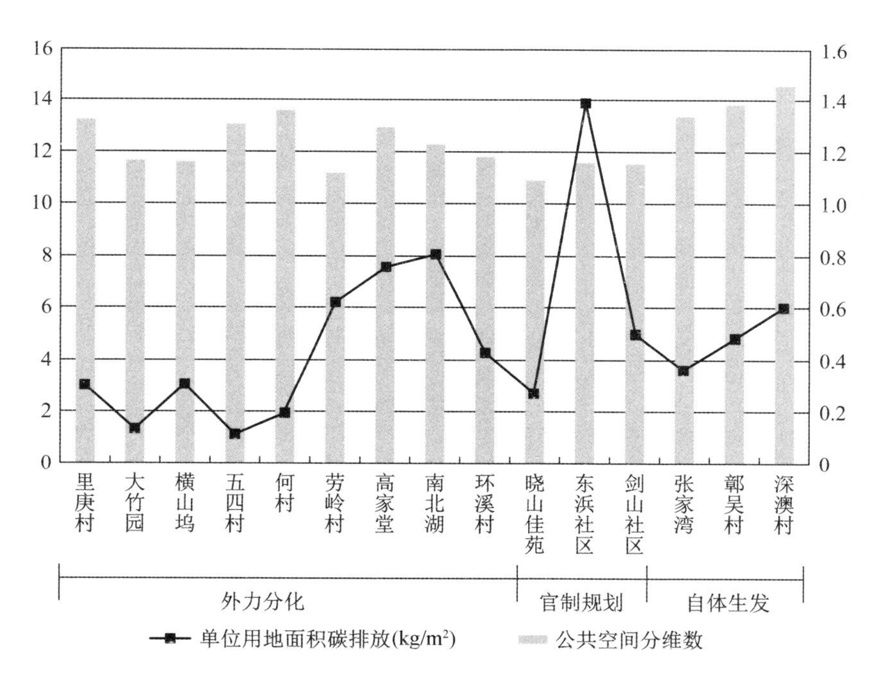

图 5.17　公共空间分维数与单位用地面积碳排放关系

（资料来源：作者自绘）

5.1.4 相关性量化分析

前三小节对描述空间形态结构关系的特征测度参数与碳排放强度的关联情况，进行了相关经验理论和实证数据统计的初步梳理与分析对比。那么，三种结构关系中是否存在某些关键要素对碳排放量产生显著性影响，即究竟是空间形态的规模性“量”扩张，还是空间形态结构利用“率”的低效，对引起碳排放变化的影响作用较大。此时，需要对所有特征测度参数进行量化整理，做出变量间相关性的判断（表 5.3，表 5.4）。

表 5.3 变量明细及内涵

变量名含义	
社会经济水平	
InPDI	年人均可支配收入的对数
PP	建成区范围内总人口数
空间形态特征要素	
InBarea	建成区建设用地总面积的对数
InPHarea	户均宅基地面积的对数
PAdens	户均建筑覆盖占宅基地面积比
Hdens	宅基地覆盖率
Pdens	人口密度
HI	空间异质性指数
CR	土地紧凑度
D	公共空间分维数
各不同类型碳排放	
InC	年碳排放总量的对数
InPC	年人均碳排放量的对数
PAC	年单位建筑面积碳排放
InPBC	年单位建成区建设用地碳排放的对数

（资料来源：作者自绘）

表 5.4 15 个乡村社区样本空间碳排放信息汇总表

类型	名称	碳排放量(tCO_2)			社区形态			建筑特征		基本社会情况	
		住宅用地碳排	其他用地碳排	总碳排	土地紧凑度	公共空间分维	宅基地覆盖率	户均建筑面积(m^2)	结构	常住人口(人)	年人均收入(元)
自体生发	张家湾村	129.49	—	129.49	0.332 6	1.334 9	0.688 0	352.77	砖混	350	16 016
	郭吴村	197.26	—	197.26	0.649 6	1.382 5	0.556 5	204.58	砖混、砖木	554	17 287
	深澳村	275.33	—	275.33	0.688 8	1.461 4	0.482 5	331.87	砖混、砖木、木	569	19 373
外力分化	里庚村	116.16	—	116.16	0.319 6	1.321 9	0.642 7	275.88	砖混、砖木	400	16 852
	大竹园村	61.73	38.88(公共用地) 633.83(产业用地)	734.44	0.252 9	1.165 3	0.607 1	227.95	砖混、钢筋混凝土	176	21 820
	横山坞村	87.99	—	87.99	0.513 3	1.160 0	0.376 8	234.33	砖混	134	28 560
	五四村	70.51	—	70.51	0.348 4	1.308 4	0.691 4	564.07	砖混	221	25 195
	何村	70.51	—	70.51	0.262 1	1.357 8	0.669 4	437.62	砖混	321	25 000
	劳岭村	179.30	—	179.30	0.223 3	1.118 6	0.742 3	793.47	砖混、钢筋混凝土	128	23 251
	高家堂村	309.46	67.09(公共用地) 209.26(产业用地)	585.81	0.290 6	1.292 1	0.427 7	271.57	砖混、钢筋混凝土	403	21 957
	南北湖村	216.16	755.96(产业用地) 823.55(公共用地)	1 795.67	0.419 7	1.229 5	0.249 4	177.26	砖混、钢筋混凝土	414	21 562
	环溪村	259.21	88.71(公共用地)	347.92	0.637 9	1.181 7	0.663 7	4 435.43	砖木、砖混	422	21 267
官制规划	晓山佳苑	96.77	—	96.77	0.792 3	1.088 7	0.477 1	303.39	砖混	291	19 341
	东浜社区	1 185.42	407.06(公共用地)	1 592.48	0.627 6	1.159 5	0.458 9	375.00	砖混	795	21 605
	剑山社区	330.90	—	330.90	0.695 2	1.156 6	0.661 4	474.34	砖混	525	23 869

(资料来源:根据样本调研数据整理绘制)

1）社会经济收入水平与碳排放相关性

以不同类型碳排放量为因变量，年人均可支配收入（InPDI）、建成区范围内总人口数（PP）为自变量，用 STATA 软件进行皮尔森（Pearson）相关分析，初步明确经济条件水平对碳排放的影响（表 5.3）。

从分析结果看（图 5.18），对碳排放量的描述分为总量和均量两类。碳排放总量（InC）与人口数量（PP）相关性系数在 0.1%水平上呈现极显著，这符合常识理论上人口越多则碳排放总量越多的规律。同时，其与单位建设用地的碳排放量（InPBC）也体现出较高相关性程度。而年人均可支配收入（InPDI）对碳排放总量和均值量的影响均不显著，说明 15 个样本乡村社区现阶段碳排放量的变化受村民可支配经济收入的影响还比较小，可能更大程度上还是与村民长期以来的生活习惯和观念有关。

. pwcorr_a InC InPC PAC InPBC InPDI PP, sig

	InC	InPC	PAC	InPBC	InPDI	PP
InC	1.00					
InPC	0.704***	1.000				
	0.003 4					
PAC	0.367**	0.683***	1.000			
	0.010 7	0.005 0				
InPBC	0.890***	0.729***	0.761***	1.000		
	0.000 0	0.002 0	0.001 0			
InPDI	−0.091	0.361	0.163	−0.172	1.000	
	0.748 2	0.186 8	0.561 2	0.540 8		
PP	0.844***	0.238	0.392	0.659***	−0.375	1.000
	0.000 1	0.392 8	0.148 7	0.007 5	0.168 7	

注：***表示相关系数在 0.001 水平上显著，**表示相关系数在 0.01 水平上显著（双头检验）

图 5.18 经济收入水平与各类样本乡村社区碳排放的相关性矩阵（STATA 软件绘制）

（资料来源：作者自绘）

2）空间形态特征测度参数与碳排放相关性

以 15 个不同类型样本乡村社区碳排放量为因变量，三种结构关系的 8 个空间形态特征测度参数为自变量，进行皮尔森（Pearson）相关系数分析，分别结算相关系数 r，初步判断影响碳排放量的关键要素（图 5.19）。

从相关分析结果看，总体上宅基地覆盖率（Hdens）、户均建筑覆盖占宅基地面积比（PAdens）、户均宅基地面积（InPHarea）等多个空间形态特征测度参数要素自变量与碳排放存在显著相关性。从碳排放量均值数与各变量关系看，除建成区建设用地总面积（InBarea）、土地紧凑度（CR）两个变量之外，其余描述空间形态特征测度参数的变量都与碳排放均

. pwcorr_a InBarea InPHarea PAdens Hdens Pdens HI CR D InC PC PAC InPBC

	InBarea	InPHarea	PAdens	Hdens	Pdens	HI	CR
InBarea	1.000						
InPHarea	0.048	1.000					
PAdens	−0.087	−0.785***	1.000				
Hdens	0.060	0.721***	−0.303	1.000			
Pdens	−0.009	−0.842***	0.857***	−0.267	1.000		
HI	0.200	−0.439	0.096	−0.695***	0.136	1.000	
CR	0.227	−0.495*	0.358	−0.292	0.457*	−0.033	1.000
D	0.053	−0.318	0.488*	0.067	0.537**	−0.070	−0.133
InC	0.499*	−0.470*	0.599**	−0.249	0.492*	0.254	0.397
PC	0.114	0.081	0.161	−0.062	−0.102	0.069	−0.011
PAC	0.106	−0.484*	0.285	−0.737***	0.180	0.634**	0.083
InPBC	0.109	−0.634**	0.734***	−0.450*	0.551**	0.318	0.315

	D	InC	PC	PAC	InPCB
D	1.000				
InC	−0.033	1.000			
PC	−0.452*	0.676***	1.000		
PAC	−0.269	0.637**	0.637**	1.000	
InPCB	−0.072	0.890***	0.678***	0.761***	1.000

注：*** 表示相关系数在 0.001 水平上显著
** 表示相关系数在 0.01 水平上显著(双头检验)
* 表示相关系数在 0.05 水平上显著(双头检验)

图 5.19　空间形态变量与各类样本乡村社区碳排放的相关性矩阵(STATA 软件绘制)

(资料来源:作者自绘)

值变量发生显著性关联。由于碳排放总量(InC)本身受人口规模数量的影响较大,易造成建成区建设用地总面积(InBarea)随人口承载数量变大而加大碳排放量,也就意味着碳排放总量与其他自变量的任一相关性都可能包含了与人口数量的关系。因此,在做相关性判断时,宜采用碳排放量的均值变量为佳。

其次,单位建设用地碳排放(InPBC)、单位建筑面积碳排放(PAC)、人均年碳排放(PC)三个碳排放量的均值变量与多个空间形态特征测度参数有显著性关联,如单位建设用地碳排放(InPBC)与户均建筑覆盖占宅基地面积比(PAdens)、人口密度(Pdens)呈正相关显著性关联,与户均宅基地面积(InPHarea)呈显著负相关;单位建筑面积碳排放(PAC)与宅基地覆盖率(Hdens)呈负相关,而与空间异质性指数(HI)呈显著负相关;人均年碳排放(PC)只与公共空间分维数(D)呈显著负相关。

而在两两自变量间的自相关性检验时,我们发现户均宅基地面积(InPHarea)与户均建筑覆盖占宅基地面积比(PAdens)、宅基地覆盖率(Hdens)、人口密度(Pdens)呈极显著性相关。同理,人口密度(Pdens)与户均建筑覆盖占宅基地面积比(PAdens)、宅基地覆盖率(Hdens)与空间异质性指数(HI)也存在极高的显著性关联。因此,在表征或判断自变量与各因变量相关性时,可以选择其中的几种空间形态特征测度参数作为代表变量。如在描述空间形态度结构的特征测度参数中,主要选取户均建筑覆盖占宅基地面积比(PAdens)和宅基地覆盖率(Hdens)两项变量。

经过理论分析、变量筛选和量化对比,对主要自变量与碳排放相关性分析后可获得的初步结论有:建成区建设用地总面积(InBarea)与碳排放总量(InC)正相关,单位建设用地碳排放(InPBC)与户均建筑覆盖占宅基地面积比(PAdens)正相关,单位建筑面积用地碳排放(PAC)与宅基地覆盖率(Hdens)负相关,人均年碳排放量(PC)与公共空间分维数(D)负相关。数理统计相关性分析的结果,与前三节的经验基本分析和实证数据变化趋势相一致(图 5.20)。

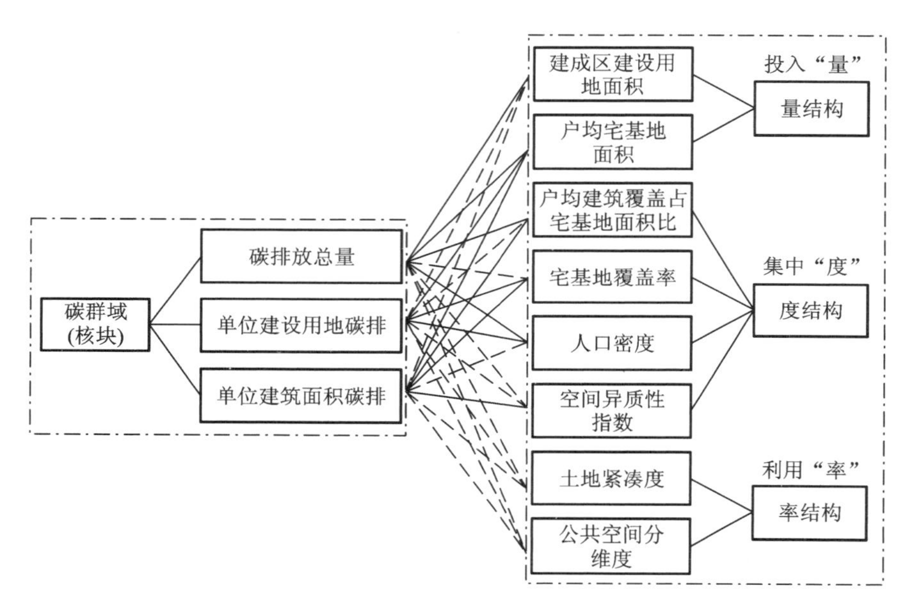

图 5.20 空间形态特征测度参数与碳排放强度的相关性框架

(资料来源:作者自绘)

3)影响要素分级

由此可见,总体上相较于乡村社区规模量的扩张引发的碳排放上升,以度结构和率结构关系表征乡村社区内部群域团组尺度和层级的空间形态利用率(以宅基地覆盖率、公共空间分维数、户均建筑覆盖占地宅基地面积比参数为主),对碳排放的影响作用更大(表 5.5)。量化的特征测度参数指标只是作为一种显性“代表”被挑选出来,其与碳排放不存在直接关联,而是通过这些“代表”作用于中介要素与碳排放发生关联,使其表现出适应或抗拒,继而改变整体碳排放环境。因此,仅依赖部分“代表”的描述与量化分析不能完全解释某些现象背后的复杂生成逻辑和机理,更不存在最优碳排绩效的空间形态模型。并且,空间形态相关的碳排放量规模大小、转移速度快慢,不可能由单一“代表”独立决定,需具有综合性、协调性且适应性的机制过程与之进行配合，由此避免空间形态产生底线阙值状态而形成不可逆之低效结构。

表 5.5 样本空间形态特征测度参数与中介要素、碳排放关系

关系	特征测度参数	中介要素				碳排放
		采暖	通风	照明	下垫面	
a. 量结构	*建成区规模(InBarea)	■	□	□	■	□
	户均宅基地面积(InPHarea)	□	■	□	■	■
b. 度结构	*户均建筑覆盖占宅基地面积比(PAdens)	■	□	□	■	■
	*宅基地覆盖(Hdens)	■	■	■	■	■
	人口密度(Pdens)	□	—	□	■	■
	空间异质性指数(HI)	□	□	—	■	■
c. 率结构	土地紧凑度(CR)	□	□	—	■	—
	*公共空间分维数(D)	□	■	□	■	□

注：*代表特征测度参数，■表示强相关性影响，□表示次强相关性影响，—表示相关性不确定。

同时，不同类型的空间形态其碳排放相关的关键性要素选取也不同。自体生发型与官制规划型乡村社区在城镇化转变过程中处于两种极值阶段，分别代表了初始和最终标准化状态。前者的建成区建设用地面积，各群域宅院组群分布密度，建筑占地面积大小，是历史积淀中与自然环境、社会经济、宗族文化不断适应后的受限结果；后者则建立在形式化的数字指标基础上，透露着简单、机械和冷漠，其适应性能力和连接生长机能降至最低。而更多的乡村社区处于外力分化介入影响下的间变和突变阶段，既有部分初始状态的残存，又充斥着现代理念的机械化置入，其度结构和率结构的调控较自体生发型和官制规划型都更复杂。鉴于其总体数量多且分布广，应成为空间形态低碳适应性营建研究和优化的主要对象。

5.2 空间形态低碳适应性控制要素关联框架

5.2.1 低碳控制要素

上一节着重探讨了总体空间形态特征测度参数关键要素与碳排放强度关系，其通过中介要素影响了环境“人为热”碳排放，而不同的空间形态尺度层级对碳排放影响关键要素的选取也具有差异性。因此，空间形态的低碳化调控还需要从社区、团组、宅院三个层级进行梳理。

在社区尺度，空间形态主要通过社区外部的几何形态、土地利用的规模“量”，以及与紧邻自然资源环境之间的合共生关系，影响居住生活的碳排放变化，这些相关“人为热”中介要素内容可归纳为“择居与控形”。

在邻里团组尺度，空间形态主要通过体现内部结构关系的土地利用聚集“度”，物质空间利用效“率”，以及两者作用下产生的边界几何形状的复杂程度，间接影响居住生活碳排放，可概括为“布局与择径”。

在宅院单体尺度，受到社区和团组两个层级空间形态对宅院外部环境热舒适性平衡的调节作用影响，主要通过自体空间序列组织、构造材料、适宜技术的选取进行应变调整，进一步调节宅基地容量内的热环境，可概括为“筑体与节能”。

因此，乡村社区空间形态低碳控制要素关联框架的建立，从对空间形态的尺度层次构成出发，借助其结构组织关系，并将这些低碳控制要素与碳排放进行相关性关联，总体涵盖了与土地利用相关的要素集合，包括作为直接驱动力的“用地调控”（用地的规模、密度、强度、性质与环境适应性等）和潜在驱动力的“容量控制”（人口数量、构造材质、自然资源环境、行为人活动量水平等）两个维度内容（图 5.21）。

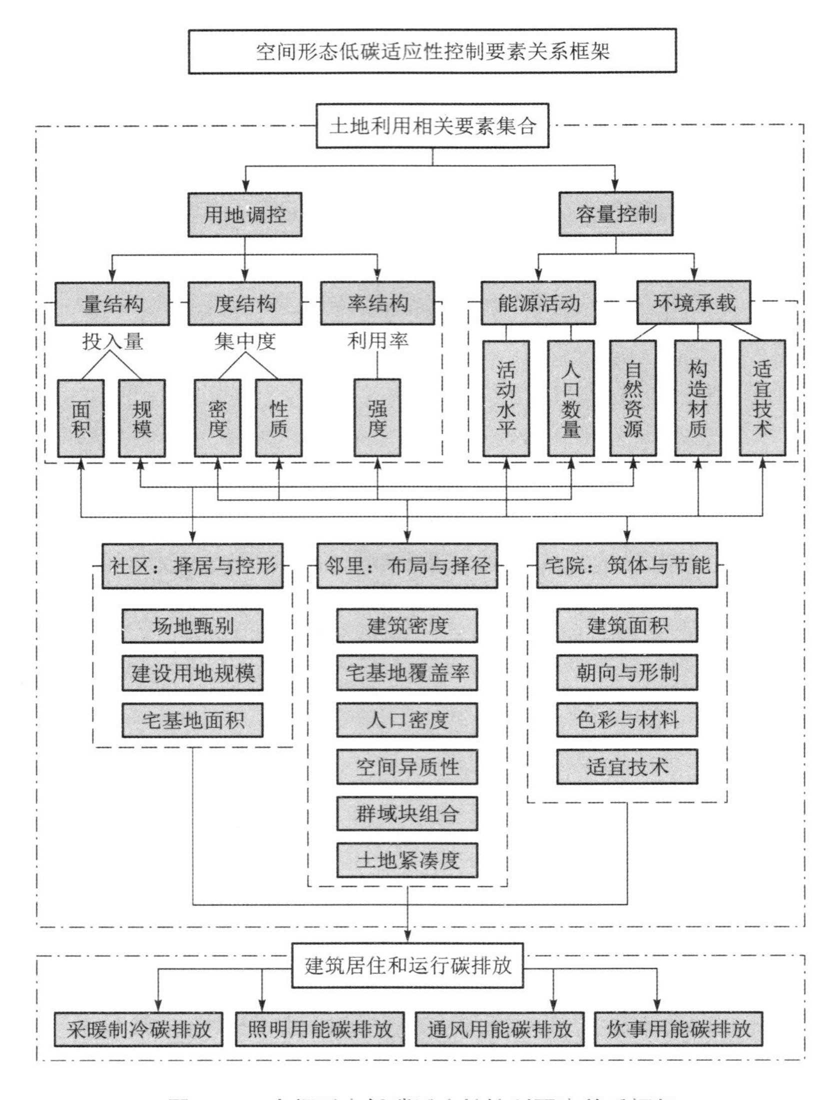

图 5.21　空间形态低碳适应性控制要素关系框架

（资料来源：作者自绘）

5.2.2 框架结构内容

空间形态低碳控制要素与碳排放关系框架在用地调控和容量控制两个维度下，各包含了五大子系统内容(表 5.6)。

土地用地调控维度下，用地规模、面积、密度、强度和性质均与建筑运行碳排放总量、强度相关：用地性质与土地利用空间异质性强度相关，除因改变活动量水平内容而增加的碳排放量之外，还会因用地性质变更而使原有建筑体量发生变化，从而影响邻近民居的通风性能，间接影响碳排放；用地规模和面积的增扩均会提高碳排放总量；此外，用地密度和强度与团组布局、宅院间距相关，并通过影响开敞空间、下垫面水体和绿植覆被、街巷走势等中介要素，影响日照、遮阳与通风，间接影响碳排放量。

容量控制维度下，能源活动和环境承载是影响碳排放总量和强度的两个方面，其中，活动量水平、人口规模、自然资源通过改变通风性能和自然资源的获取利用能力，间接影响建筑运行碳排放；构造材质和适宜技术则体现了对环境承载性能的反馈，有助于适时降低对环境的干扰，并减少对能源消耗的依赖

表 5.6 空间形态低碳适应性控制要素框架内容

影响因素			主 要 观 点
用地调控	投入量	用地面积	• 宅基地面积：各类型乡村社区的户均宅基地面积与碳排放量之间存在一定相关性，尤其是产业性质相对单一、以自住农居为主的官制规划型和自体生发型乡村社区，规模用地增大则碳排放量增大，而在外力分化型乡村社区内部其正相关性则并不十分明晰
		用地规模	• 建设用地面积：受地形地势、自然资源容量的限制，决定并影响了乡村社区整体碳排放总量
	集中度	用地密度	• 宅基地覆盖率：宅基地覆盖率值较高的乡村社区集中在围合式团组、行列式和综合式布局，而点式散落分布的宅基地空间利用率最低。总体上，宅基地覆盖率在各个布局形式中大致呈现出与碳排放强度负相关性关联趋势，尤其是点式散落、综合式与行列式布局形式
			• 建筑密度：通过密度的疏密开合程度，通过影响相邻街巷的通风断面大小和夏季宅院间距的日照遮挡，对通风性能、采暖和照明用能等中介要素产生影响，继而减少“人为热”碳排放
			• 群域组织：朝向、布局形式会影响到建筑的热性能(热损失、太阳得热等)，照明能耗需求(日光获取)和通风要求(空气流通动力和质量决定了是否需要采用机械通风)。在围合式团组布局类型中，相较于点式、行列式、综合式，其宅基地覆盖率在相同数值下，能借助相互的遮挡以及联排共墙，使碳排放强度值普遍较低。因此，群域开敞或封闭的围合度对碳排放构成影响
		用地性质	• 空间异质性：空间异质性指数与单位用地碳排放之间呈现正相关趋势，空间异质性指数高则乡村社区范围内功能用地类型多样化，随之提高了整体碳排放量和碳排放强度。其中，外力分化型和官制规划型乡村社区空间异质化水平较高。因用地性质变更而可能发生的空间异质性体量、尺度的变化并影响到周边邻近民居的通风性能，其影响效果不容忽视

续表

影响因素			主 要 观 点
用地调控	利用率	用地强度	• 土地紧凑度:紧凑度较低的带状线性和不规则多方向延伸的空间形态相较于较高紧凑度的团状布局具有较低的碳排放总量。与城市领域主张紧凑集聚的多中心组团式以减少交通出行距离能耗的原因有所不同,乡村社区内部交通运行能耗的整体影响比重较低,主要为居住用能耗。因此,狭长、不规则的外部几何形态反而增大了生态接触面,有助于获取和利用自然环境资源。其与碳排放的相关联性在实证研究中并不明晰,不能凭借单一紧凑度值来判断碳排放量的情况
容量控制	能源活动	活动水平	• 行为活动:对样本乡村社区居住村民的抽样调查发现,村民的行为活动选择和长期以来形成的行为生活习惯,较之社会经济收入对能源消耗的影响和干扰更明显
			• 产业功能:不同的生产和生活对空间有既定要求和满足适宜功能的特点。此外,构造技术和建筑形制(从平面建构向垂直方面生长,有些乡村甚至出现五层以上的民居宅院)的更替会间接改变碳排放量
		人口规模	人口规模数量在一定程度上决定了碳排放总量
	环境承载	自然资源	• 场地甄别:在不同地形地势和资源环境分布下,乡村社区的基址选择关系到对外交通联系、对内形态结构布局以及对自然资源“进入”作用的合理运用,进而降低对机械用能消耗的依赖,间接影响碳排放
			• 环境共生:如在资源环境充分且分布均匀的平原地区,乡村聚居点分布大致保持相似距离,呈现近似匀质;而在资源条件不均衡的山地型地区,则趋向适宜耕种地区,呈现小规模集群或离散分布状态
			• 规模限制:依据资源环境现状,决定乡村社区所辖空间的规模利用水平
		构造材质	• 围护结构:围护结构构造做法和材料选择会对热量的传递或储存等热性能作用产生影响。同时,对夏热冬冷地区普遍存在潮湿问题有所缓解,间接降低对通风、采暖用能消耗的依赖
			• 色彩与材质:不同的人工材料面层覆盖具有不同的太阳辐射热吸收能力,表面不同的色彩具有不同的太阳辐射热反射能力,从而改变建筑构造表面的热性能。除此之外,宅院间巷道界面材质的透水性能和硬地率影响了层峡内部的温度
			• 水体植被:开敞空间中的南向水体具有特殊而积极的效应,能促进外环境降温并调节通风动力的热压差,依赖水体蒸发调控空气湿度,改善微气候。植被覆盖能直接对碳排放进行碳汇吸收,同时,合理的乔灌木配置能引导风流由南侧进入而在北侧形成遮挡
		适宜技术	适宜节能技术的运用,反映出对现有资源环境的尊重与和谐态度,以不对环境产生额外能源负担为理念,减少相关能源消耗,改善室内热舒适环境

(资料来源:作者自绘)

5.3 "空间形态—环境碳行为—活动碳排放"

如果说前几个章节侧重于在构造论和图式论基础上，对空间形态"一次适应"的生成原理、共通形式结构和一般性法则进行认知、梳理和性能判断，并对表征空间形态结构关系的控制要素与碳排放之间的相关性，进行了基于实证调研和理论经验判断的解答，建立起空间形态低碳控制要素框架体系，即空间形态如何影响碳环境。那么，本节将在更真实、视野更开阔的环境背景下，探讨时间维度上空间形态低碳适应性生成的过程机制，使其在时间历练下不断调整和修正，突出相互作用的关联性而不仅仅是个体间的独立行为，使最终获得的"二次适应"空间形态序结构和相应模式具有时空属性，以及地域性和类型化的动态效应，具备真正持存性的低碳适应性能力。

5.3.1 空间形态结构的动态适应性

1）动态适应性的范畴与能力

"自然的进化过程通常是从被动适应开始，其后就建立起主动适应的机制。进化越往上，就越表现出一种主动地对环境适应所做的努力"①。本书所说的动态适应性能力更多是指进化适应过程中具有主动性的部分。

动态适应性所对应的功能需求有一个范畴。当功能环境变化较小，所产生的变动和影响能被自体小范围的调节所消融和吸纳，不需要结构发生额外调整，这是系统生存发展的基本能力；当超越功能诉求的范畴时，小范围的自体调节已失去作用，其引发的涨落变更超过原有结构的承载能力，需要就整体形态结构的更新调试随时间和经验的积累发生易变适应性（changing adaptation），否则将无法继续满足适应性需求，甚至使结构关系彻底破坏或断裂。

从生物学视角看，单个蚂蚁的行为最易受到环境改变的影响，而蚂蚁群则能在恶劣环境下生存较长时间，体现出较强的适应性②。生物种群的复杂性和多样性决定了适应性能力。而乡村社区的空间形态，其适应性能力的强弱取决于等级规模秩序和连接性，主要体现在相互连接的新增长部分与原形态结构的尺度等级匹配度和两部分间的连接性能。第 4 章对空间形态特征测度参数指标的描述，借用度结构和率结构关系在相互作用和转化下的参数表达，共同表现空间形态结构的适应性能力水平，在发生变动调整时，可对不同应对变化能力的强弱进行判断和分级，反映出乡村聚居空间环境的"选择性记忆"和"遗忘"③。面对外部环境功能变化之介入时，自体生发型乡村社区由于较好的连接性和等级规模秩序，使得新生形态结构的包容性性、适应性能力较强，而外力分化型和官制规划型则表现出了易断性，韧性较差。

2）形态物质结构动态适应性的过程

由第 5.1 节的相关性量化分析可知，形态结构关系特征要素与碳排放之间的关联，需建

① 陈蓉霞. 进化的阶梯[M]. 北京：中国社会科学出版社，1996：144-145.

② [美]约翰·霍兰. 隐秩序——适应性造就复杂性[M]. 周晓牧，韩晖，译. 上海：上海世纪出版集团，2011：12.

③ 注："选择性记忆"是系统复杂性增长、维持自身未定性、增强适应环境能力的前提；"遗忘"与"记忆"相对，是系统对信息整合、适应环境变化的必要能力（参见[南非]保罗·西利亚斯. 复杂性与后现代主义：理解复杂系统[M]. 曾国屏，译. 上海：上海世纪出版集团，2006.）。

立在多种要素共联的基础上，单一形态结构要素无法独立改善局部微气候，其对碳排放量的影响是基于单向映射关联的约束和引导，作用在于通过标识机制突出并促进有选择性的低碳控制要素相互连接，但量化的相关性关联无法解释与其相关联的其他众多形态结构要素背后的动态逻辑生成。由此可见，仅强调空间形态结构要素与碳排放之间的量化相关性，容易陷入创作无用的误区，其不应成为阻碍空间形态自适应生发的刽子手。此时，便需要借助“结构—空间形态—功能”的适应力作用，作为“二次适应”的机制原型和普适原理，完善空间形态低碳适应性过程发展。

空间形态结构是系统内部组成要素之间相对稳定的组织秩序；功能则是系统与外部环境相互作用表现出的能效，并随条件不同表现出可能的不同功能性状①。低碳化需求就是对功能提出的新要求，其对空间形态及其结构必然产生影响。

空间形态利用功能在物质结构及外部环境间横向层面、纵向层次的连接、整合和相互作用，完成形态结构适应性这一动作过程。在纵向层次，关注空间形态与组织结构之间的内在配合和协调管理，形成各事件的贯穿连接和跨越上升。对形态特征要素与碳排放的量化相关性分析，已获知不同尺度空间形态要素的降碳能力存在着关联性，其中处于整体较高层次的要素制约着低层次要素，较低层次要素则又是构成上一层次要素的基础②；横向层面则重点强调各物质结构之间功能关系的协同整合，表现出同一组织层次的复杂性增长。纵向空间层次的增加使得横向层面间顺应上一层次或较高层次需要的组分增加，较低层次通过组分增加或功能分化升级，产生具备耦合效应的“接口”或“连接点”。这些“点”作为连接固有空间结构与功能关系合理铆接的楔子③，起到整合横向层面功能组织的关键作用，继而协同纵向层次结构的复杂性升级和演化。

这一过程符合复杂适应性系统的积木机制，即利用迭代过程，由上一层积木通过组织派生获得下一层积木，使较高层次的规律由较低一层次的积木规律推导，形成联动的网络化效应。积木机制作为事件推进的起点，经过经验和重复使用生成内部模型（适应性机制），进而触发涌现的持存性发展。当触及某一触点或杠杆支点时，则牵动整体网络的变迁与调整，而对杠杆支点的理解又会反过来帮助或影响相关策略的跟进。在空间形态低碳适应性过程中，复杂现象或行为的产生并不来自复杂的结构，而是通过简单元素之间的相互关系涌现，其重要的杠杆支点便是形态结构特征要素与碳排放的相关性，及为耦合效应做准备的“接口”或“连接点”。

5.3.2 活动碳排放与环境碳行为影响

客观的理性限定条件、功能需求联系和适应性机制已在前几章节进行了分析和梳理，这也是空间形态生成的一般性基本规律。当具备了拥有理想低碳适应性空间形态的条件性状，却对过去的环境行为方式不加以改变，同样无法完全有效缓解“人为热”的活动碳排放。

---

① 转引自[英]戴维·史密斯·卡彭.建筑理论(下)：勒·柯布西耶的遗产——以范畴为线索的20世纪建筑理论诸原则[M].王贵祥，译.北京：中国建筑工业出版社，2007：264.

② 柏春.城市气候设计——城市空间形态气候合理性实现的途径[M].北京：中国建筑工业出版社，2009：221.

③ 毕凌岚.城市生态系统空间形态与规划[M].北京：中国建筑工业出版社，2007：270-272.

合理的环境碳行为不是充分条件,而是达到降碳减排或形态结构适应性的必要条件。因而,本节主要探讨在空间形态低碳适应性过程中那些主观随机的、偶然性的、非理性因素(村民及规划、建筑设计专业从事者)在介入后的作用效果及渗透过程,以便充实和完善整体低碳适应性机制运行,形成具有广泛效用和意义的基本共识。

1)环境行为的适应性主体地位

乡村的复杂性,在于其中作为行为主体的人类之复杂性:各种表象的变迁牵动着内在心理、情绪的感知与变化。由于人的存在与活动,场所环境才有了灵魂,曾经的陋室才能“谈笑有鸿儒,往来无白丁”①。在对活动碳排放与环境碳行为影响关系进行分析之前,有必要对所描述的主体人环境行为的范围和内容进行界定。

人的环境行为始于感受与认知。感受是初级行为能力,是形成深层次理念认知的核心基础,其主要来自于对外部刺激的感知,如空间形态建成环境的适应性、环境的冷热感受等,并基于感知的不断扩充和深入,获得直接或间接的相关经验积累,形成对包含具象物体和抽象关联认知的提升,由此产生对环境舒适性、节能基本意识等内容的内在期望,并对空间形态的适应性生发形成有意识的主动引导和选择,在一定条件下,通过突破自身认识的局限,对规则进行相应的修改和调整。人环境行为的这种自适应能力使得空间形态系统的复杂性大大增强,具有更多样化的形式和内容②,且构成两者互为反馈的双轨驱动机制。

可见,人的环境行为受到三种关系影响:其一,是天赋本能;其二,是人与环境作用的经验积累;其三,是所处的空间形态物质环境影响③。前两者带有本能天性的意味而无法轻易变更,但具有可塑性的空间形态物质环境,给乡村工匠、普通村民及规划、建筑等专业设计者提供了更大的能动空间,凸显环境行为活动的适应性主体地位。

而人的环境碳行为——主要是距离移动和满足热舒适环境的能源消耗动作,其直接作用于空间形态环境,影响建筑运行系统能源的消耗与利用。对它的描述主要从时间和环境参数影响两个外部维度,而不涉及过多与思想决策等内容相关的主观影响因素,即只需要描述清楚行为“是什么样”而不必考虑“为什么是这样”,以避免社会学、生理学等复杂因素和机理的纠缠与干扰④(图5.22)。

2)环境碳行为的受限作用

人的环境行为是适应性主体,但同时受主客观因素和某些规则限制而决定,在受限过程中对空间形态的生发与涌现形成作用机制。

空间形态在试错和认知的反复循环过程中,经历时间沉淀与积累,通过体验、发展、改进、淘汰与自发筛选式的调适组织,使自身成为自然体中的一个客体,与创造物形成一体,来满足与局部、整体环境的自适应性,并贯穿于空间形态动态适应的整个过程。规划、建筑师等专业人员的介入,则交游于各种清晰概念和思路结构之间⑤,以减少试错的调适过程,有

① 单军.建筑与城市的地区性:一种人居环境理念的地区建筑学研究[M].北京:中国建筑工业出版社,2010:82.

② 张勇强.城市空间发展自组织研究——以深圳为例[D].南京:东南大学,2003:30-31.

③ 李道增.环境行为学概论[M].北京:清华大学出版社,1999:113.

④ 王闯.有关建筑用能的人行为模拟研究[D].北京:清华大学,2014:26-33.

⑤ 余颖.城市结构化理论及其方法研究[D].重庆:重庆大学,2002:161.

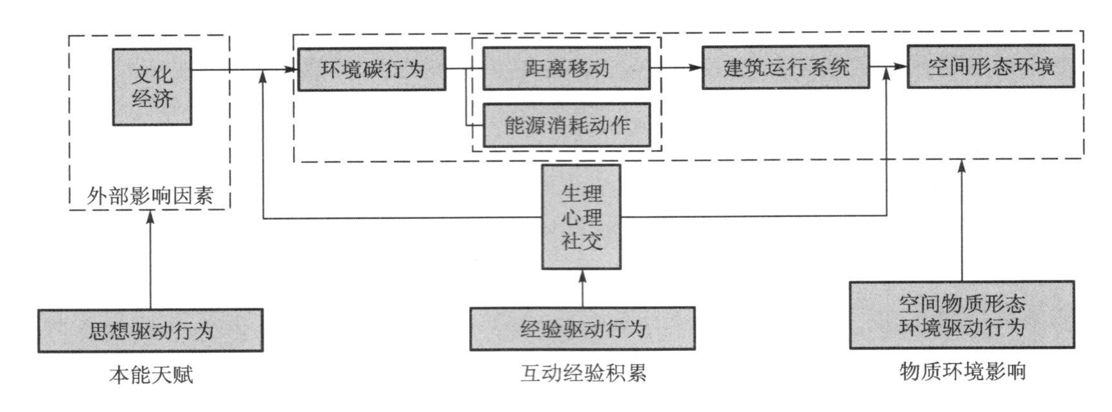

图 5.22 主体环境行为分类及影响

（资料来源：根据文献王闯.有关建筑用能的人行为模拟研究[D].北京：清华大学，2014：32-33.改绘）

意识且具针对性地对空间形态和环境行为进行刺激和引导，并接受相应的反馈信息。随着认知的不断加深，规划、建筑师会依随村民自发的偶然性要素进行创新和改造，但并不违背形态构成的普适性原理、规律及相关稳定因素对空间形态的限定。而村民作为“建造—使用”者的结合体，其偶然、随机、非理性的对自家环境性状的个性化适应性调整，首先会对局部环境产生改变，其后，因村民间普遍存在的模仿和从众心理而被逐步扩展传播，形成整体、片状区块化的空间适应性现象（图 5.23）。

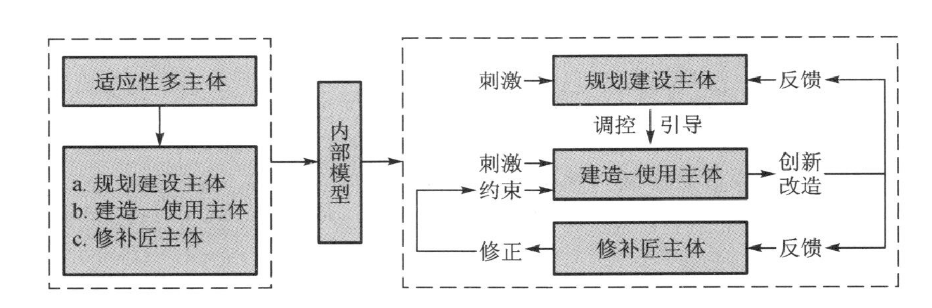

图 5.23 空间形态适应性主体作用

（资料来源：作者自绘）

在既定气候条件和技术水平等条件的约束和制约下，空间形态对环境碳行为的影响，会取决于特定人群脑海中对理想人居环境空间形态认知和定义的不同①。人有主观能动性，对空间形态的环境性状会有初步判断和选择，究竟是改造还是另觅他处。这个选择的限度受到多种因素影响，可能是教育知识背景（决定认知能力），可能是客观自然资源环境（改变初级热环境感受），也可能是村民、修补匠偶发随机的野性思维介入。在实际调研中，人口的年龄构成、个体长期以来保持的生活习惯，与经济收入条件相比，对建筑居住和运行用能的影响更大。不少老年人由于身体原因或消费习惯，对于夏季空调用能的态度明显有所保留，

① [美]阿摩斯·拉普卜特.宅形与文化[M].常青，徐菁，李颖春，等，译.北京：中国建筑工业出版社，2007：46.

但这不一定反映了实际真实的热环境感受。因此，不同人群构成、不同决策者的立场，对发生的空间形态环境变化的知觉存在差异，这种差异对环境碳行为形成一定约束和限制，使行为人在制定决策和采取适应性行动上有所不同①。

也就是说，在理论上空间形态物质环境只有处于极端环境条件下，才近似于完全决定人的环境行为，即空间形态的物质环境只是其中一种推进力的作用而不是决定人行为的全部，但允许环境行为在范围内有一定幅度选择，依循一定社会文化范式，在受限成长过程中逐渐学习与被引导，同时受到个人经验的调节与修正②。

除此之外，环境碳行为直接或间接利用空间形态这一中介平台影响具体的活动碳排放量。第5.1节的量化相关性分析中，阐释了空间形态对活动碳排放量的影响主要通过调整和组织各种土地利用结构关系来实现，表现在对日照、通风以及气候、自然资源的直接或间接利用。而本节明确了空间形态对人类行为活动的认知选择和热环境舒适度感受的差异投射，是引起“人为热”碳排放强度改变的主因。同时，人为环境碳行为在获得有意识的引导认知后，能反向影响并调整改变空间形态利用的碳排放强度和格局③，进而再次透过土地利用结构关系影响活动碳排放量。这使得通过形态手段的中介作用影响环境碳行为和活动碳排放量的企图得以实现，初步构成“环境碳行为—空间形态—活动碳排放”的框架关系。

因此，为有效发挥环境碳行为对整体活动碳排放量的干预和协调，必须改变以建筑师为主导的乡村空间形态规划的现状模式，加强村民的广泛参与，充分利用村民模仿和类比的思维方式，促成模式效应与无为④设计。而规划师、建筑师则以参与者的身份从微观视角合理介入，共同加入到乡村建设者行列，在记忆与遗忘中渐进和选择性发展，共同营建合乎乡村社区实际需求的低碳化空间形态。

5.3.3 空间形态低碳适应性过程机制

“空间形态低碳适应性”包含两个方面的内容：本体的属性描述和内在逻辑的过程机制还原。前者是经学习和经验积累后的综合体现，后者则是对前者深刻体验、学习、认知基础上的扩展演绎表达。“环境碳行为—空间形态—活动碳排放”的适应性机制，借鉴了产业经济学“结构—行为—绩效”(SCP)分析范式⑤，尝试改变原固有形态结构层次组分之间相互联系的强度与紧度，使得产生空间形态低碳适应性过程的可能性增强。

---

① 田青. 人类感知和适应气候变化的行为学研究——以吉林省敦化市乡村为例[M]. 北京：中国环境科学出版社，2011:3.

② 李道增. 环境行为学概论[M]. 北京：清华大学出版社，1999:135.

③ 赵荣钦. 城市系统碳循环及土地调控研究[M]. 南京：南京大学出版社，2012:73.

④ 注：无为，即遵循规律而为，即现代意义上的“道法自然”(参见吴彤. 自组织方法论研究[M]. 北京：清华大学出版社，2001:27.)。

⑤ 注：“结构—行为—绩效”(Structure-Conduct-Performance)分析范式，其在产业组织分析中运用广泛，认为产业结构决定了产业内部的竞争状态，并决定了企业的行为及其战略，从而最终决定了企业的绩效。因而，该分析范式与之前本研究建构的分析层次体系有较好的对应关系(参见吴一洲. 转型时代城市空间演化绩效的多维视角研究[M]. 北京：中国建筑工业出版社，2013:51.)。

1）生成原理

复杂适应系统生发的关键内容即为涌现，其产生的现象特征，由小及大、由简入繁，使整体的组织整合大于部分之和。相较于一般数学函数需列举出所有状态变量或全部细节关系，才能精确定义对应关系及长期预测结果不同，复杂适应系统通过一系列来自于实践经验的规则和组分间相互作用关系，还原和演绎出生发的动态过程(规则机制的发现和投入运用的多少，影响了部分还原可信性和完整性，因为可能仍然有大量未知关系处于隐藏状态)。在还原过程中，并没有对结果设定机械而唯一的预设目标，由于组分、规则和相互之间的关系是相对确定的，因而会产生多种特征的可能结果和现象，发生持存性发展变化，由此避免了机械计算生成的不可易变性。组分(基本要素、个体或活动方式)、规则(限定条件)和规则的相互作用(协同而整合)，是发生涌现现象(生长而非计算出来的复杂性)的必备基本要素条件。

空间形态作为一种复杂适应系统，在面临低碳功能需求的置入或更新要求时，会发生结构的动态适应性，以调节自身组分、组分之间、组分与环境之间的协同关系。在这一过程中会涉及三种类型的向力(图 5.24)：

其一，空间形态物质结构的协同整合，一种相互作用驱动力，属于适应性趋向动力；

其二，形态结构要素与碳排放相关性，一种有限度的理性力，属于约束导引动力；

其三，主体人环境行为能力，一种不可控力，属于随机偶然性动力。

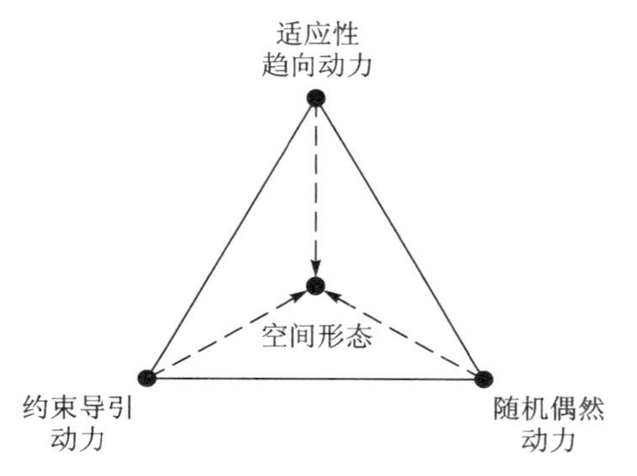

图 5.24　空间形态低碳适应性过程三种力作用

(资料来源：作者自绘)

每一种动力的介入，都代入了含有各自实践经验的规则，并依循作用对象及所处过程阶段的不同，不断学习和积累(记忆与遗忘)而做出相应调整、修正，以达到共同进化，使得低碳适应性过程愈加复杂，结果愈加多样而获得广泛扩展。因而，孤立个体无法有效还原整体性，需着重把握个体间的联系性，找到相互作用与影响的动力和方法。

低碳适应性过程就是以上三种动力在某一时空断面上契合作用程度的最终表达。当过分强调随机偶然性动力时，则约束导引动力作用将被大大削弱甚至受到抵制，而适应性趋向动力的生发方向也将发生分异和变化，即个体的欲求强烈，以致整体性诉求未能获得满足，甚至有可能改变路径方向而使低碳适应性生发偏离初衷目标态；而当过分倚重约束导引动力时，适应性趋向动力的意义将随之逐渐失效，只剩下一种机械的对抗，随机偶然性动力介入下的多样性特性也将荡然无存，即个体诉求的欲望被严重抑制，取而代之的是僵化而机械理性的路径推导，使得形态结构的持存性发展受到停阻，出现大面积千篇一律、无法识别的标准化形态样式。力的协同作用使形态结构在纵向历时上保持联系的贯通性，表现为一系列事件中空间形态物质结构和各功能活动组织的协调能力；而在横向上表现为空间动力的协同性，使空间形态物质结构满足主体低碳化功能的需求和要求①。因此，以规则机制和它们相互组织结合的过程去剖析和看待空间形态低碳适应性的涌现，是一种理想的视角和方法。即规则机制间的相互作用产生复杂的有组织的行为，一些带有约束条件的相互作用着的规则机制产生所有生发可能性的集合。

2）生成过程

低碳适应性是一种受控生成过程，在各种主客观条件、作用力、规则的制约下，伴随着功能改善和结构变革的交替相互作用而成：空间形态的结构、规模、效率决定了碳排放的绩效，同时影响了人的行为和认知，而人通过行为活动亦会对整体碳排放量产生约束或激励作用，在达到一定认知水平后，人通过意识形态和行为活动的调整得以完善空间形态的适应性程度，进一步调控碳排放量，形成相互影响、互为主客体循环的动态过程。

在总结了空间形态的适应性作用和样本空间形态结构特征及其与碳排放间的量化映射关联，以及空间形态与环境碳行为的中介作用影响关系后，可利用复杂适应系统的涌现生成原理，对低碳适应性过程机制的建立，构建过程步骤，主要分为“择重标识”和“叠加融合”两部分。

在发生“择重标识”前，需对主体空间形态适应性能力的秩序水平进行加强和提高，即负熵②，包含适应性的客观条件限定、共通形式结构和一般性法则，其是所有生发和发展的基础。第2章和第4章对空间形态定性和定量的阐释分析中，已明确了适应性能力的强弱取决于两个方面的内容：其一，空间规则下的相互影响与联系，主要表现在以相对固定的“接口”“连接点”进行“有线”串联连接；其二，空间尺度层次上等级规模序列的“无线”构成。

在霍兰的《涌现：从混沌到有序》一书中，以单个蚂蚁和蚁群行为作为例证，来说明单个蚂蚁由于所接触的规则较少，当遇到规则未描述的情况时，较容易遭遇危险；但蚁群则不同，蚁群中各成员的行为和它们之间的相互作用完全决定了整个蚁群行为，因而，加强规则的接触与描述，能增强遇到困难与危险时抵抗外界变化的适应性能力。而对人体神经系统的描述，则更详细地阐释了其中的动态适应性能力和过程：突触、突触间隙长短和动力脉冲的强度、频率，决定了神经元细胞受激发后释放化学物质（递质）的强度水平。这也是自组织系统中“短程通讯”③和“信息共享”④概念的来源，两者表现了自发性和适应性的基本状态，是适应性秩序水平提升的前提与基础，体现出复杂适应系统中积木机制的作用（图5.25）。

在适应性能力相对完善的基础上，利用空间形态特征要素与碳排放的相关性量化映射

---

① 杨昌新. 从潜存到显现：城市风貌特色的生成机制研究[D]. 重庆：重庆大学，2014：93.

② 注：在平衡态热力学理论中，熵是体系走向混乱程度的度量。而负熵最早由德国物理学家薛定谔提出，即熵的流动方向性出现负向发展的可能。

③ 注：自组织中的“短程通讯”会导致建筑细节做法的传播与变异，体现在村民建房的邻近模仿，他们通常会对一些细部做法进行模仿，而对样式进行变异，使得某种做法会在一定区域内传播，形成稳定的固定式区域性特征。

④ 注：信息共享是系统中每个单元都掌握全套的游戏规则和行为准则，这一部分信息相当于生物 DNA 中的遗传信息，为所有细胞所共享。

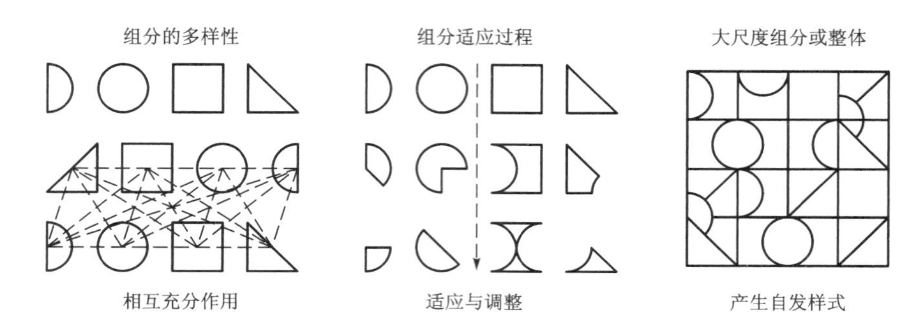

图 5.25 主体适应性由混沌到有序的生成过程

（资料来源：杨昌新.从潜存到显现：城市风貌特色的生成机制研究[D].重庆重庆：大学，2014：77.）

关联，在空间维度上寻找隐藏在共性层次组织背后的“活性位点”，对形态结构低碳化相关的关键特征要素进行“择重标识”。通过筛选、特化和合作，对空间形态要素映射下的土地利用规模、宅基地覆盖率、土地紧凑度等进行优化组织与选择，限定并促进关键性相互作用（主要的连接）的选择，进而有能力扩大有益作用而排斥不良标识①，这是复杂适应系统中标识机制受限引导的体现。

同时，在关键性相互作用的选定、空间形态结构各组分的更新、调试以及整体系统获得再次层进共生适应的过程中，往往还会受到随机偶然的主观非理性因素影响，即主体行为人在受到社会经济、自然资源、邻里关系的约束下，展开对居住房屋单元形制、色彩、材质的微观改造和模仿学习，以及对空间形态外部环境做出局部调整而发生匹配过程。即机体间接触，具有趋同效果的有很大可能被附会黏着，否则进行矛盾调和，获得“和而不同”的个性变化（图 5.26）。

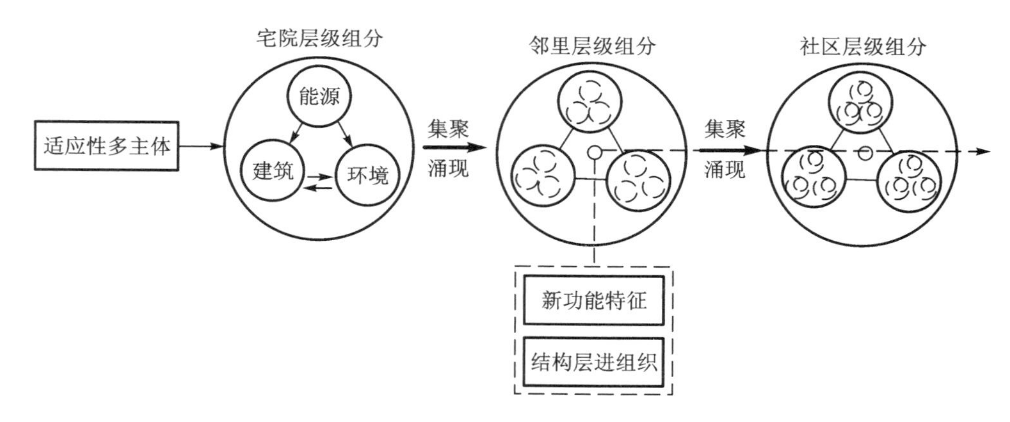

图 5.26 空间形态结构层进的聚集与涌现

（资料来源：作者自绘）

其后，在标识、积木规则机制的不断重复影响下，机体系统受限选择性的涨落而发生协

① ［美］约翰·霍兰.隐秩序——适应性造就复杂性[M].周晓牧，韩晖，译.上海：上海世纪出版集团，2011：24.

同或竞争，利用匹配过程建立起空间形态构成表象与低碳化需求特征间最大可能的一一对应，使环境运营的内耗降至最低①。在达成某一种共识并获得一定聚集的临界值后，建立在时间维度下的低碳适应性之“序”成立②，形成由布局特征向整体层次性特征扩展、蔓延的“叠加融合”过程，并在其后不断强化和积累，转换构成内部模型机制。这一“叠加融合”过程是涌现生成的关键，具有“耦合性前后关联的相互作用”③，也强调突出了时间周期对低碳适应性生成的重要性。

过程中虽然组分存在更新交替，结构发生层进调适，行为活动是随机偶然的，然而所形成的整体空间形态低碳性质和状态将是持续稳定的，这有赖于规则机制的建立与遵循，也与大量独立个体行为关系紧密。适应性过程中的涨落现象，既有碳排放量化的约束，又有形态构成原则对“度”的控制与把握，同时借助非理性、随机偶发的因素势力，审慎地利用外部力量推动区域内建成环境空间形态的低碳适应性变化，概言之，空间形态低碳适应性的过程机制受到来自规模、结构、环境三方面的综合影响。这种基于多种主客观规则作用下的受限生长，通过部分组织的整合叠加而产生信息的增殖与创生，改变物质能量的存在形态和流动效率④，其适应性能力强度优于单纯依赖单一客观因素限定条件下生成的形态样式，并能完善建立与环境进行物质、能量、信息交换的渠道和方式(图 5.27)。

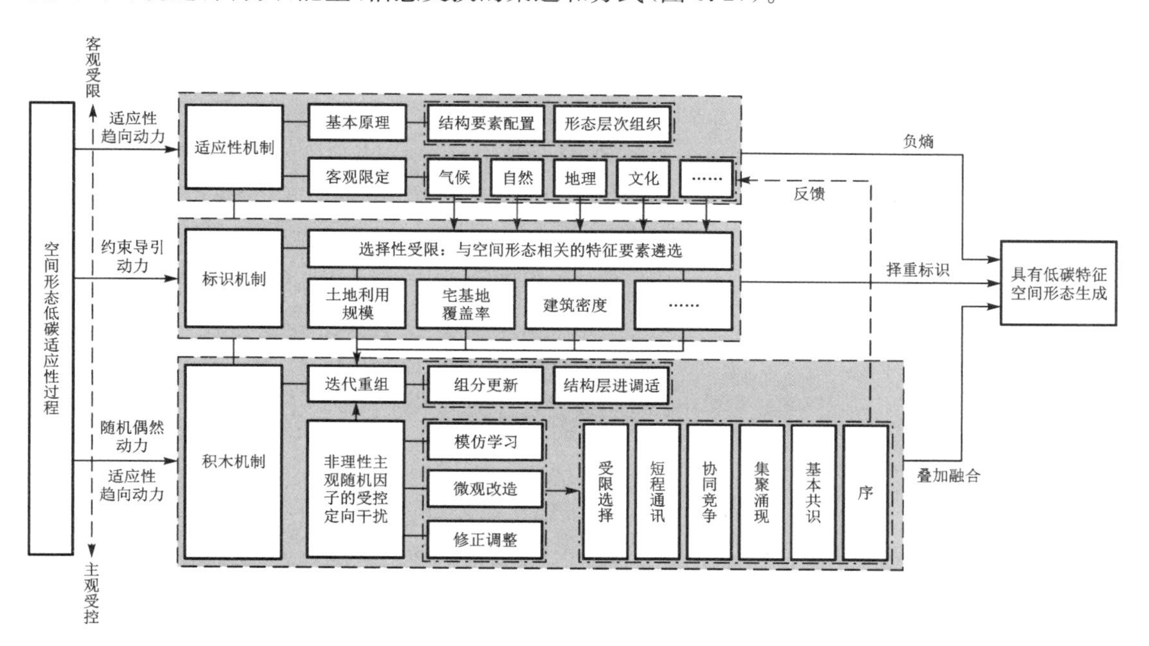

图 5.27 空间形态低碳适应性过程生成

(资料来源:作者自绘)

① 李宁. 建筑聚落介入基地环境的适宜性研究[M]. 南京:东南大学出版社,2009:5.

② 卢建松. 自发性建造视野下建筑的地域性[D]. 北京:清华大学,2009:198.

③ [美]约翰·霍兰. 隐秩序——适应性造就复杂性[M]. 周晓牧,韩晖,译. 上海:上海世纪出版集团,2011:124.

④ 苗东升. 系统科学的难题与突破点[J]. 科技导报,2002(7):21-24.

5.4 本章小结

本章通过借鉴各相关学科已有成果以及碳计量的实证统计数据，对表征空间形态特征测度参数的指标与碳排放强度之间进行相关性分析的量化约束导引与优化选择，获得关键低碳控制要素，由此搭建空间形态的低碳控制要素关联框架，将低碳排放调控与乡村营建方法在“空间形态”这个直观层级结合起来，建立“二次适应”建构过程，完成空间维度上对空间形态模式的构建雏形。在此基础上，以空间形态的适应性作用为基础，利用标识机制的“择重标识”，对相关低碳关键控制要素进行选取，同时加入主观随机偶然因素的调控，在积木机制的“叠加融合”下，实现新组分的更新与结构的层进迭代重组，从短程通讯、信息共享、协同竞争直至集聚涌现，进而完成对“空间形态—环境碳行为—活动碳排放”作用规律和低碳适应性过程机制调控的构建，形成时间维度上对空间形态模式的完善和引导。

6 乡村社区空间形态低碳适应性营建体系

何为本？曰：天地人，万物之本也。天生之，地养之，人成之。天生之以孝悌，地养之以衣食，人成之以礼乐，三者相为手足，合以成体，不可一无也。

——引自《春秋繁露·立元神》

根据第5章的分析和论述，可获知具有低碳适应性特征的空间形态的最终生成，是基于“择重标识”和“叠加融合”的过程机制，是多种环境绩效和价值考量在综合平衡之后的选取。其“空间形态—环境碳行为—活动碳排放”的调控机制伴随着过程解析与机体形态重构。乡村社区空间形态低碳适应性营建以过程衍生形态，而非简单的功能生成形态，强调空间形态与碳环境绩效之间的整体关联，明确低碳关键控制要素作为空间形态结构要素的限定作用，构建“人—地”共生的物质载体。

6.1 基本营建原则

6.1.1 建构原则

1）整体与层次

乡村社区空间形态是综合性、复杂性的动态系统，是系统内部显性结构要素配置和隐性结构组织关系的物象化表现，反映出某种共通的形式结构和一般性组织适应法则。同时，系统内各子项层次构成或组分要素均能独立表征乡村社区某一方面或不同层面的水平，成为整体乡村社区表象的一种缩影，其避免了各子项层次间或组分间的穿插叠合，又形成相互连接的关系，由微观到宏观，从抽象到具体，共同形成有机整体及其结构组织的协调并行，进而实现系统综合高效化运转。

因而，系统的整体运作会因为某一层次构成或组分要素的突变而促进或制约整体效率的正常发挥。著名的水桶效应较好的诠释了这一现象：一个水桶最终能承载多少水量不是由构成木桶最长的那几块木板决定，而是由那些最短木板的长度所决定，也称为短板效应①。因此，需尤其重视空间形态系统在低碳适应性多种需求作用下的整体协调性的高效发展和各层次、组分间的关联性影响，通过整体运作使自然环境中各要素与相应的人类建设与改造活动相协同。即以不同功能分化为基础形成的基本单元群块的整合程度、协调模式

---

① 毕凌岚.城市生态系统空间形态与规划[M].北京：中国建筑工业出版社，2007：294-303.

与客观演进的状况，作为影响空间结构系统体系内在运作效率的关键。若只关注“看得见”的单向经济发展模式或局部低碳适宜技术的开发和移植，此种“技术的‘胜利’，似乎是以道德败坏为代价而换来的”（马克思），亦即无法形成真正的低碳化。

2）动态与生长

动态发展是低碳概念内涵的外延扩展，也是保持适应性常态的前提。持续的“变”且“以变应变”的积极动态应对，是延续系统持续生长生命力的关键。当然，这种“变”的动态性遵循一定逻辑法则，依循层次结构秩序和单元间隙的点连接，以创造不断生长、延展的基点。同时，在“变”的动态中提倡“趋同”和“存异”共存的状态①。

本研究提出的基于“空间形态—环境碳行为—活动碳排放”的动态适应性机制，将乡村社区低碳化研究从传统建筑学思维解放出来，以一种复杂性思维视角看待空间形态系统向低碳发展进化而保持自身持续性生长的问题。乡村空间形态系统自身是历经长时间持续演进的结果。低碳适应性的需求改变同样需要时间跨度下的渐进发展模式，其自身的演进和建设规划，必须首先契合并尊重原有的动态演进规律，这并不是拆除几间民居或增植入几处团组群域，甚至迁址另建新型乡村社区般简单粗暴即能完成，需在现有空间形态结构的基础上，尊重客观条件，同时维护地域性的社会人文，以此顺应动态的生长情态。

3）适应与自主

“以变应变”的动态调控需立足“三适原则”，即“适合环境、适用技术、适宜人居”②。适应原则的主旨在于尊重和学习原型空间形态系统的发展规律和机制，以“道法自然”为基础，促进系统低碳适应性的“二次适应”的发展飞跃。首先，确立以自然资源保护和良性合理利用为重点的乡村环境发展目标，明晰“顺之者昌，逆之者亡”的基本人居观；其次，“尊重原有地域自然生态系统空间形态结构体系建构的机制”③，在此基础上将整体性适应向“惟和”的境界进一步提升。

此外，对客观规律阶段性的认知和片面性的理解，使适应性行为主体（营造、使用和感受者）的自主性能力显现不足，对低碳适应性的发展同样产生影响：一方面其受现有空间形态模式影响而变更行为路径，另一方面又通过自身行为的能动性，对改变或促进空间形态的进化和发展提升进行主观指导。因而，在适应性过程中需对村民个体的低碳生态价值观予以转型，促进村民公众参与的自主性，从对个体环境碳行为的约束，到认知意识的自省，再至村民群体仿效（剔除了盲目攀比）机制下互助共建的自觉，强调从个体到群体行为积极性和参与意愿的主观随机介入，加强和体现适应性和自主性过程的可操作性。

4）在地与原创

空间形态低碳适应性营建针对乡村社会经济发展过程中的主要能源和环境现状，立足本地、充分挖掘在地资源环境优势，并与整体发展及环境保护要求相适应，这种在地性的体

① 周彝馨. 移民聚落空间形态适应性研究——以西江流域高要地区八卦形态聚落为例[M]. 北京：中国建筑工业出版社，2014：200.

② 张尚武，李京生，王竹，等. 乡村规划与乡村治理[J]. 城市规划，2014(11)：27.

③ 毕凌岚. 城市生态系统空间形态与规划[M]. 北京：中国建筑工业出版社，2007：294-303.

现即是适应性过程最直观的体现。在不同乡村社区类型背景和发展现状条件下，在地性特征不断发生变化，从而可归纳总结出在地性基础上具有适应性能力的原创性。原创并非凭空想象的标新立异，而是扎根于所处地域环境，对各要素有充分认知基础上做出的切实合理的界定应答，是一种带有“土”性的方法过程，其包含了对在地衍生发展整合性结果的创造性和适宜性，顺应聚落共同体在更广阔环境中有机生长的需求，体现栖息地环境发展的逻辑和方向。

5）发展与约束

本原则的主旨在于使各类资源在约束发展过程中呈现综合能耗效益的最大化，并充分展现“物尽其用”。发展与约束是两种截然不同的生发状态，然而两者间却相辅相成，互相促进并影响。乡村社区空间形态低碳适应性需要发展，更需要理性而有限度的发展，而不是被束缚在低碳数值指标的限制下裹足不前、踟蹰前行，此时起限度作用的便是各种主客观因素的合理约束与限定。

发展与约束原则下，在土地资源利用方面，既包括对土地资源的开发和改造，也涵盖对土地合理利用的节地节能态度。合理利用土地不仅关系到物质空间形态营建，还关乎物质空间形态投射下各结构要素的组织联系，其通过外部形态、内部结构、通廊连接，在极大程度上直接影响并决定了物质循环和能量传递的效率，在有限度的发展平衡中获得谨慎前行的样态模式生成。对其他物质材料资源而言，适当保留、循环再利用、增加构筑材料的重复使用率①，是一种对过度资源开采使用的制约。

同时，约束条件的限定随时代、随社会的发展而变化。早期乡村聚居社会的约束明确而单一，集中在对基本生存环境条件的应对（主要满足避风遮雨），但是随着社会发展的前进，主观欲望需求不断攀升，非物质要素内容的渴望被更加倚重，约束条件的增多限定了发展的方向性和目标性，更加突出对某一方面的接受度和感受体验②。

6.1.2 模式营建

在本书的研究中，关于“原型”的概念内涵已不完全等同于传统乡村社区自体生发空间形态的规律内容，而是附加了主客观限定条件后具有一定适应能力的低碳化空间形态弹性“序”之表达，此“原型”将基本现象与产生该种现象的空间形态结构要素和组织关系在经验层面上联系在一起，通过外部条件控制下的限定选择、变形组合以及大量主客观的过程行为等，依循外部条件的参变量变化，调整并修正自身“原型”，对空间形态低碳适应性的规则进行归纳和形象化表达，使其与外部特征条件需求相适应，从而在原型、外部环境、特征之间构成复杂的映射组合关联，所有的这些映射组合关系总和即为模式③。

与一般乡村社区营建方法不同，空间形态低碳模式更加突出某一种或几种因素的限定，且会涉及定量函数的描述和形象化图式语汇的运用。在低碳化视野下，模式主要对碳排绩

---

① 毕凌岚. 城市生态系统空间形态与规划[M]. 北京：中国建筑工业出版社，2007：294-303.

② 李宁. 建筑聚落介入基地环境的适宜性研究[M]. 南京：东南大学出版社，2009：129.

③ 参见段威. 浙江萧山南沙地区当代乡土住宅的历史、形式和模式研究[D]. 北京：清华大学，2013：294.

效、空间形态、事件三者中的前两者进行分析，即着重碳排放与空间形态特点的描述，使导向性更明确。同时，将事件隐藏在相应表象背后，尊重和恪守“原型”的动态过程性和对主客观因素条件的限定。空间形态低碳模式营建主要包含两方面的内容：

其一，结构秩序水平的创造，即提高空间形态适应性能力；

其二，结构碳锁定作用下非低碳化现状问题的解决，即新功能需求的置入和更新。

前者是对乡村社区基本空间形态结构秩序水平的加强，侧重于空间维度的策略构建，是展开任何“治疗”的前提与基础；后者则关注空间形态结构要素与碳排放之间的相关性，并和主观随机偶然因素的介入一起，通过“择重标识”“叠加融合”完成过程机制的建立。

因此，空间形态低碳模式是过程机制下所有映射关系组合而成的可繁殖模式，涵盖从稳定而动态的适应性结构，到遴选与低碳相关形态结构要素的标识机制，以及迭代重组、新旧组分和子系统更新交替的积木机制，最后再到内部模型机制的叠加融合，形成结构弹性之“序”和基本共识，以上所有主客观限定因素所包含的决策序列内容和映射关系总和，即为空间形态低碳模式。

其主要目标便是寻找相关积木块，将一致性积木块组织起来，形成一定秩序结构，从宏观到中微观再到宏观的关联路径，包含空间和时间两维度下由“分析—评价—目标—设计(营建)—评价—分析”这一逻辑顺序构成的全部动态调整过程，具体实施步骤如下①：

(1) 基础研究资料收集

首先是对当地基本气候条件及相关数据的收集和整理，尤其是关于温度、湿度、风向、降水率等关键信息资料的积累。其次是对与乡村社区空间形态特征相关的基本资料的汇总，包含用地性质及分布、宅基地密度与分布、水系和绿地构成、民居宅院建筑形制及宅院组群的组织协调等。

(2) 空间形态现状与碳排放特征评价

将收集到的空间形态基本信息资料进行适应性能力定性与定量的综合评判(主要通过结构组织关系相关的特征测度参数指标和图底关系分析)，对能力较弱的乡村社区进行问题的初步识别。同时，利用空间形态特征测度参数与碳排放之间的相关性(即本书第5.1节和第5.2节内容)，找出关键低碳控制要素，以确定与之相关的空间形态低碳化转型的应对措施。

(3) 目标任务及原则确定

通过对空间形态基本现状与碳排放特征的初步识别及两者关系的分析，明确解决问题的主要方向，对应低碳适应性架构的五项原则，确定空间形态低碳模式营建的具体目标任务。

(4) 空间形态营建方法的实施与综合应用

在明确了目标任务和原则后，即产生有针对性的相应策略。对日照、通风、湿度等中介要素对碳排放和空间形态特征的影响进行调整，按照外部形态、内部结构和微观构造三个层次，分别对涉及的用地规模、宅基地覆盖率、土地紧凑度等量化指标进行用地调控，对具体实

① 参见柏春.城市气候设计——城市空间形态气候合理性实现的途径[M].北京：中国建筑工业出版社，2009：181.

践措施涉及的结构构造、低能耗材料运用、适宜技术置入进行容量控制，将“空间形态低碳适应性”的原理与实践相结合，实现空间形态低碳化的具体化。此外，在村民主观随机偶然的环境碳行为和专业设计人员的应答介入下，对生成过程涉及的各种机制进行优化，最终建立并完善对空间形态低碳模式的构建(图 6.1)。

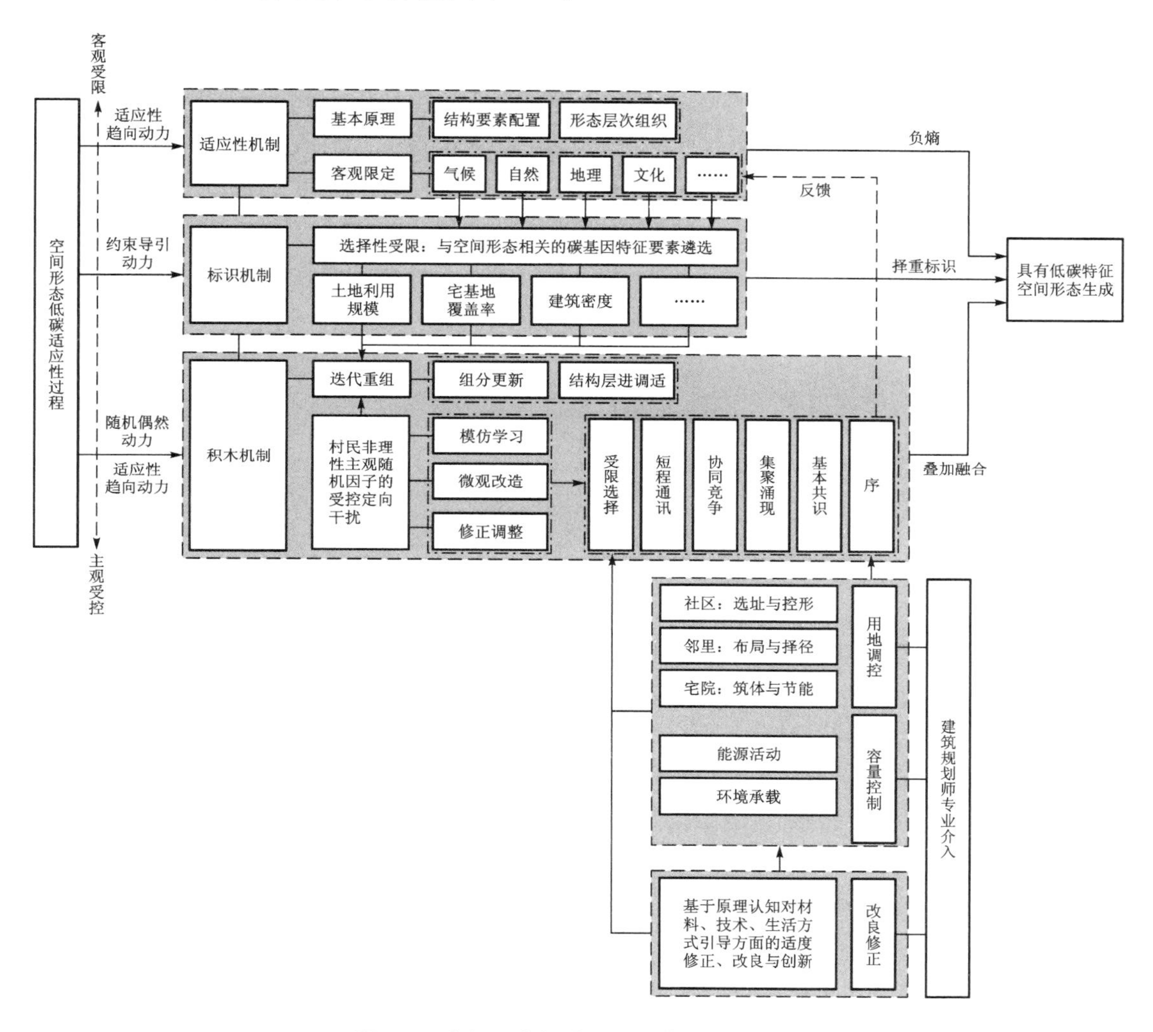

图 6.1　空间形态低碳适应性营建生成过程

(资料来源：作者自绘)

(5) 低碳适应性评价

确定实践方案后，还需对所有过程和行为进行整体低碳适应性评价，以判断实践措施施用的准确性和可达效果的预判，继而对下一轮调整方向建立分析基础(图 6.2)。

以低碳适应性为导向的乡村社区空间形态模式营建，其实质是通过作用于空间形态映射下土地要素的组合和分布配置，有目的地利用自然资源、依循气候适应性规律和复杂适应系统的过程机制，实现以日照、通风为主要中介要素在空间形态内部各层次间(社区、邻里、

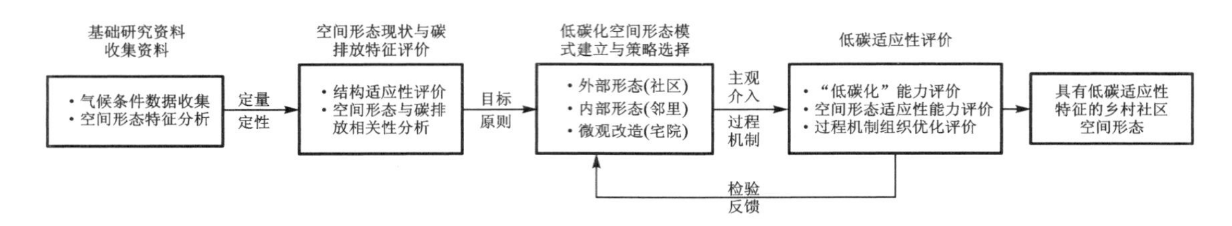

图 6.2　空间形态模式营建过程

（资料来源：作者自绘）

宅院）流动的充分化过程，由此形成联动整体。主要模式策略包括：

① 加强结构低碳适应性能力；

② 降低气候不利因素以促进被动式能源调节配置，提高降碳减排性能；

③ 保证以上两个方面稳定、持续、协调进行的过程机制的组织优化。

6.2　单元构建：加强结构低碳适应性

对空间形态适应性单元低碳适应性能的加强，需要与空间形态结构的层次组织相结合。首先，在宏观社区层面，确保与周边自然环境的共生协调以及资源的便捷获取，加强生态接触界面的最大化，促进物质循环畅通，维护基本能量流的正常代谢；其次，在中观邻里层面，通过合理的土地要素利用和配置布局，创建高效的空间利用效率，控制相关用地性质与比例，降低空间形态系统对物质和能源的依赖和消耗；再次，在微观宅院层面，加强对宅院空间单元可持续利用的构建，以及对日照、通风等中介要素的合理借用，以减少能源消耗量。通过对传统自体生发型乡村社区以及其他不同类型乡村社区中各种优秀基因的识别，提取、归纳并总结经验模式，通过时空配置、用地调控、功能提升、容量控制、机制优化，进而有效促进并引导少占资源、低污排放、集约用地的低碳化发展方向和方式，为适宜策略的提出提供基础，可归纳为以下两方面：

(1) 提高空间形态结构秩序的适应性能。主要分为三个层次（社区、邻里、宅院）和两个维度，横向加强和调整结构要素的连接机能；纵向对结构组织能力进行升级和拓展，协调各层次内部及层次间的关联关系。

(2) 调节并控制环境容量，对资源实行有限度获取，同时充分利用资源环境要素，降低商品性能源和其他主动式技术的依赖与消耗。

6.2.1　社区：择居与控形

1) 场地选择

场地选择主要受地形条件、共生环境、气候资源等影响而提出不同的应对选择原则和模式策略，侧重于对新建乡村社区基址选定的引导。

(1) 地形与场地选择

早期传统乡村聚居环境的选址反映出与地形的双重关系。一方面，地形作为防御的有利武器而存在，另一方面，体现出与自然空间的协调配合，强调“背山面水、负阴抱阳”的风水理想格局(图 6.3)。山体为屏障，流水为生命源泉，注重对环境生命力的揣摩，使人工建成环境与周边环境存在“气”之交换。

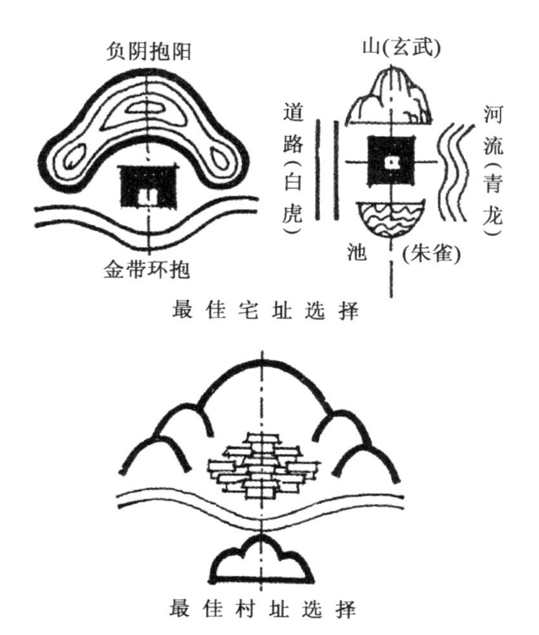

图 6.3 风水观念中聚落理想格局

(资料来源：王其亨. 风水理论研究[M]. 天津：天津大学出版社，1992.)

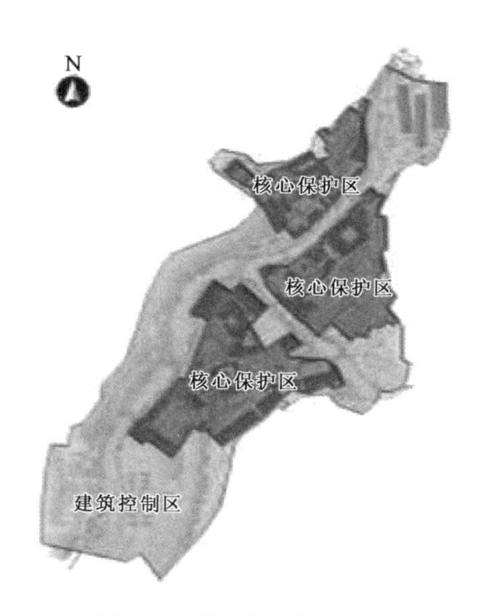

图 6.4 缙云岩下村保护利用规划分区

(资料来源：课题组资料)

对新建乡村社区的基址选择，首先，应尊重当地自然地形地貌，将对基址场地的干扰与影响控制到最小，尽量少占用耕地良田，避免开挖陡坡，保证土方量的就地平衡。同时，考虑聚居空间选取的安全性要求，应占据自然侵害的有利高地，如避开山体陡峭区域和地势较低区域，确保选址的安全性；其次，明确场地周边的资源清单，如湿地及其缓冲区、泄洪通道及泄洪区、缓坡及陡峭坡地、蓄水层补充地区、林地、高产农田、重要野生动物栖息地和历史文化保留地①，确定保护区域和预留区域，排序最适宜增长地区，使基址具有适宜扩展的空间余量，满足持续发展的可能，用最低能源消耗完成选址布局亦是一种低碳化的体现(图6.4)。此外，地形和相邻土地形式与走势、地表径流和地下水特征，同样影响建筑布局选择和排水管线的走向②，进而影响场地综合选择的考量。

(2) 共生环境与场地选择

共生环境是场地选择、空间形态塑造的本源。在共生环境需求下，要求保护开敞生态空间，提高生态环境价值，完善共生支持系统。其中，水体是较重要的共生环境要素，其既是乡

① [美]安德烈斯·杜安伊，杰夫·斯佩克，迈克·莱顿. 精明增长指南(The Smart Growth Manual)[M]. 王佳文，译. 北京：中国建筑工业出版社，2014:40.

② 刘启波. 绿色住区综合评价的研究[D]. 西安：西安建筑科技大学，2004:81.

村社区自体生发的重要诱因，也是生产和生活不可或缺的基本能量来源。水体承载了共生环境内大量生物体的生命本源，因而，选址时需要对水体的污染防治和处理做出考量，应尽量避免共生环境的重要节点受到干扰甚至破坏，规避不利因素。同时，需要考察土壤构造与承载能力，其决定了建筑构筑体在某一具体位置上的适建性和所需要的构筑类型①。此外，在新建乡村社区聚居选址时，还应充分利用现有公共基础设施和管线排网布局，并与建造费用和建筑资源消耗量最少的施工方法相结合，使实现对共生环境的破坏最小化。

（3）气候资源与场地选择

气候资源的影响往往与地域性相关，在浙北所处的夏热冬冷地区，夏季应注意避热而使东南主导风顺畅，冬季应增加日照而减少北向寒风入侵，日照和风荷载的差异强弱在很大程度上影响了温度、湿度和降水量等其他局部气候因素，进而决定了建筑及建筑群域的择址、朝向、间距以及入口布置，既要在东南方向无地形较大起伏形成遮挡，又最好能在北向构成阻隔。如图 6.5 所示，以山地选址为例。首先，因为地形坡态的不同致使太阳辐射量的接受量不同，在不同气候分区条件下，为获得最大限度自然日照辐射而能够进行被动式采暖或天

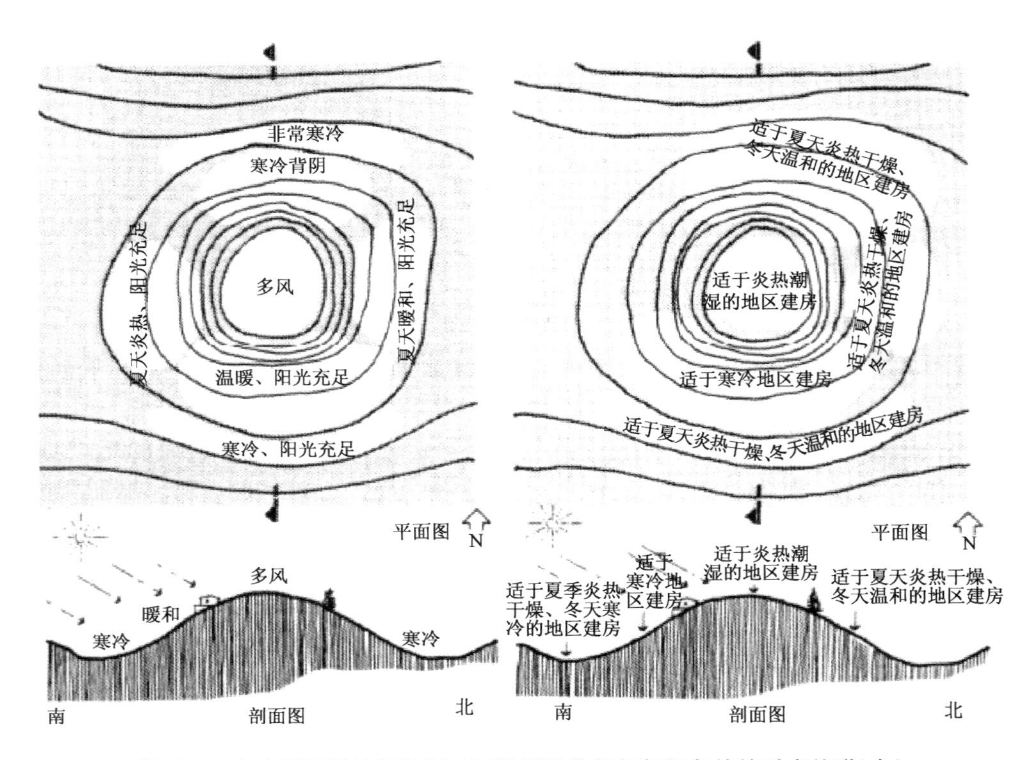

图 6.5　山坡周围局地气候（左）不同场地选择与气候条件的对应关联（右）

（资料来源：赵超. 夏热冬冷地区居住小区建筑布局节能与气候适应性设计策略研究[D]. 武汉：华中科技大学，2006：2.）

① 何强，井文涌，王翊亭. 环境学导论[M]. 北京：清华大学出版社，1994：5.

光采集，场地选择的原则存在差异。夏季，南坡和西坡的太阳照射最为直接，因此单位面积上得热量也最大，并且物体的阴影最短、受遮蔽的面积也最小，北坡则处于背阴面较为凉爽且阴影较长；冬季，南坡暖和而北坡寒冷，在垂直方向，山地脉络的起伏随高度升高而降低。西北向的风荷载在山地顶部区域流量承载较大，气流流动速度较快，常年处于多风地带，而由于坡态冷热温差的作用，容易在低洼地带形成局部循环的地形风。此外，山地不同于平原地带较为均衡的降水量，其南坡相较于阴冷的北坡，降水量更为充足，植被、空气和土壤条件亦更优。因而在夏热冬冷地区，气候资源因素结合地形条件共同决定了在南向丘陵地区进行基址选择是较适宜的场地，以获得冬季充足的太阳日照辐射，又避开西坡西晒的高温侵蚀，同时避免冬季阴冷潮湿空气的逗留，保证夏季炎热气候条件下的自然通风。若选择在坡段的上部或低洼地带则需要综合考虑风荷载的强弱情况而再决定（表 6.1）。

表 6.1　不同地形条件下气候因素的变化特点

地形	地势升高区域			平缓地势	地势下降区域			
	山顶	垭口	山脊	台地	谷地	盆地	冲地	河漫地
风	风向改变	多风区	改向加速	顺坡风/背坡风	山谷风	—	顺沟风	水陆风
日照	时间长	阴影早，时间长	时间长	向阳坡多，背阳坡少	阴影早，差异大	差异大	阴影早，时间短	—
温度	越高越降	中等易降	中等背风，坡高热	谷地逆温	中等	低	低	低
湿度	小，易干旱	小	小，干旱	中等	大	中等	大	最大
降水量	—	—	—	迎风雨多背风雨小	—	—	—	—
土质	易流失	易流失	易流失	较易流失	—	—	较易流失	—
生境	差	差	差	一般	好	好	好	好

（资料来源：全国首届山地城镇规划与建设学术讨论会论文选集，转引自徐小东，王建国．绿色城市设计——基于生物气候条件的生态策略[M]．南京：东南大学出版社，2009：65．）

2）介入环境适宜性

如果说，场地选择是针对新建乡村社区整体置入提出的策略，那么，“介入环境”则主要针对处于外力分化介入发展过程的乡村社区。其空间形态结构组织的断裂化性状描述鲜明，新建或改建的民居宅院、群域团组，如“盖章式”“插花式”随意散落在原肌理间隙或生硬拼接于原空间形态结构秩序外围。在加强结构适应性的总体目标和营建基础前提下，在新“介入”中保持原结构秩序的持续生长和发展并保证稳定而不断裂，是外力分化型乡村社区未来进一步城镇化发展进程中，对新增群域团组或民居宅院置入的指引。具体包括记忆与遗忘、兼容与渗透、融合与拓展三个方面。

（1）记忆与遗忘

新增团组或改建民居宅院，需要纳入到整体乡村社区空间形态的环境视野中来考量，试探和研究与“介入”所处的周边建筑和自然环境的关联，以及新置入功能对整体乡村社区景观的影响（主要指色彩、材质选择），使得新旧群域团组或民居宅院，主从有序、相互协调，建筑与环境，群体与个体，主体与适配体融会贯通[①]。坚持对优良基因的记忆提取与继承，遗忘与剔除不适应性因素，对现有材质有选择性的筛选、推敲与锻造。在保持原有空间形态结构秩序的基础上，同时协调尺度、融合边线、连接生长点，不断进行自我修正与调整。

（2）兼容与渗透

“兼容与渗透”是继“记忆与遗忘”前提下，确保“介入环境适宜性”的第二步关键动作。其要求明确原结构秩序的层次等级，将介入的新增群域团组或民居宅院与自然和人工建成环境的脉络肌理相衔接，保证物质和能量循环的代谢顺畅，通过增加关键节点和生长点的连接性，加强路径通廊的可达性，强调尺度等级的协调性，突出边界界面相容的可适性，以完善介入动作的匹配值，为从一种平衡状态平稳过渡到另一种新平衡状态的“融合与拓展”做足准备（图 6.6，图 6.7）。

① 边界。新增群域团组或民居宅院的边界宜与原形态结构界面协调、与地形条件相适应、与邻近建筑界面风格相匹配，加强新生与原生部分的功能可适性，形成相互较紧密咬合的相容边界交合线，不宜产生平直或僵硬的几何线性界线，降低两部分的契合兼容性。

② 结构。新增群域团组或民居宅院的整体布局结构延续原形态结构秩序，并与地形相适应，若原形态结构适应性能本身较弱、秩序性不明晰，那么一味顺应原肌理只是将错误继续扩大化，应以“疏导、调整、优化、提高”为路径，积极创造条件，在介入的同时调整优化原结构，也可以通过在新旧交互地带制造过渡带，如水系、绿地等，形成两部分空间协调性发展。不同地形条件下，结构的兼容动作会存在微差。例如，山地和丘陵乡村社区，新建群域团组或民居宅院宜以镶嵌的姿态介入原自然和人工环境中，两部分间距不宜过远，其密度、朝向宜相接近，使得形态差异较小；平原和盆地乡村社区的介入则受限制的约束条件会减少，可主要采用混合式和顺势延展式，控制两部分群域团组或相邻民居宅院的规模与形态。

图 6.6 新旧边界融合

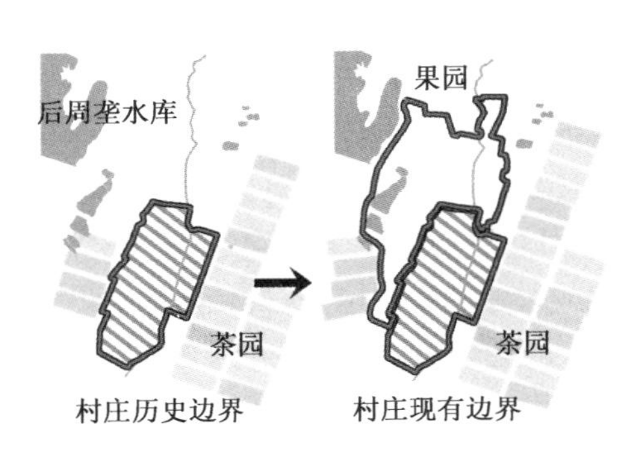

图 6.7 新旧协调区交通及节点整合

（资料来源：课题组松阳山下阳村规划资料）

① 刘启波.绿色住区综合评价的研[D].西安：西安建筑科技大学，2004：137.

③ 路径。新增群域团组与原自然和人工建成环境之间的连接路径和节点应能够提高可达性，实现层级化，加强整合、渗透、共享的效果。路径通廊可达性的提升，需要对乡村社区内原有街巷空间进行梳理，使之在维持原基本格局情况下，尽可能保证物质和能量的通畅运输。因此，路径通廊网络宜延续原形态结构的层级化组织，主次干道相互连接。节点空间宜保持原形态结构的空间活力，构建有利于共享与疏导的公共空间。同时，也可借助空间句法的分析方法结合实地调研，对原形态结构内部街巷、节点的整合度进行分析，对新增街巷的走向和作用进行评估，一方面可改善原区域的通达性和活力，另一方面，对新增街巷所带来的正向效应进行正确的评定和预测①。

在山地和丘陵型乡村社区，新增路径宜顺应山势等高线或水体形态，突出步行可达性，借助坡道、台地等方式缩小垂直方向高差，形成层级化、连通化发展的交通组织。在平原和盆地型乡村社区，路径网络宜多样化、层级化，主干道、次干道、景观漫步道、宅前小径，采用鱼骨式或半网格式连通而顺畅。

（3）融合与拓展

“融合与拓展”可以概括成“留出空间、组织空间、创造空间”②的思路，加强原空间形态结构的可增性与可变性，基于原自然和人工建成环境脉络的聚居生发，将内因需求和外因限制约束联系起来，形成相互作用的动力③，妥善合理处理好新增群域团组或民居宅院与原结构的承接关系，建立良性循环的整体性优先与效率性优先。综合考量内外客观条件，在经验积累和科学论证基础上合理确定融合方式（或外延扩张或离间拓展）、连接形式，重新搭建起物质、能量交互的循环通道，从一种平衡状态顺利进阶到另一种平衡状态（图 6.8）。

图 6.8 组团协调布局

（资料来源：课题组资料）

3）外部形态调控适应

外部形态的变化受界面外侧自然环境性状的影响，同时也受界面内侧整体规模扩增或收缩的影响，体现动态的适应性。

土地利用增长的边界划定并显示了乡村社区规模的变化，规模增长本身并不可避免，重点是如何以“好增长”替代“不良增长”，以具有适应性的外部形态替代机械的界面形态增长。美国印第安原住民部落流传着这样一句话：“我们的土地不是从祖先手上继承而来，而是从子孙手上借来的”，迈出长效、持续而稳定的空间形态低碳适应性营建的第一步就是承认增长，并强调增长质量的重要性。“量土地肥硗而立邑建城，以城称地，以地称人，以人称粟”④，人与地之相称，则规模开发的强度受控制。因

① 参见倪书雯. 基于社会关系体系的农村社区公共空间研究[D]. 杭州：浙江大学，2013.

② 毛刚. 生态视野 • 西南高海拔山区聚落与建筑[M]. 南京：东南大学出版社，2003.

③ 李宁. 建筑聚落介入基地环境的适宜性研究[M]. 南京：东南大学出版社，2009：51.

④ 陈翀，阳建强. 古代江南城镇人居营建的意与匠[J]. 城市规划，2003(10)：53-57.

此，需科学确定重点区域并引导存量土地再开发和填充式开发，维育乡村原生肌理，从而调控乡村建设用地无序蔓延，降低土地开发压力，以控制乡村社区规模来调控总体碳排放量①。同时，将乡村社区规模变化引起的外部形态调控放置在区域化大背景下，并考量区域尺度的决定要素，涉及自然和人工廊道、公共服务设施半径等要素。

形态界面外侧受自然环境影响，以有机自然山水为外部形态边界为佳，有利于生态接触面的扩大化和改善能量流动的通道。通常情况，较紧凑的外部几何形态界面，如圆形、方形，其周长与面积比值较小，与生态的接触面有限，产生的影响也有局限性，但在传统时期具有一定围合式的防御效果；而相对复杂、多方向延展的几何形态，其与自然环境形成“指缝形”渗透，接触表面增大②。在不同自然地形下呈现与环境形态相适应性的界面形态，是利用周边资源降低自身能耗依赖较为顺其自然的方法与路径。例如，在山地与丘陵乡村社区，界面形态宜顺延等高线或水体形态，与山水环境相互咬合和渗透，呈现有机性和地方性；平原与盆地乡村社区，宜顺应地形及农田的耕地特征，避免人工几何性较强的布局形式；滨水型乡村社区，则需严格控制并维护原生水体边界形态，借助水体自然形态塑造聚落边界，延续山水景观的开放和共享(表 6.2)。

表 6.2 环境适应性：不同自然地形下传统村落的外部边界形态特征

地形分类		示意图	特　征
山区 (地形起伏 相对高度 大于 50 m)	山地山麓	山 水	山地村落聚居地多建于山麓(山体底部与平原或谷地相连的部分，坡度相对于坡地较平缓)。乡村平面以带状、团型、有机斑块为主，空间形态较为封闭
	盆地洼地		村落聚居地处于山地内向围合的盆地或洼地，中央地势平坦，平面形态多为团型，边界明显，封闭性趋势强
	丘陵		地势起伏不定，村落聚居平面形态为带型、团状、点群式和有机斑块等，较山地或盆地铺展面更广，有较多可持续利用拓展空间

① 王艺瑾，吴剑. 基于精明增长理论的美丽村庄规划研究[J]. 广西城镇建设，2014(7):33-37.

② 徐小东，王建国. 绿色城市设计——基于生物气候条件的生态策略[M]. 北京：中国建筑工业出版社，2009:79.

续表

地形分类		示意图	特征
平地（地形起伏相对高度大于 50 m）	盆地平地		相较山地和盆地的平原面积更广阔，村落聚居地平面形态样式多样，整体方位引导受远处山体影响
	高原平原		
	一般平原		地势平坦而起伏较缓和，村域可拓展区域较广，使得边界性不明显，村落聚居外部形态呈现团状居多
	滨湖滨海		村落聚居地形态呈现两种样式，沿水岸带型线状展开，或顺水岸呈点群式或团状聚集

（资料来源：根据文献李蕊.中国传统村镇空间规划生态设计思维研究[D].天津：河北工业大学，2012：38.整理绘制）

6.2.2 邻里：布局与择径

传统优良基因的选择性遗忘使具有低耗能特征的关键空间形态布局消失，新功能的更替与植入，加宽巷道、拉大建筑间距，使通过空间形态结构的组织实现气候适应性与土地集约化利用的优势丢失①，相应的结构适应性应变能力也随之减弱。第 5 章对各空间形态特征测度参数与碳排放的相关性量化分析，明确了空间形态结构利用“率”的低效，较之空间形态规模性“量”的扩张，对引起碳排放量增加的影响作用更大。因此，中观层面的邻里布局是体现空间形态低碳适应性能力的关键，需主要解决好两方面内容：(a)“当代功能需求介入后的融合”与(b)“传统空间形态中优良基因的保留”。

在部分外力分化型乡村社区中，当代功能的介入是较容易甚至是有些随意的，但“介入”动作之后对原空间形态产生的影响得不到估量和正确对待，致使群域团组密度降低，呈现随意、松散态或者机械化的超密度。对“介入”动作之后更多的动态应对和把控，有利于对优良基因的在地保留、适度创新和调整改变。

① 邢谷锐，徐逸伦，郑颖.城市化进程中乡村聚落空间演变的类型与特征[J].经济地理，2007，27(6)：932-935.

1）宅基地分布与配置

低碳导向的宅基地利用模式，以节地节能为主要目标，对不同类型的乡村社区进行引导。宅基地的面积大小、相邻间距、前后朝向，通过日照、通风等中介要素对能源使用碳排放量产生影响。

（1）整体布局与地形

应根据功能需求灵活布局，自体生发的农耕型乡村社区宜靠近良田耕地区，以便于劳作出行；外力分化的农家乐旅游型乡村社区的宅基地宜靠近交通线布局，便于进出乡村。同时，充分利用原有地形条件也是基本条则，尽量不破坏或少破坏自然环境景观，简化并减少建设工程量、降低工程建设费用。山地和丘陵型乡村社区宜顺应等高线，与其保持平行走势，沿缓坡或丘陵带点群状或行列式布局，规模适当控制不宜过大，以减少平整基地的大面积开挖回填影响环境破坏；对平原、盆地和滨水型乡村社区，应避开耕地良田和水体资源，集中团状或块状分布，用地规模的限制较山地和丘陵型放宽，但依旧需视具体情况而有所限定。

（2）宅基地大小控制

对15个样本乡村社区的实地调研和数据收集统计发现，户均宅基地面积大小从自体生发型到外力分化型逐渐增大，而宅基地覆盖率则呈现逐渐递减趋势，其受乡村社区具体的功能需求和外力介入影响较大，与碳排放强度呈现负相关性，又依循不同地形现状，对具体的大小有不同规定限制。《浙江省农村宅基地管理方法》中已作出规定，村民一户只能拥有一处宅基地，宅基地使用耕地面积不得超过125 m^2，使用其他土地最高不得超过140 m^2，山区有条件利用荒地荒破的不得超过160 m^2。撤村兼并、褐地再开发、废弃宅基地退地还绿或维修再利用、鼓励多户住宅或其他非独栋农居住宅、协调存量建筑的更新适时改造。因此，对宅基地进行综合治理，合理调控宅基地的大小分配，提高集约化程度是必要的。

（3）布局与气候

夏热冬冷地区冬夏两季气候的特殊性和复杂性，造成了必须面对诸多矛盾性的选择：间距是增大抑或减少、风向是通顺还是防避、组合布置方式是点状独立式还是行列联排式。对于这些矛盾现象或问题的处理，需在不影响各自需求的前提下综合分析，用一种折中的方法——局部紧凑与适当开放，来平衡热环境舒适性。

传统乡村社区在对组团布局与日照、风环境关系的调控方面，有值得借鉴的经验，选择继承传统空间形态特征中的优良基因优化群域团组布局，其既考虑到街巷容量与走势、宅院朝向，又保证公共空间节点、限定民居宅院间的基本分布密度，并结合下垫面绿地植被、水体，对局部微气候环境进行多层次的调节，营造较舒适的热环境，在形成“和而不同”的丰富空间形态聚居的同时，与当地景观模式和生态因素相互融合，这种朴素的地域化方式应予以保留并适时创新。

① 间距与朝向。合理的建筑布局与间距，应以适当集中聚居的建筑密度和节约土地利用为目的，但同时，还需考虑日照与通风的综合影响。民居宅院群组的朝向布局应满足适宜的日照间距，其排列组合方式和街巷的走势与迎风向，应考量大环境主导季风射入角和局部微风环境的自然通风效果。

首先，在夏热冬冷地区，民居宅院的朝向宜选择在南北向之间为佳，最好避免冬季主导季风方向作为主要立面朝向。

其次，宅院前后左右的间距大小，表征并影响了水平方向上宅院用地的使用频率，即密度指数，其对下垫面的物理性能产生的影响是复杂的，同时决定了局地微气候的变化与修正，还对宅基地面积大小和整体乡村社区规模产生一定反馈效应，间接影响能源使用需求。例如，紧凑高密度宅院用地，其公共设施和管网线路铺设可相对集中，使输送过程中的电损耗距离缩短，提高能源的输送率，也增加了公共空间的连接性和可达性。然而，过高密度的宅院用地形式也有可能形成日照遮挡，不利于冬季采暖；且民居高度相似的高密度区域，会使经过的自然风无障碍吹过屋顶而很少滞留、循环并到达地面，形成“顶棚效应”，虽然有利于冬季避风，却同样不利于夏季东南季风的疏通散热。

因此，应继承紧凑而舒适、适当集中与有机分散相结合的连续性空间形态布局，以保证夏季日照辐射的有效间距，同时提高土地利用效率，避免通风的“顶棚效应”。

② 街巷。街巷主要通过走向和层峡高宽比影响通风。相似街巷高度条件下，狭窄的街巷相较于宽阔的街巷能提供更多的遮阳效果。街巷的走势和通风性能，有时候需要结合绿地和水体一起，形成质量和效率更为良好的通风性能。因此，对于外力分化型乡村社区，部分邻里街巷宜适当拓宽，保证基本交通出行量的需求即可，同时尽量避免尽端线性交通路径。

一般情况下，街巷走向影响了沿线宅院的布置与朝向，与主导风来风方向平行，能使街巷层峡内部整体的通行风速高于其他方向；反之，若垂直于主导风向则街巷层峡内自然风的动力不足，冬季能良好躲避寒风，夏季则需借助层峡垂直面层的上下温度热差进行对流交换热。因此，夏热冬冷地区，街巷走向应尽量平行于夏季主导风向以增进街巷和沿线建筑通风，而垂直于冬季主导风向减少北风影响。

③ 宅基地组织。根据体形系数的一般规律，行列联排式民居宅院组合的能耗相对于点群状独栋式更低，这源于更小的外墙表面积与体积之比降低了围护结构表面的总热量损失。其缺点是缺乏空间组织的灵动性，不同长度的组合用于住宅的拼接，仅通过绿化和开敞空间的尺度变化来改善空间品质。在山地型乡村社区中适用较多，利用坡地的层高差能避免日照遮挡并形成顺畅的通风管道。

点群状独立式宅院群组，其空间形态特征分散而不闭塞，流动性较强，可顺应地形的形态和方向灵活布局，尤其在一些山地聚居区域比较适用。但点群状独立式宅院群组布局对局部微气候的有效调节作用较小，总体聚集度不强，不利于土地的集约化利用。在夏热冬冷地区，虽能使夏季主导风向无障碍穿过，但同时也无法阻挡冬季北向寒风的入侵，还不利于夏季民居宅院间的互相遮阳阻挡。因此，布置点群状独立式宅院群组时，应综合考虑各民居宅院与开敞空间及周边环境的关系，调整与弥补点群状独立式宅院布局形式本身的不足。

围合式团组布局结合了行列式和点群状独立式布局的特点，形成凝聚的空间情态，方便集中布置公共设施与管线铺设。

点群状与行列式布局，其宅基地覆盖率与碳排放强度呈现负相关性（第 5 章中已做分析），即随宅基地覆盖率增加碳排放强度值降低。而在相同宅基地覆盖率下，所有组合布局形式中，围合式团组布局的碳排放量强度普遍较低（表 6.3），其能借助相互的遮挡以及联排共墙，在相同宅基地空间利用条件下，减少能源碳排放量。

表 6.3 相同宅基地覆盖率下不同布局形式碳排放比较

	对比 1		对比 2	
	劳岭村	深澳村	剑山社区	环溪村
样本对比				
布局	点群状	围合团组	行列式	围合团组
宅基地覆盖率	0.413 1	0.424 2	0.358 8	0.367 5
碳排放强度	6.213 8 tCO_2/m^2	6.039 2 tCO_2/m^2	5.006 1 tCO_2/m^2	4.303 9 tCO_2/m^2

（资料来源：作者自绘）

2）开敞空间赋形与功能整合

绿地和水体是构成乡村社区开敞空间的重要组成，共同形成具有调节环境效用的“绿色”和“蓝色”生物下垫面①。通过改变地表覆盖，重新分配并调整太阳辐射效率和通风效果，改变人类活动对能量使用的需求，从而直接或间接影响物质和能量的碳循环。

（1）绿地对环境的调节

绿地植物的光合作用对调节环境的碳循环起一定作用，而蒸腾作用作为绿色植物维持正常生命体征的生理现象，能利用释放的水分提高空气中的湿度，并在夏季吸热降温，“绿地对温度的调节作用取决于绿地覆盖率的大小”②。因此，需在有限的开敞空间内，尽量提高绿地水平向度的覆盖率和垂直向度的各类植物容量，同时，通过植物选种及合理种植搭配，构成适宜而集中的郁闭度。主要增加碳汇绿地导向的策略有：增加绿地碳汇面积和优化植物配置模式。

① 增加绿地碳汇面积

鼓励在开敞空间内种植多种绿地植被和林木，同时利用屋顶绿化和立体绿化③，尽可能增加碳汇面积。在保证一定绿地碳汇总面积的基础上，尽力拓展其与周边环境的生态接触

---

①② 徐小东，王建国. 绿色城市设计——基于生物气候条件的生态策略[M]. 北京：中国建筑工业出版社，2009：70，72.

③ 注：立体绿化是指葡萄等藤蔓植物攀附在各种空间结构上的一种绿化方式，其利用植物垂直绿化的空间发展模式，包括山、护坡、围栏、挡土墙及其他各种建筑设施绿化，美化空间同时增加碳汇效益（黄欣. 南方山地住区低碳规划要素研究[D]. 重庆：重庆大学，2015：87.）。

面，以利于在界面内外两侧空间形成片状绿廊连接，充分发挥气候调节作用。

② 优化植物配置模式

通过对种植物种类和配置模式的选取，可以有效提高绿地自身的共生效应和碳循环。不同种类植物，由于其形态和自身特性不同，所能起到的气候调节作用亦不尽相同。其配置模式的选取取决于种类、树冠（茂密程度、大小、高度）和叶面积三方面，从而形成不同的郁闭度。应尽可能选择固碳能力好或维护成本较低的种植物，使乔木科和常绿灌木进行合理搭配。

（2）水体对环境的调节

自古以来，水体作为调节局部物理环境温度、湿度和通风效果的积极元素，早已被先人熟知并合理利用。《地理人子须知》中云，"气之来，有水以导之，气之止，有水以界之，……又曰得水为上，藏风次之，……总而言之，无风则气聚，得水则气融"。然而发展至今，水体对生态环境的调节作用常常被忽视，也缺乏对其有效的保护和应对措施（图 6.9）。

图 6.9　德清张陆湾村水体现状

（资料来源：作者自摄）

水体对环境的调节主要源于水的比热相较于裸露的硬质地面更大。夏季，水体吸收了大量的太阳辐射热，但水面升温不明显且比空气温度低，由此对环境构成了冷辐射；冬季，水体温度高于空气温度，因而又具有热辐射效果。同时，水体的蒸腾作用会影响空气的流动，由于水体对空气的冷热温差形成对流微风，能通过有效组织将原空气中的湿气带走①。

因此，要充分利用并保护和维护原区域空间形态中的天然水体，将其看成关键气候资源条件，杜绝填水造路的短视行为②。

（3）开敞空间赋形

开敞空间对环境的调节作用还与其在空间形态中的具体位置分布、自身的破碎度和连接度有关，低破碎度和高连接度的开敞空间有利于形成连续的网状联系，增大生态接触面③。"从气候观点来看，小空间网状聚集结构相对匀态地分布于空间中，其比大面积空间规模形成的效果要大得多，能更快达成整体平衡"④。

在用地规模条件允许情况下，开敞空间区域内应尽量采用舒展的平面形态和匀态分散的布局形式，以适宜面积大小发挥较大效用。从局部"点"出发，通过"线"性路径通廊（绿廊道、滨水道等）的串联，形成动态而活跃的"面"域网状联系。在集中新建的乡村社区，预留充

① 李涛. 浙江安吉农村集中居住区住宅的节能设计研究[D]. 南京：东南大学，2006：57.

② 柏春. 城市气候设计——城市空间形态气候合理性实现的途径[M]. 北京：中国建筑工业出版社，2009：147-148.

③ 徐小东，王建国. 绿色城市设计——基于生物气候条件的生态策略[M]. 北京：中国建筑工业出版社，2009：78-79.

④ [加拿大]迈克尔·霍夫. 都市和自然作用[M]. 洪得娟，颜家芝，李丽雪，译. 台北：田园城市文化事业有限公司，1998：278.

足的系统化、网络化开敞空间面积；而在既有乡村社区以及正在发生城镇化外力分化型的乡村社区，则采用“见缝插绿”的疏导方法，提高规模和质量。

6.2.3　宅院：筑体与节能

宅院的构筑可以通过对其结构构造、体形体量、平面组织、材质和色彩选取等与日照、通风等中介要素之间的控制关联，实现适应性优化的同时，提出降碳减排的应对策略，具体可从建构建造、材质选取、适宜技术三方面进行阐释。

1）建构建造

斯图尔特·布兰德曾在《建筑怎样学习》一书中认为，最聪明的建筑是“以恰当的方式耐久并且可变”①。这种耐久性和可变性正是在和自然的较量和合作过程中体现的一种正面应对态度。因此，在传统民居营建中那些对朝向、日照、通风进行有效合理组织的朴素的节能低成本法则和地域化的建造方式，应予以保留并适时创新。

（1）平面序列组织

平面序列组织除了考虑功能使用上的便捷之外，还需将通风换气与降温效能，以及太阳的日照朝向结合起来，以使室内功能空间的基本能耗降到最低。

在不同气候地区条件下，传统民居的平面形制通过庭院或天井作为与外界气候环境交换的进出口，形成不同的空间形态模式。如适应严寒气候的“墙＋建筑”模式（东北合院），满足冬季纳阳避风；适应寒冷气候的“建筑围合”模式（北京四合院），满足冬季纳阳避风兼顾夏季纳风避暑；适应夏热冬冷、夏热冬暖以及温和气候的“建筑＋厅堂＋天井”模式（徽州民居、泉州手巾寮），满足夏季避阳纳风避暑②（表 6.4）。当代住宅受到宅基地用地限制以及对城镇化民居住宅的向往，气候适应性在平面布局设计过程中的比重在逐渐降低，夏热冬冷地区常见的“建筑＋厅堂＋天井”模式布局几乎不复存在，而适当恢复或者转换原有天井的形式，不管是对于通风亦或是采光，均会带来积极而活跃的作用。

表 6.4　传统民居平面布局模式

“墙＋建筑”模式	“建筑围合”模式	“建筑＋厅堂＋天井”模式

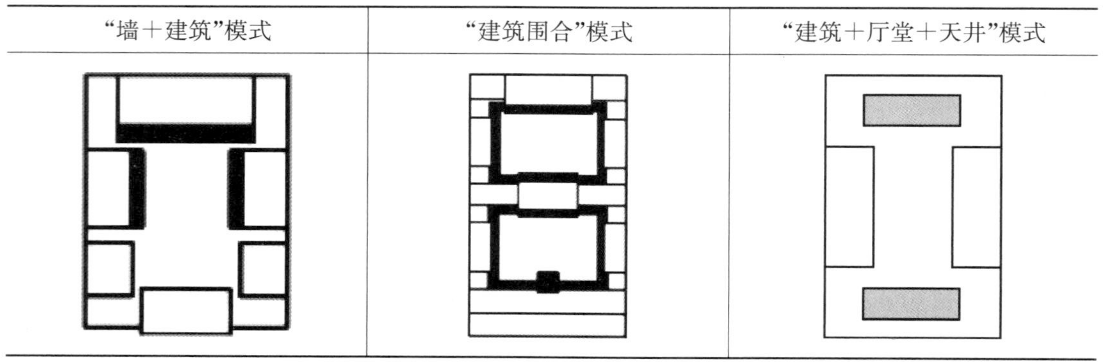

（资料来源：田银城.传统民居庭院类型的气候适应性初探[D].西安：西安建筑科技大学，2013：82.）

① ［美］安德烈斯·杜安伊，杰夫·斯佩克，迈克·莱顿.精明增长指南[M].王佳文，译.北京：中国建筑工业出版社，2014：182.

② 参见田银城.传统民居庭院类型的气候适应性初探[D].西安：西安建筑科技大学，2013：82.

宅院单体的空间形态决定了内部空间组织与气候环境要素之间能量交换和流动的有效性。风环境的风速、风向的分布和引导取决于平面功能布局、建筑方位朝向、通风窗口位置等几方面因素。总体上，在夏热冬冷地区，沿夏季主导风向应相对开敞，满足通风需求，而在冬季主导风向上应尽量注意防避。房屋进深不宜过大，单向自然通风，空间进深不宜大于 6 m，双向自然通风，空间进深则不宜大于 12 m①。

① 通风窗口位置设定。窗口作为日照和通风的进出通道，其位置的设定会对室内通风效果产生一定影响。在相同房间内，单边开窗并不能起到良好利用自然通风的作用；相邻两侧边的开窗，风向能沿墙壁四边分布流动；而对边的开窗，气流从两侧形成紊流区，进行通风循环，两窗口相串联的中部则形成穿越的静风区（图 6.10）②。

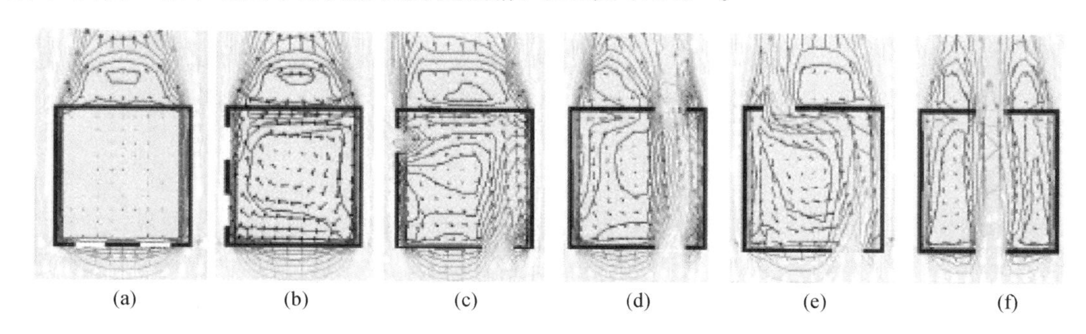

图 6.10　用 flovent 软件模拟不同开口位置的室内气流运动

（资料来源：李涛. 浙江安吉农村集中居住区住宅的节能设计研究[D]. 南京：东南大学，2006：62.）

② 平面功能及立体通风组织。通过合理的功能用房组织，在水平横向、垂直竖向、屋顶层和南向分别设置通风廊道、空气间层和阳光间层，以减小对热环境舒适要求较高的功能用房的夏季热干扰，以及室外气候环境的不利影响（图 6.11）。

——横向通风。以南北向贯通的廊道为主轴，串联起功能空间与平面横向通风。当南北向双侧门开启且进风量较大时，风压的作用可引起串联在主轴两侧功能用房的空气紊流，进而带动空气流通。而南北贯通式相切连接功能用房的模式，相较于近端式和穿越式，具有多种功能弹性调整的可能，以满足不同需求。总体上，将使用频率及热舒适性能需求较高的起居室（堂屋）、卧室位于南侧，卫生间、厨房、楼梯等辅助性、对温度敏感性不太高的用房位于北侧或中部，又可根据不同实际需求进行菜单式调整或扩充（图 6.12）。

——竖向拔风。可将楼梯间作为垂直竖向贯通的自然通风道，在其底部设置通风口，引导侧边功能用房内的空气利用风压或热压差引入竖向拔风空间，沿竖向腔体将热空气排出，又从顶部的捕风口引入新鲜空气，完成循环对流。

——屋顶间层。屋顶是村民日常生活重要的储藏空间，也是调节气温的腔体结构组成，当与竖向的楼梯塔井共同组织设计时，可增强通风效果，除湿防热。屋顶间层利用隔热材料以及空气的惰性，形成封闭空气层，能有效保温隔热，减小外界气温对室内温度的波动影响。

---

① 林萍英. 适应气候变化的建筑腔体生态设计策略研究[D]. 杭州：浙江大学，2008：25.

② 参见李涛. 浙江安吉农村集中居住区住宅的节能设计研究[D]. 南京：东南大学，2006：62-63.

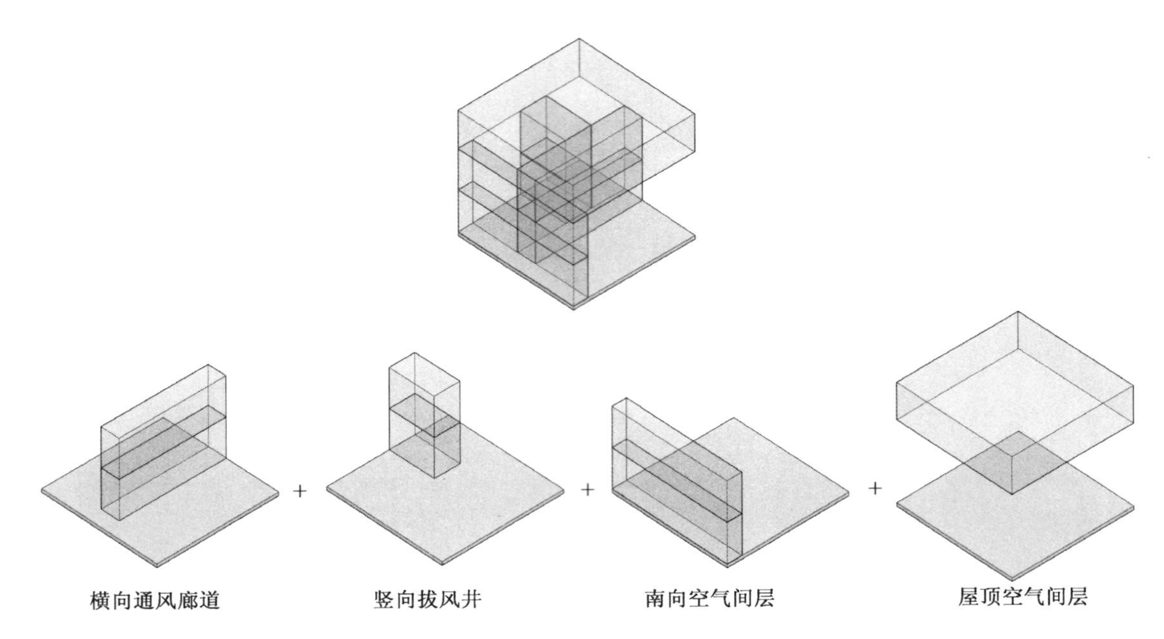

图 6.11 宅院单体内通风的立体组织

（资料来源：王静. 低碳导向下的浙北地区乡村住宅空间形态研究与实践[D]. 杭州：浙江大学，2014：43.）

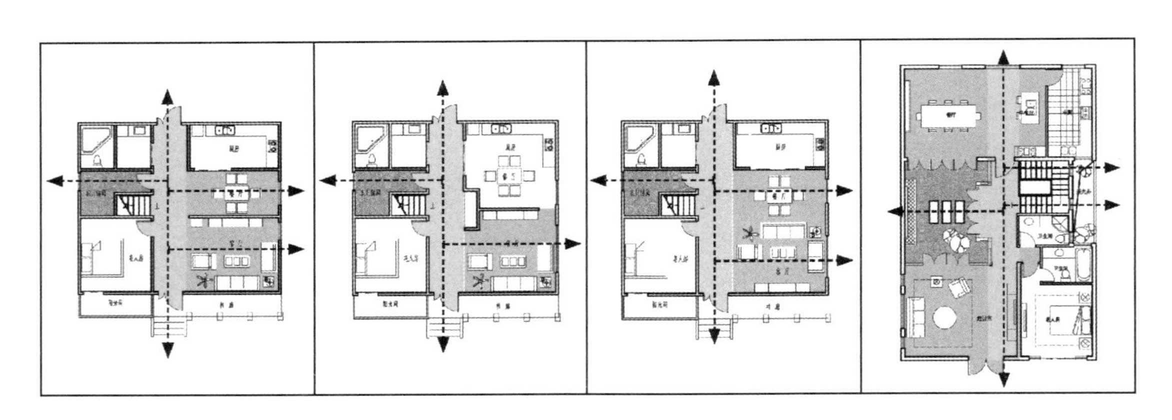

图 6.12 通风廊道与其他功能空间组织的示意图

（资料来源：王静. 低碳导向下的浙北地区乡村住宅空间形态研究与实践[D]. 杭州：浙江大学，2014：46.）

——南向阳光间层。南向阳光间层的设置，起到过渡区的效果，其位置选择要避免周边地形及其他人工或自然物景对南向及其东、西向 15 度范围内的遮挡。在冬季加强对日照采暖量的蓄存和收集，室内地面或墙面选用蓄热能力较强的材料，白天吸收蓄能，夜间释放能量，有效减少外墙传热的损失；而在夏季需注意阳光间层的外遮阳和可开启性，以保证自然通风带走空气中的过量余热。同时，在构造上，可利用南高北低的形式，提高南向墙面而增大太阳能吸收面积，降低北向外墙而减少热损失，例如安吉剑山社区的生态屋（图 6.13）。

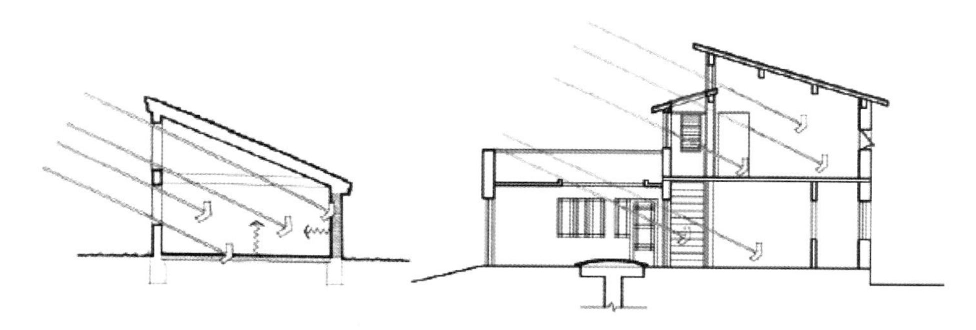

图 6.13 南高北低太阳直射直接受益形式

（资料来源：李涛. 浙江安吉农村集中居住区住宅的节能设计研究[D]. 南京：东南大学，2006：54.）

（2）体形系数

由第 5.1.2 节的分析可获知，体形系数的差异影响到外围护结构与空气接触面的大小，进而减少或增加外表面积的热损耗，而户均建筑用地占宅基地比重与碳排放强度成正比（见第 5.1 节）。相同体积下体形系数过大不利于节能节地还会增加造价成本。因此，在民居宅院里，应尽量减少弯曲和凹凸过多的外部形态，而面宽与进深比值越接近的平面布局相对更有利于通风和照明，能减少夏季热量在空间内的存留（图 6.14）。

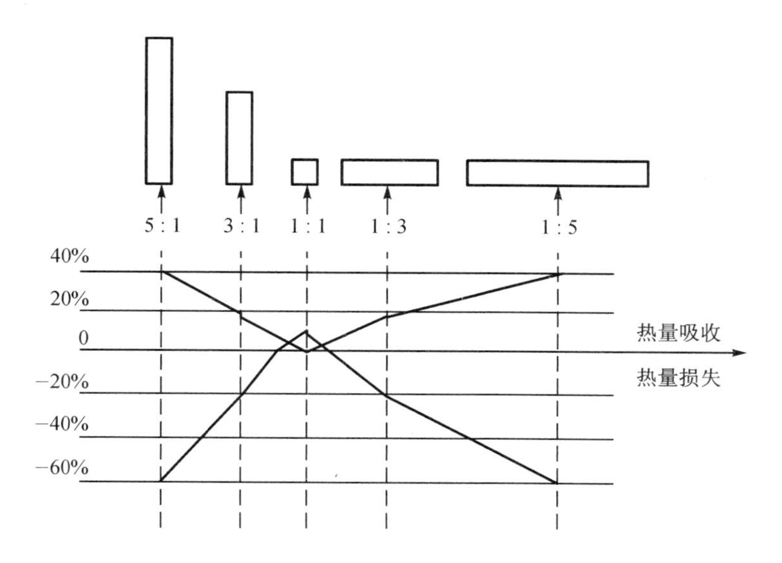

图 6.14 不同平面冬季热损失与夏季热盈余

注：相同高度下，正方体的体形系数更小，在冬季的热损失也明显较小；而在夏季，南向面宽较长而进深较小的平面形式更有利于通风与降温，排除多余热量。

（资料来源：李涛. 浙江安吉农村集中居住区住宅的节能设计研究[D]. 南京：东南大学，2006：54.）

此外，相同占地面积条件下，高度的选择也影响了最终的体形系数大小。民居高度调控需依据实际生活需求，避免层数过多而实际功能空间空置的现象。王国华认为，当民居容积和层高确定时，最适宜层数随底层形状因子增大而减少，当底面形状为正方形或圆形时，则建筑容积在 2 000 m^3 以下时，以 2～3 层为最佳①。

2）材料选取

（1）围护结构及下垫面材料选取

最大限度地利用乡土建筑材料和废弃物品，发挥构件材料的天然性能。建筑的主体宜以价值低廉的砖作为主要材料，在一些附属建筑、庭院围墙或公共性建筑中可适量选用具有传统工艺的木、竹、石、土等材料（图 6.15）。

红砖主墙面

空心砖楼梯间外墙

乡土柱式再诠释

竹材用于空间隔断

图 6.15　韶光村接待中心乡土材料的运用

（资料来源：课题组资料）

现代建筑材料（如普通碎石混凝土、砖砌体）等围护结构材料相较于木材、草、黏土等传统材料传热系数大，吸收散热能力强，更坚固耐用，但从生产全生命周期来看，其在材料生产阶段对环境有一定破坏并产生碳排放。因而，在充分利用当地材料的同时，若适当对材料进行加工和转换，可降低其环境破坏程度并同时提高热工性能。如逐步使用装配式钢筋混凝土材料，减少湿作业环境干扰；在传统砖、石材料中增加添加剂，提高热工性能；鼓励回收并循环利用可再生建筑材料，使材料废弃物最小化（表 6.5）。在传统适宜的低能耗维护结构技术方面，可利用苯板、稻草板、稻草砖等节能技术，以及竹构造技术、陶土夹心墙建造技术、木框架填充棉等（表 6.6）。

表 6.5　不同建筑用材的性能分析

名称	导热系数 W/(m・K)	密度(g/m^3)	造价
普通碎石混凝土	1.28～1.58	2.10～2.30	260/m^3
砖砌体	0.87～1.02	1.05～1.30	120/m^3
铝合金	550～600	2.66～2.73	50～60/m^3

① 参见王建华. 基于气候条件的江南传统民居应变研究[D]. 杭州：浙江大学，2008：75-76.

续表

名称	导热系数 W/(m·K)	密度(g/m³)	造价
普通石材	2.91～3.49	2.80	200/m³
黏土	0.47～1.16	1.20～2.00	50～60/m³
玻璃	0.76	2.50	40/m³
木材	0.10～0.20	0.45～0.65	15/m³

资料来源:彭军旺.乡村住宅空间气候适应性研究[D].西安:西安建筑科技大学,2014:52

表 6.6 农村民居设计常用低能耗材料

材料	工程实例	应用效果
稻草砖	东北三省部分乡村	利用当地农作物、稻秸为建筑材料,保证良好保温效果[普通黏土砖导热系数为 0.57 W/(m·K),稻草砖仅为 0.12 W/(m·K)],节能又减少资源浪费
陶土夹心墙	河北宴阳初乡村学院地球屋	主体木结构,墙体采用陶土夹心墙,内填秸秆泥土混合物,室内外温差 10 摄氏度左右,冬暖夏凉
土坯墙	新疆南部部分农村	土坯作为墙体材料简单易得,不产生附加废弃物,保温隔热性能好,在设置圈梁和节点剪力墙保证结构抗震性能的同时,起到良好的低碳化作用

(资料来源:李嵘,祁斌.从资源的循环利用探讨可持续的农村住宅设计[J].建筑学报,2006(11):65.)

街巷层峡近地面处的墙体底部宜使用热阻大、有一定蓄热能力的材料,如毛石、水刷石等,一方面利于隔热,另一方面有利于夏热冬冷地区部分潮湿地区阻隔湿空气对上部墙体的侵蚀。街巷下垫面及宅院前后道场应避免使用硬质、高反射率的非透水性路面。有国外研究表明,南向墙体所面对的宅院道场若为混凝土地面,其地面反射所得热辐射量占太阳直接辐射量的 1/2。因此,应尽量使用植被覆盖,能与土壤接触、具有一定透水性能的植草砖铺面也同样值得提倡(表 6.7)①。

表 6.7 不同地面覆盖的太阳辐射反射率

地表材料	混凝土	草地	砖块	砂质土	深色土壤	沥青路	绿叶	水面
太阳辐射反射率(%)	30～50	12～30	23～48	15～40	7～10	<10～15	25～32	3～10

(资料来源:李涛.浙江安吉农村集中居住区住宅的节能设计研究[D].南京:东南大学,2006:55.)

(2) 材质色彩的吸收和反射

吉沃尼认为材料表面的温度首先取决于投射接收到的太阳辐射量,其次取决于外表面的颜色选择,并在一定程度上依赖于表层气流速度的传递和输送作用②。任何辐射的热强

① 王振.绿色城市街区——基于城市微气候的街区层峡设计研究[M].南京:东南大学出版社,2010:264.

② [美]B.吉沃尼.人·气候·建筑[M].陈士驽,译.北京:中国建筑工业出版社,1982.

度作用都会随颜色亮度与气流速度的加强而减弱①。因此,可考虑在墙面使用浅色而较细腻的材料以降低热吸收率(表 6.8)。

表 6.8 材料表面不同色彩的吸收率和反射效果

颜色	热吸收率	反射率
白色	0.2～0.4	84.0%
黑色	0.8～0.9	2.9%
黄色	0.5～0.7	64.3%
绿色	0.2～0.4	54.1%
红色	0.5～0.7	69.4%
蓝色	0.6～0.8	45.5%

(资料来源:柳孝图.建筑物理[M].北京:中国建筑工业出版社,2000:68.)

3) 适宜技术

乡村社区新建民居的低碳适宜技术应以开发成本低廉为原则,易于实现与普及享用,且能切实减轻村民经济负担与压力,成为一种与事物发展具有相适应规模和尺度,并适用于乡村地区的"中间技术"②,其内在理念还隐含了对儒家"中庸""致和"思想的表达。

(1) 遮阳做法

① 绿化遮阳

在墙体或屋顶实施绿化遮阳,能有效降低室内温度。例如,利用攀援植物在外墙体表面形成第二层皮肤保护,能使墙体表面温度下降 10～12 摄氏度(图 6.16)。有研究对浙江永

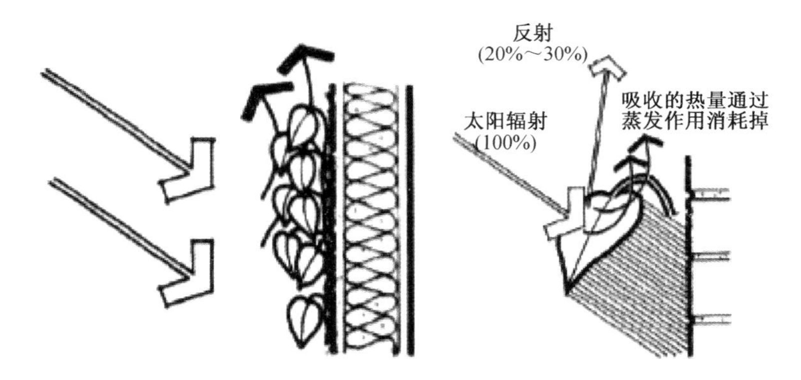

图 6.16 攀援植物墙体覆盖的隔热原理

(资料来源:李涛.浙江安吉农村集中居住区住宅的节能设计研究[D].南京:东南大学,2006:56.)

① 柏春.城市气候设计——城市空间形态气候合理性实现的途径[M].北京:中国建筑工业出版社,2009:153-154.

② 注:其概念是建立在对第三世界国家之一——印度进行深入研究后的基础上提出的。这种中间技术与土技术相比,生产效率提高,与现代工业社会的资本投入巨大的高级技术相比又便宜得多。无论是在财力,还是使用者、建造者的教育、才能、组织能力方面都是"力所能及"的。中间技术也能更顺利地适应比较简单的环境,设备也相当简单,容易掌握,也便于维修。同高度复杂的设备相比,简单设备通常对高纯度或精确规格的原材料依赖小,对市场波动的适应性也强得多(参见[英]E.F.舒马赫.小的是美好的[M].虞鸿钧,郑关林,译.北京:商务印书馆,1984:121.)。

康某住宅的绿化种植屋面与地面温度进行实测对比，前者在夏季降温和冬季保温方面效果明显(表 6.9)。

表 6.9　1999 年浙江永康市生态住宅屋顶温度观测对比

项目	室内屋顶表面温度(℃)		室外屋顶表面温度(℃)	
	夏季最高	冬季最低	夏季最高	冬季最低
常规屋面	36.6	−2	73.8	−5
种植屋面	33.6	0	51.2	−2
差值	3	−2	22.6	−3

(资料来源:骆高远.城市“屋顶花园”对城市气候影响方法研究[J].长江流域资源与环境,2001(7):373-379.)

② 其他遮阳做法

课题组在对安吉景坞村小学改造的项目中，充分利用了安吉当地多产的竹材，在容易受潮湿而剥落的外墙表面增加“竹筒复合墙体”，由 1/2 竹筒排列编制，形成与墙体间的空气间层，有效地加强了墙体的防潮隔热效果(图 6.17)。

与此同时，竹构件可制成可调节遮阳板或百叶窗帘，依循当地太阳高度角，夏季形成室内遮阳，冬季卷起充分吸收南向阳光，夜间又能阻挡热损失。

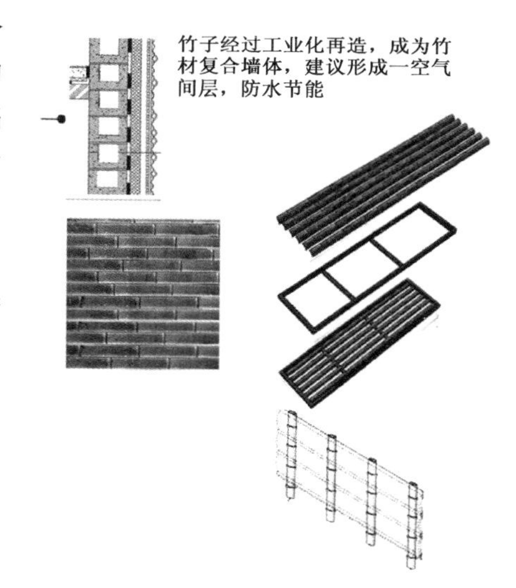

图 6.17　竹复合墙体构造做法

(资料来源:课题组资料)

(2) 雨水收集、湿地污水自处理

利用屋檐檐沟收集雨水，雨水由竖向管道流入蓄水井，经庭院处小型人工湿地沉淀净化后转换成为生活用水，同时，在夏季增加局部水体面积，能适当降低外界风进入室内环境时的温度(图 6.18)。

加强适应单元结构的低碳适应性，需及时吸收传统乡村空间形态布局以及民居形制中气候适应性的优良基因，从用地调控与选址择居，到活动量水平的限制，尊重地形地势、气候条件，顺应空间形态适应性生发的形式结构与一般性法则，使空间形态局部紧凑而适度开放，重视室内外开敞空间水体和绿化的组织，并与宅基地空间形成局部微气候串联，利于水平和垂直向通风。同时，结合就地取材原则，将有限材料多样化利用与衍生，减少民居宅院表面凹凸形态，降低建筑体形系数和热损失。实现从微观到宏观整体的层层相关，进一步改善乡村社区的物理热环境，降低能源的依赖性。

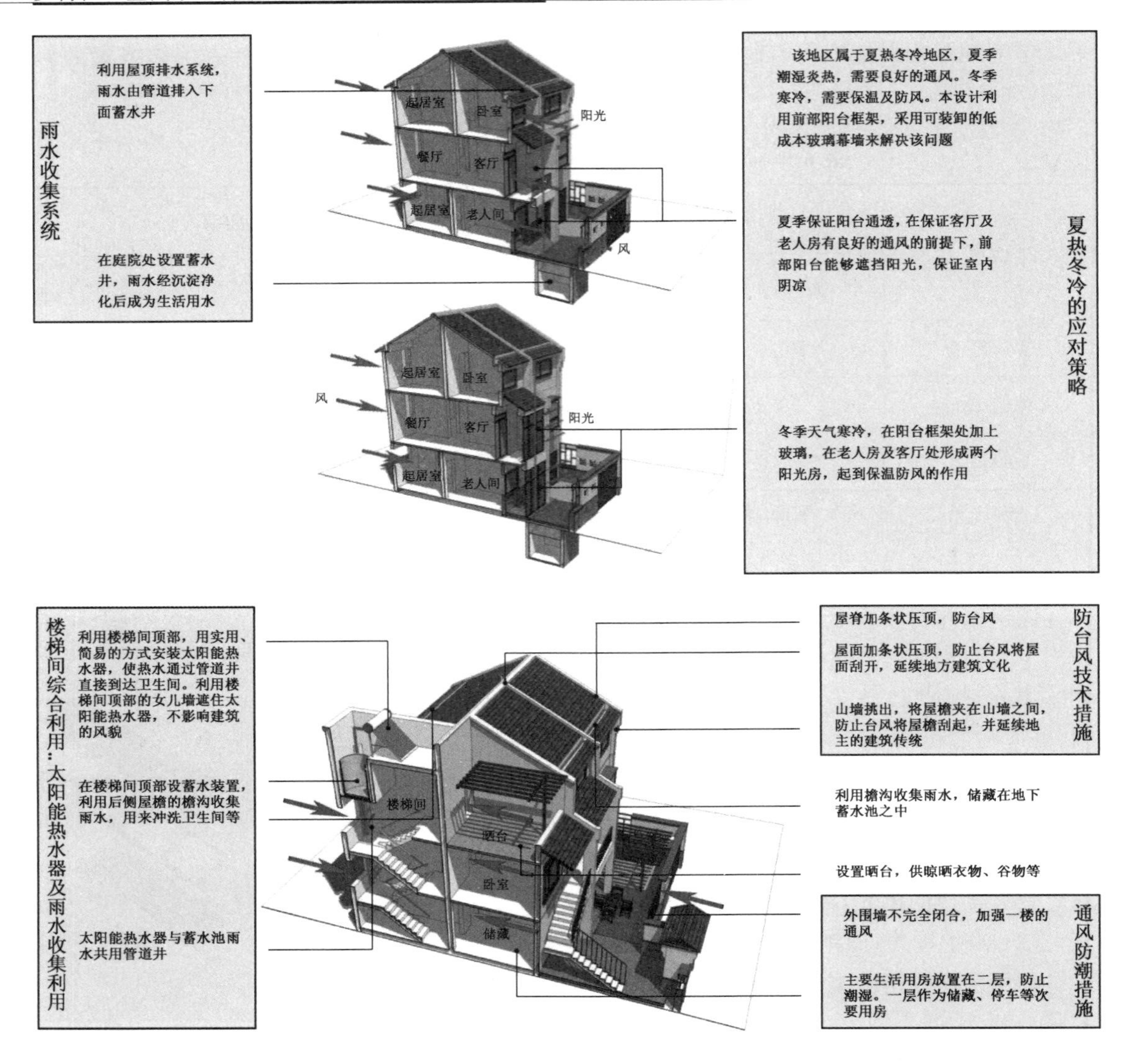

图 6.18 舟山地区新建民居适宜技术集成

（资料来源：课题组资料）

6.3 机制协调：优化过程机制组织

乡村社区空间形态低碳模式是“器”与“道”的有机整体结合。结构的低碳适应性加强了秩序“器”的动态适应性，那么“道”则引导并优化“器”生发的基础和机制关系递进，以达最终“致和”的状态。

6.3.1 激发：微介入式针灸

1）原理

在秩序建构完成的基础上，通过激活意识、空间和技术等，盘活原有在地资源，进而活化带动整个区域形态的改变或进化。即通过外部元素的介入和干扰，激活内部基因并进行适度选择、修正与调节，借助较完整的结构秩序，对变迁中的乡村社区发展起到类似针灸的效用。

微介入针灸法则建立在结构持续性、开放性、异质性和包容性的基础上，借助空间形态生发过程中的适应性机制，但其并不试图去改变形态结构背后的深层秩序或意义，而是在较大程度上基于尊重的态度，适度扭转或改变附加的新生活功能与原结构样态之间的不协调非平衡态，以一种“具有凝聚性的力量适度改变现状”[①]，这与“空间形态—环境碳行为—活动碳排放”调控过程中的“积木机制”和“内部模型”有所区别，积木机制更偏向于对内部结构关系的调理和修正，其具有改变深层结构秩序关系的能力，而微介入式针灸法则是积木机制上的外部具象优化并不改变结构秩序关系，相反，它建立在结构秩序关系相对完善的基础之上。

2）关键

（1）介入的适度干扰

适度干扰是维持系统适应性过程持续生发和变化的外界动力。卡尔（Karr）认为，“能够引起系统结构和功能发生突变，使之从平衡现状条件下发生位移的不寻常事件称为干扰”[②]。事实证明，它对系统多样性功能的维持和适应性持续生发起关键作用。

空间系统体系具有自适应性机制，这种机制并不完全由人主导和设定。过度干扰会引发形态结构的嬗变，此时维持系统再次平衡仅依靠自体的调节已无法完成，需要借助功能和结构互适应作用，这一作用过程周期是漫长的，其导向结果呈现不确定，可能停留在较低的稳态或发生连锁性障碍甚至是恶性循环[③]。而有针对性、适度的正向干扰介入，能使系统保持在自我调节范围内，其结果的指向性会更明晰。

（2）灸点与针灸

传统中医思想认为，人体生命的全部活动是通过体内经络的活血运行而完成。当外界环境发生某种变化时，经络在运气行血的过程中也同样会受到影响而呈现相应的变化规律。当气血不畅时，主要原因是相应穴位（灸点）的“得气”不足，若对其“刺之要”则能“气至而有效”。一些学者将这一过程概括为三个基本要点：兴奋性（应激性）、传导性（联引性）和调整性（整合性）[④]。

“空间形态—环境碳行为—活动碳排放”调控过程中的标识机制能在选择受限的目标导控下获得关键要素遴选，这是“灸点”产生的过程，“灸点”可能是显性结构控制的实体要素，也可能是隐性结构的相关场势要能，其包含了组分构成、分布位置以及各灸点间的联系与互动。在低碳适应性视野下，这些“灸点”是传递和存储关键物质信息与能量流动最直接相关的应激点或敏感区，以此调整系统的运转并保证活力。

① 余颖. 城市结构化理论及其方法研究[D]. 重庆：重庆大学，2002：195.

② 转引自张宇星. 城镇生态空间理论：城市与城镇群空间发展规律研究[M]. 北京：中国建筑工业出版社，1998.

③ 毕凌岚. 城市生态系统空间形态与规划[M]. 北京：中国建筑工业出版社，2007：108.

④ 吕红医. 中国村落形态的可持续性模式及实验性规划研究[D]. 西安：西安建筑科技大学，2004：19.

借用城市针灸的法则原理与系统性思维，运用于乡村社区空间形态低碳化发展模式。其主要通过空间形态的“序”结构，“灸点”在空间形态整体布局中位置、有机关联度、各灸点关系的均衡性能，以及各自的活性、协调性与稳定性，对灸点的适度干扰介入做出相应的应激反应，纠正、调整或优化空间形态的物质信息和能量分布。这种牵一发而动全身，基于具体局部关键节点的认知以及其与整体关系的发展逻辑，能够使乡村社区空间形态低碳化模式在理论上更具可行性，在实践上更具可操作性。

而灸点介入灵活而微创的阶段化应激，能够有效减少一次性、大规模创伤带来的破坏，更适用于社会经济条件能力有限，需要选择性保留部分良性基因的乡村地区，尤其是一些既有外力分化型乡村社区，其介入动作所施用的力度（涵盖意识、资金、政策等）可以是多方面、分阶段性的，在保护优良基因的同时，有针对性地改善“不良”并有效适度地补充新元素，进而借助渐进式发展增进原空间形态结构的适应性。

6.3.2 调理：网络联动效应

微介入式针灸既是空间形态自身受到适度干扰后的瞬间应激反应，也包含了机制作用和适应性主体行为人能动选择的表现，这些选择动作的发生是基于对传统乡村空间形态中优良基因记忆与遗忘的渐进，以及对过去乡土营建范式的适宜转换和重新认知，用朴素的模仿、类推渐进形成意识自省；同时，也是对过去修补匠野性思维复兴的朴素修正和认知进化；还是促成乡村社区共同体机制下“在地参与”形成的前提与基础，由此对低碳适应性过程机制的组织协调和网络联动效应构成优化基础。

1）启动：意识自省

现代技术的高速发展和村民对城镇化生活期待的提高，使传统乡土营建范式越来越处于一种尴尬境地。在我们实际调研和走访过程中，往往会遇到这样的现实：专业建筑规划师在各种量化指标控制下创建的乡村新面貌，让生活在城市的人们感觉是一种“乡愁”的逝去和恶意破坏，那些最淳朴的乡土民居建构才能突显出对过去乡村生活的向往和怀念。然而，长期生活在乡村中的大部分村民却更向往城市的别墅和楼房，其审美或文化范式已然产生较大变更，与土地和环境的紧密联系逐渐弱化甚至淡化，地域性和适应性属性荡然无存。因此，如何朴素地在变迁的社会背景中看待乡土营建技术或模式的转换就显得尤其重要，需要明确特定地域气候条件下的某些适应性做法背后的缘由，以及充分并忠实利用当地材料或传统技艺的行为意义，而不是一味的城市“拿来主义”。

这一过程的转变，需要试图对过去乡土营建范式有较全面而翔实的总结和归纳，挖掘其中蕴藏的规律和原理，然后将这些经过现代范式转译后的规律和原理运用到当下的具体营建活动中。比如，传统乡村空间形态在中观邻里团组层级呈现近似秩序生长，这种普适性的“自相似”与“类推”，有助于当传统意识认知被激发后，利用村民朴素的模仿能力与自相似类推特性，形成共同意识的自省。

2）深化：野性思维复兴

修补匠的野性思维复兴充分体现了共同意识自省之后，适应性行为人的主观能动性。正如鲁道夫斯基在他的《没有建筑师的建筑》一书中所述，“我们或许都知道，早在繁重复杂的机械设备出现之前，原始人类就有了很多大胆而巧妙的方法。”①这种行为人思维意识的主动性和随机性，追求技术的简单化、群体营建与扩展上的混沌与模糊、形态结构的自适应化、村民与工匠自建的能动性和弹性余量化。

例如，在一些新建的官制规划型乡村社区，过去丰富的宅前院后空间被消解，村民习惯留有自种菜地的客观需求和风俗在规划中被扼杀，取而代之的是类城镇化住宅小区的绿化景观覆地。“没有人关心我们要什么，那些大人物跑来看着绿地说：‘岂不是太美妙了’”，“行为漂亮才是真的漂亮，会闪光的不全是金子”②。当然，村民野性思维的能动性在此时也会突显出来，在集中新建的乡村社区晓山佳苑中，村民自发在前后宅院间充分利用一切空间自建菜地(图 6.19)，这是村民野性思维的直观显现，说明个体有能力根据自身的习惯或某种认知，适度改变并调整现状。其在承认并吸收传统乡土营建范式和空间形态生发的一般原则基础上，结合个体实践经验提炼出原型精髓，并融入创造性的想法，以一种村民个体较为熟悉的方式进行营建活动。修补匠的野性思维在一定程度上体现出人性的关怀，在村民被无限制激起物质欲望的同时，能够遏制这种浮躁风气形成精神上的引导，对意识认知进行互补、修正与进化。

图 6.19　村民在宅院间空地的自建菜地

(资料来源：作者自摄)

3) 连接：“在地”的公共参与

在意识自省、修补匠的野性思维得到有效复兴之后，广大村民能动的公共参与也不容忽视，其同样是网络联动效应展开的上层认知基础。“在地”的公共参与能让村民意识到乡土的地域性、广泛性、复杂性等共性特征，还明确其中的差异化，形成意识和行为准则的共同体，充分发挥个人与集体的双向积极性，保证大多数人的利益能获得保障。

国际全球变化人文因素计划中国国家委员会(CNC-IHDP)秘书处 2007 年组织开展了“全民节能减排潜力量化指标研究”，其结果显示：如果全民积极参与节能减排，36 项日常生活行为每年能节约 7 700 万 t 标准煤，相当于 CO_2 减排 2 亿 t③。可见，村民的广泛参与能

① 王冬. 乡土建筑的技术范式及其转换[J]. 建筑学报，2003(12)：27.

② 李涛. 浙江安吉农村集中居住区住宅的节能设计研究[D]. 南京：东南大学，2006：56.

③ 顾朝林，谭纵波，刘宛，等. 气候变化、碳排放与低碳城市规划研究进展[J]. 城市规划学刊，2009(3)：38-45.

够在一定程度上用较低的成本缓解碳排放量。在地参与原则和宗旨不仅仅是为了实现乡村社区民享(for the people)和民有(of the people),更应该成为村民主体行为的一种积极的态度。

同时,关注专业设计团队在整个过程中的介入和作用关系,对建筑规划师在乡建过程中的地位和作用进行重新定位。建筑规划师应以一位参与者的身份而不是主导者的视角提供专业的指导意见,与村民、村干部以及相关政府机构共同决定并营建合乎实际发展需求的空间形态低碳模式。

4) 构建:联动效应

从意识自省到野性思维复兴,再到“在地”公共参与的积极推进,这是促成网络联动的上层引导基础。被激发的灸点以及结构“序”的动态变化,是对联动效应进行调控的一种应答式回应。借助原型经验积累以及意识认知的能动性和创造性,形成空间形态发展的新模式,由于乡村空间形态发展的自相似、模仿与类推,能够事半功倍地引导营建过程的良性自主更新。这种能动性或者说联动效应的过程,能产生很多弹性发展的空间可能,相较于机械化并精准制定好每一步骤并严格按照其来执行的过程结果,通过联动效应的调控能产生空间形态的弹性余量和灵动性,并保留个性化成分空间,以一种四两拨千斤的方法,省去事无巨细的条条规则①,更能突出空间形态的适应性动态特点,干扰介入的联动效应沿着既定的空间形态结构“序”之基本路径轨道,起初是零散的、个别化的模仿与类推,进而由小涨落发展成大涨落,由倾向个体化的调整继而转向整体化、群体性的变更。整体系统特征和功能属性的调整与改变由大量个体化共同特征,依循被激发的灸点的相互关联与有机联系,不断复制、演化而逐渐涌现生成,这即是网络联动效应调控的主要内容。

不同于可能使系统停留在相对较低稳态的自发性,受激发的无为网络联动模式调控,其在微介入式针灸作用下,依赖完整而开放的“序”结构,引入外界有针对性的适度正向干扰。此处,“无为”是相对而言的,“无为”中存在“有为”,“有为”则是为了减少原自适应中的试错过程,缩短涌现的过程时间。例如,专业建筑规划师的职业素养和村民在意识自省下的积极“在地”公共参与的加持与推进,可能会使系统向处于较高位置的稳态进行跃迁,当然,也可能适得其反。第 5 章已对“空间形态—环境碳行为—活动碳排放”的调控过程机制进行建立,并阐释了空间形态低碳适应性产生的主要过程,对专业建筑规划师的介入和对介入“度”控制的示范性能减少试错过程可能消耗的时间。其在肯定自发性的同时,又尊重可能的偶发因素,保持一种相对开放的态度,以免在信息多元化的乡村低碳语境下迷失。

因而,作为网络联动效应调控的一种保证机制,可建议村民以灵活自建的方式为核心,专业建筑规划师参与引导为辅,同时适度加强自上而下的监管调整。一方面强化村民参与营造的主动性与积极性,留出自建过程中农居多样化发展的弹性余量;另一方面又接受一定程度自上而下的引导,形成具有示范性意义的个体样本或样本群。

① 雷振东.整合与重构——关中乡村聚落转型研究[M].南京:东南大学出版社,2009:128.

6.3.3　制约：低碳适应性评价

1）目标与框架

乡村社区空间形态低碳适应性评价指标体系，是通过定性和定量指标共同检验实践成效的重要内容，是低碳乡村社区从基本概念内涵、特征、理论转向实践应用具体化的技术保障①，也是平衡对象和使用者之间价值关联的客观反映。评价指标体系基于空间形态与环境碳脉的识别与分析，结合两者间的相关性及已有经验积累，从低碳意识自省、布局用地合理调控到乡村社区空间形态容量控制，形成节源、节能、节地的认知态度，具备低碳适应性的空间形态结构和生长方式，满足精明增长的可持续和低碳化。同时，强化人作为适应性行为主体对环境碳行为的引导和过程机制作用，突出乡村社区的社会交往属性。评价指标体系包含了三大主要内容：首先，是对整体乡村社区的降碳能力评价；其次，是对空间形态适应性能力的评价；再次，包含了对过程机制组织优化的评价。

2）评价指标体系内容

空间形态低碳适应性评价指标采用"3＋1"的层级调控，建立连续的逻辑关联和规划引导，主要包括"社区：择居与控形""邻里：布局与择径""宅院：筑体与节能"以及"机制：激发与调控"四个维度内容。评价指标赋值参考国内低碳社区、生态城市、绿色住区建设的指标体系。例如，美国 LEED-ND 绿色住区评估体系、欧洲 BREEAM-Communities 评价指标体系、IPCC 温室气体排放清单模型、《中国绿色低碳住区技术评估手册》(2011）和国家发改委发布的《低碳社区试点建设指南》(2015）等，确保凡已有国家或地区标准的应尽量采用规定标准值，并考虑地区发展的差异化和资源环境现状的异同，结合乡村社区空间形态低碳营建的具体内容和原则，因地制宜地对现实条件进行筛选、归纳，部分缺参值的指标细则，则根据低碳发展的需求通过趋势预测获得（表 6.10，表 6.11）。

表 6.10　乡村社区低碳化空间形态模式营建评价总则

目标	维度	专项	得分				
			9	7	5	3	1
乡村社区空间形态低碳适应性营建	P_1 社区：择居与控形	C_1 场地选址					
		C_2 形态指数					
		C_3 共生环境					
	P_2 邻里：布局与择径	C_4 交通择径					
		C_5 社区布局					
	P_3 宅院：筑体与节能	C_6 建构建造					
		C_7 能源配置					
	P_4 机制：激发与调控	C_8 意识自省					
		C_9 组织调控					

注：得分从 9～1 分别代表现状满足专项细则 100％、80％、70％、60％及 50％内容时，相应获得的评价分数

① 邵超峰，鞠美庭. 基于 DPSIR 模型的低碳城市指标体系研究[J]. 生态经济，2010(10)：95-99.

表 6.11　乡村社区空间形态低碳适应性营建评价指标内容细则

维度	专项	评价指标	解释	参值
社区：择居与控形	C_1 场地选址	$C_{1\text{-}1}$尊重地形	基址选择生态干扰最小化	控制
		$C_{1\text{-}2}$选址安全	远离污染源	控制
			尽量不占或少占耕地，土方量就地平衡	控制
		$C_{1\text{-}3}$环境容量	环境承载力评估	控制
			降低褐地再开发污染	控制
	C_2 形态指数	$C_{2\text{-}1}$土地紧凑度	满足地形地势条件下的适度高密度	控制
		$C_{2\text{-}2}$用地规模	根据人口规模精明可持续增长	控制
	C_3 共生环境	$C_{3\text{-}1}$空气污染指数	达到《环境空气质量标准》(GB 3095—2012)中规定标准，二级标准天数大于等于 310 天	全年天数的 85%
		$C_{3\text{-}2}$声环境质量	达到《声环境质量标准》(GB 3096—2008)中规定标准	控制
		$C_{3\text{-}3}$水环境质量	促进地表水循环利用，污水集中排放	控制
邻里：布局与择径	C_4 社区布局	$C_{4\text{-}1}$人均建筑面积	控制土地利用开发限度	45～55 m^2/人
		$C_{4\text{-}2}$宅院朝向与间距	充分满足日照间距和充分自然采光，有利于改善局部微气候	控制
			宅院组群的邻里间距和朝向保证主导风向的有利切入，提高通风速度	控制
		$C_{4\text{-}3}$宅基地覆盖率	适当增加宅基地密度，以节约用地	控制
		$C_{4\text{-}4}$地域融入	考量新建建筑与原群域组合的协调性和一致性，构成肌理秩序的融合	控制
	C_5 交通择径	$C_{5\text{-}1}$路径分级	与社区基本规模和交通量相适配	控制
			道路系统架构清晰，分级明确，确保与外部接入道路的衔接顺畅性	三级或两级
		$C_{5\text{-}2}$路面透水性	尽可能减少铺地，可透水面积比重	≥50%
宅院：筑体与节能	C_6 建构建造	$C_{6\text{-}1}$形制与体量	保证舒适性前提，采用适当层高和体量	控制
			选择适应当地气候及文化特色的节地建筑形制	控制
		$C_{6\text{-}2}$自然材料利用	墙体围护结构材料中 3R 材料使用量比例(根据《绿色生态住宅小区建设要点与技术导则》)	≥30%
		$C_{6\text{-}3}$废旧建筑处理	拆除后所有材料回收率(根据《绿色生态住宅小区建设要点与技术导则》)	≥40%
		$C_{6\text{-}4}$新农居节能达标率	根据国家发改委《低碳社区试点建设指南》的规定标准	≥50%

续表

维度	专项	评价指标	解释	参值
宅院：筑体与节能	C_7 能源配置	C_{7-1} 清洁能源替代比重	根据国家发改委《低碳社区试点建设指南》的规定标准	≥5%
		C_{7-2} 垃圾回收利用	垃圾回收再利用处理水平	≥50%
		C_{7-3} 垂直绿化	充分利用墙面、屋顶进行垂直绿化	控制
		C_{7-4} 技术地域性	适宜技术保持与环境的协调适应	控制
机制：激发与调控	C_8 意识自省	C_{8-1} 低碳意识普及	根据国家发改委《低碳社区试点建设指南》的规定标准	≥2 次/年
		C_{8-2} 公众参与	专业人员与村民充分对话，提高村民参与乡村社区低碳化营建的积极性与主动性	引导
		C_{8-3} 绿色出行比例	鼓励步行或公共交通出行	≥60%
	C_9 组织监管	C_{9-1} 碳排总量下降率	比照前一基准年，参考国家发改委《低碳社区试点建设指南》中的规定标准	5%～8%
		C_{9-2} 碳排奖惩措施	建立可视化碳排警戒评分机制	引导
			对低碳排和高碳排的个体或集体予以奖励或支付一定碳排盈余惩戒款	引导
		C_{9-3} 碳排监测管理	组织节能减碳推进小组执行监督、核查、记录与统计	引导

6.4 本章小结

空间形态低碳适应性营建是基于时空维度的用地控制和容量调控的综合表达，使之能具有人性化的弹性结构秩序、多元化的生态环境氛围、低碳化的节能规划营建与构造方法，实现不同尺度空间形态下具有低碳适应效应的“模式语言”。在空间维度进行适应性单元的构建，加强结构低碳适应性：社区层级，注重选址与控形；邻里层级，调整布局与择径；宅院层级，控制筑体与节能。在时间维度促进机制协调，通过微介入式针灸的激发，依托结构的适应性作用规律和网络联动效应调控并优化过程机制，同时，对空间形态低碳模式和整个动态过程进行低碳适应性指标评价的制约。

7 实践项目:浙江安吉景坞村改造规划

7.1 项目概况与定位

7.1.1 基本现状

浙江安吉景坞村位于安吉鄣吴镇中部(图 7.1),村域面积约为 14 km^2,北邻玉华村,东接良朋镇西侧,南临民乐村,西北向与安徽省广德县接壤,包含桃园村、景坞村、外庚村和里庚村四个自然村。地处天目山北麓的低山丘陵地带,沿线水体景观资源丰富,有两条主溪流穿村而过,自然生态资源丰富,景观环境良好。地属亚热带海洋性季风气候,年均气温 16.6℃,植被覆盖率达到 75%。2012 年,村民年均收入达到16 852元。得益于良好的环境资源,从 2010 年开始,景坞村以文化产业为基础,结合农家乐、会所、农庄等产业经济,发展乡村旅游业,目前农户自营农家乐 10 家,占总户数的 10%以上。

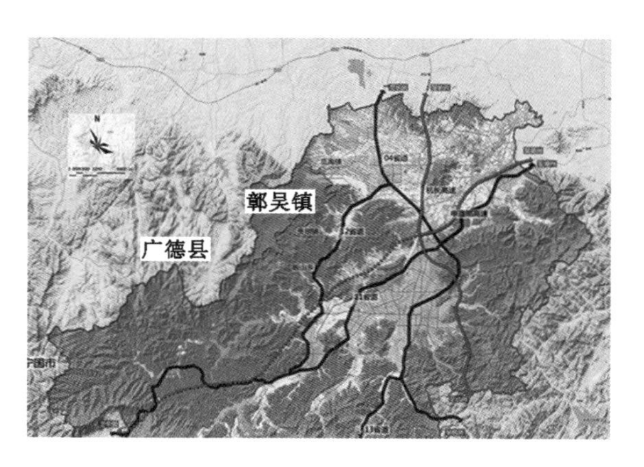

图 7.1 景坞村在鄣吴镇的区位示意图

(资料来源:课题组规划文本)

作为长三角地区经济、交通的活跃地带,景坞村的优良人居环境为乡村低碳营建提供了有利的外部条件,而城乡关系的逐渐密切以及第三产业的快速发展,将推动并促进和激发人居环境低碳建设的需求,对空间形态的适应性和功能融入的协调性都提出了更高的要求。

7.1.2 目标与原则

1) 思路:立足优势,整合提升

根据《安吉县鄣吴镇城镇总体规划(2010—2020 年)》,规划以鄣吴集镇为核心、鄣吴溪为纽带,形成农业观光、竹林游憩、乡村休闲、湖滨度假四个主要功能片区。景坞村的发展定位为结合优良和丰富自然环境资源,产业多元并举、村居品质宜人的乡村休闲观光示范区。规划将景坞村中的里庚自然村作为此次规划营建第一阶段的主要对象,使里庚自然村从农产业特色加工逐渐向休闲旅游业态过渡和转变,鼓励发展多种经营模式的农家乐等旅游配套设施,在社会资本外力分化介入的同时,注意尊重和维护原生态发展格局,延续山水景致脉络,借助农房升级改造的契机,加强对居住、公共类建筑以及整体乡村空间形态营建的低碳化引导，强调在经济发展和转型的同时注重乡村低碳生态转型，避免走先开发后保护的老路（图7.2）。

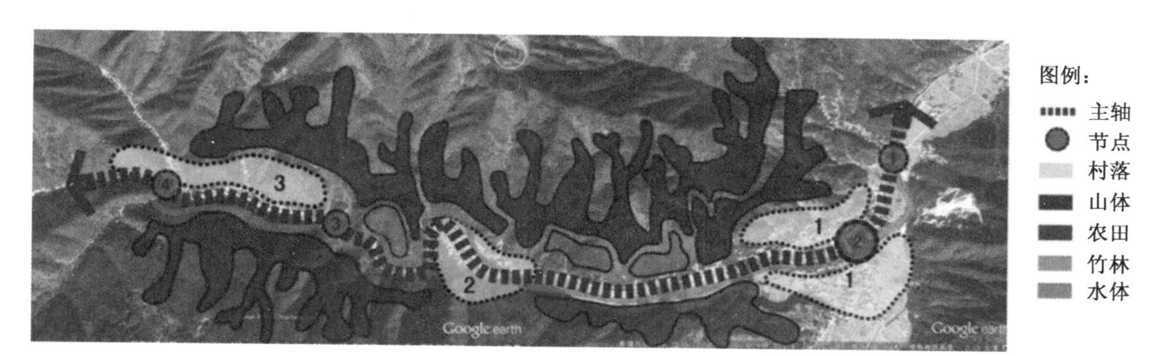

图7.2　景坞村整体规划结构思路图

（资料来源：课题组资料）

因而，需要在充分了解和明确现有生态资源和空间形态特点的基础上，利用已有建设成果与优势，找准低碳化发展的未来主导态势。以"主轴格局先行，带动点线激发"的方式，立足自身优势，整合多种控制要素，进行空间形态低碳营建与指导。在农房改造建设示范过程中，注重自然生态环境与人工营建的互动关系，以现有自然和人文资源为优势基础，带动乡村生态资源的保护和开发，实现乡村空间形态在外部形态、内部结构和微观构造三个维度的良性低碳发展。

2）原则：政府引导，村民主体

坚持政府引导和广大村民为主体地位的基本原则，发挥政府和专业建筑规划师的引领作用，尊重并保护村民的意愿和利益，鼓励村民积极参与到建设过程中来，有序实施农房改造建设；坚持节约资源和保护环境，对宅基地用地进行有效控制，各类型用地局部集中紧凑而适度开放，精准利用和推广村民所熟知的现代化改良低技术，实现节地与节能。

7.2　空间形态特征与碳排放识别

7.2.1　空间形态识别

景坞村的整体民居分布受到两侧山地丘陵地形的限制，主要沿鄣吴溪和与外部相连的入村主道分布，以带状线性向峡谷纵深展开（图7.3）。沿线水体景观资源丰富，并以周边丘陵地为依托，民居宅院以点群式和围合式布局为主。通往桃园村、外庚村和里庚村的沿线农房整体风貌尚待进一步整理，通村道路较为

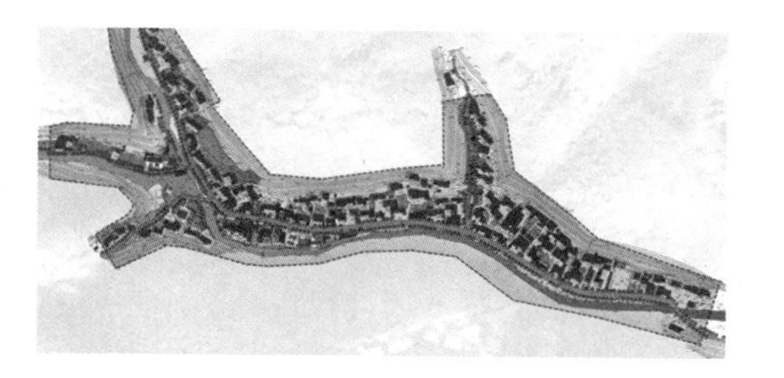

图7.3　景坞里庚自然村平面空间形态示意

（资料来源：课题组资料）

陈旧，部分景观和水体品质不高，需要整理与修缮(图 7.4)。空间形态的特征属性可以通过定性的显性结构要素(边界、群域、通廊)和定量化的特征测度参数指标来共同表征。

景坞村农房经整治后整体风貌较为理想

里庚村部分道路较破旧，沿线景观需整治

里庚村内民房经刷白工程色彩过于单调

月亮湾河床裸露情况严重，景观品质不高

图 7.4　景坞村沿线现状调研

(资料来源:课题组资料)

1) 边界

景坞里庚自然村的边界以民居宅院实体与虚体空间连接而成，由于受到山地地形和通村溪流的制约和引导，呈现出多方向指状延展。其土地紧凑度数值较低，但有利于增大边界外侧与自然生态的接触面，使边界内侧群域团组之间的“孔隙”能获得更多有效环境资源。边界的膨胀或收缩表征了整体用地规模的大小，也在一定程度上影响了能源碳排放总量及有效自然资源进出效率。

2) 群域

边界是空间形态结构之“序”的线性体现，群域则是“序”的面域展示，体现基本单元群块大小、方向和间距的组织与分布。里庚自然村用地现状以农居住宅为主，占边界内总用地的63.27%，公共服务用地仅占 3.21%，而河流湿地用地达到 22.91%(表 7.1)。由于地处山地，里庚自然村的民居宅院组织布局较为紧凑，沿入村道路线性排列并结合点群和围合式组织呈现综合布局特征，各宅院间距疏密有间，非机械化布阵排列，亦非随机点状“插花”或“盖章”，而是顺应山地等高线走势，且民居宅院个体充分利用功能空间的最佳朝向，依循水体溪流而以南偏东或南偏西为方向延展，与自然环境构成图底互补。

表 7.1 景坞里庚自然村用地比例分析

用地分类	河流湿地	公共服务用地	农居住宅用地	交通用地
面积(hm^2)	13.12	1.84	36.24	6.08
比例(%)	22.91	3.21	63.27	10.61

(资料来源:课题组资料)

在民居宅院用地情况方面,里庚自然村现有民居宅院主要建于 20 世纪八九十年代(占 69%)以及 2000 年后两个时间段,一般以三开间居多,高度以 2～3 层为主,其中 88%为 2 层。户均建筑底层占地面积为 137.95 m^2,其中 80～90 m^2 占 32.7%,户均建筑总面积为 275.88 m^2,远比一些平原和滨水型乡村社区的面积要小。

20 世纪 90 年代之前所建民居质量普遍较差,不能适应当下的生活功能所需,部分已荒废。近年自建农居宅院主体结构保留较好,以砖混结构为主,但附属用房及院落道场的整治并未完全跟进。农居外墙以石灰抹面及简单贴面砖为主,围护结构未使用保温隔热构造及相关材料,且住宅体形系数较大,一般均值在 0.5 以上。墙体与楼板以 240 mm 黏土实心砖墙和预制多孔楼板构筑。坡屋顶居多且屋顶构造简单,门窗框采用铝合金推拉窗或单层玻璃的钢制窗,建筑构筑体本身高耗能倾向明显,未能满足《农村居住建筑节能设计标准》(GB/T 50824—2013)和《夏热冬冷地区居住建筑节能设计标准》(JGJ 134—2010)最低水平要求(图 7.5)。

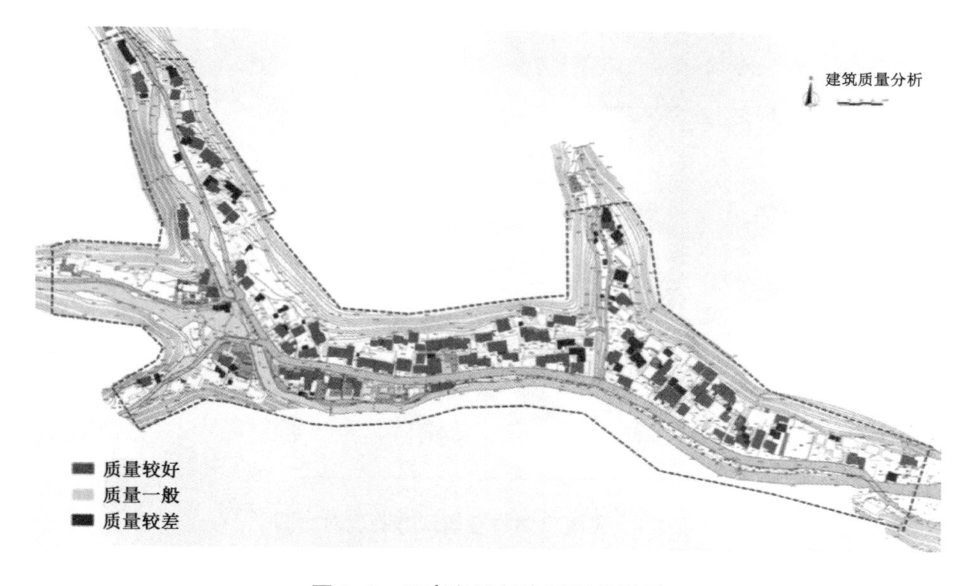

图 7.5 里庚自然村房屋现状质量

(资料来源:课题组资料)

3) 通廊

通廊以道路、水系、绿带的形式切割或连接基本单元,作为物质和能量的过境通道,其形状、走势方向会影响沿线土地利用布局和效率,在对群域和边界的变动调适起支撑作用的同时形成吸附或线性张力，进而直接影响公共基础设施的分布和管网线路的铺设，最终抑制或增加碳排放量(图 7.6)。里庚自然村沿山地峡谷带延展的鄣吴溪，过去是村民生活的水源，现如今与入村道路一起成为串联起各个民居宅院的主要构架，充分利用山地可建土地资源，并与山体水系等自然环境的接触面最大化。

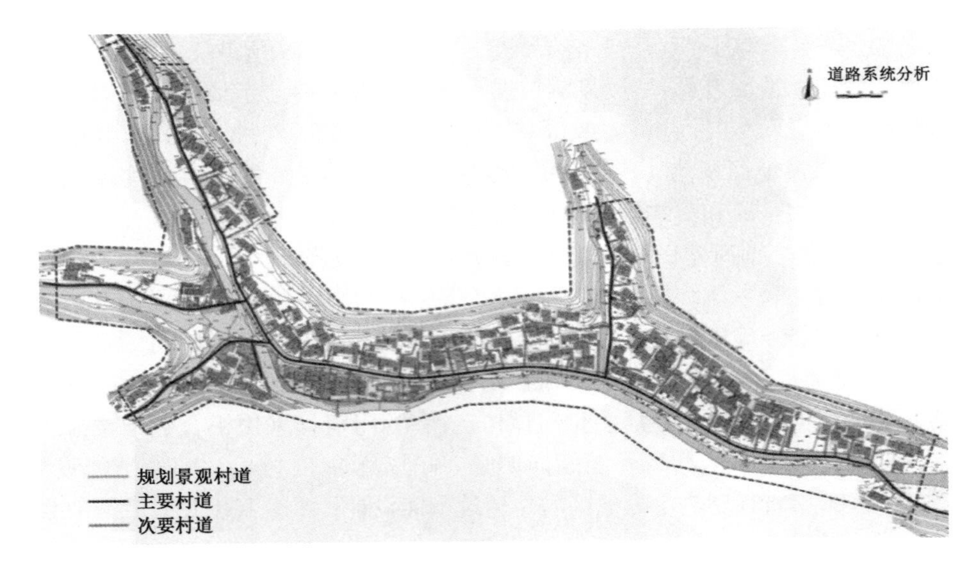

图 7.6　里庚自然村道路分析

(资料来源：课题组资料)

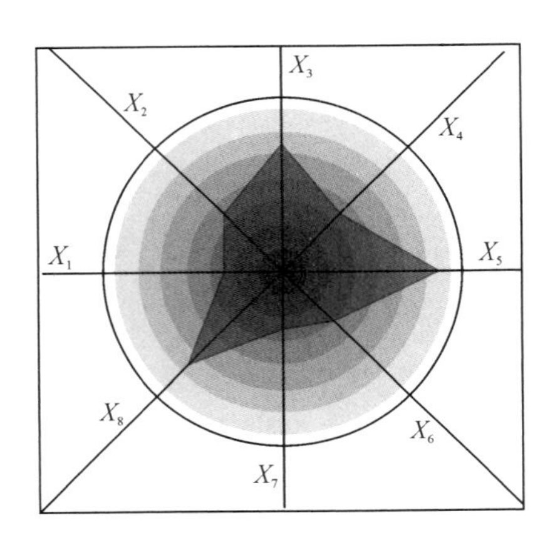

图 7.7　里庚自然村空间形态测度对比图

本书第 4 章在空间形态量结构、度结构和率结构关系的组织下，用八个特征测度参数指标表征空间形态特征，其中度结构和率结构关系中的宅基地覆盖率和公共空间分维数指标与建成区规模指标一起，表明了空间形态内部结构的一定填充能力和组织水平效率能力，即空间形态的适应性能力，并用转化为标准 Z 值之后的测度参数值在雷达分析图中进行对比分析，尤其是公共空间分维数(X_8)，其值越大越有可能说明较为良好的空间形态组织能力(图 7.7)。满足与自然环境、社会文化、生活功能相适应，且存在可扩展的弹性空间，这本身就是一种低能耗的机体系统，具有秩序的规模等级和可生长的连接点。

在里庚自然村中，多方向指状的发展趋势，在适宜用地的范围条件内，增加了可增建与连接的局部生长点的可能性。在与 2000 年卫星影像的对比中可发现(图 7.8)，受限于山地地形条件，里庚自然村用地扩增现象不明显，以原址翻新建为主，因而基本不存在外延式扩张发展，能继续保留原有空间形态的外部形态特征。在相对静态的空间形态发展中，通过显性结构边界、群域和通廊的定性分析，可明确获知空间形态与自然环境在空间结构组织和布局上的契合性。然而，当乡村经济开始转型发展后，原功能与现有空间形态势必会出现不协调状态，此时，如何在内涵式发展形式中继续保持良好的空间形态适应性能力，是规划营建要解决的基础性问题。

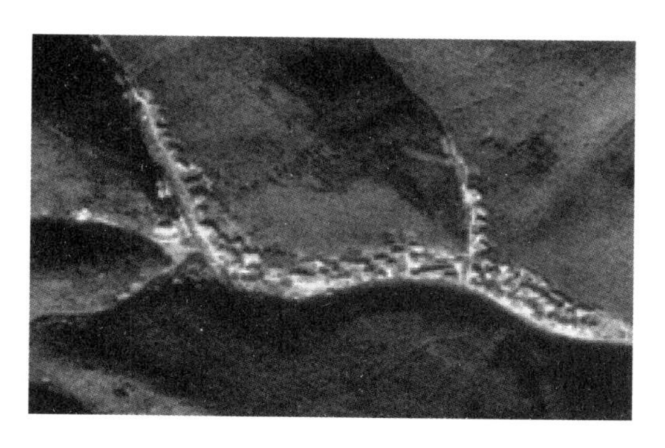

图 7.8 里庚自然村 2000 年卫星影像图

(资料来源：浙江测绘与地理信息局系统)

7.2.2 碳排放特征

2010 年开始，里庚自然村逐渐转变经济发展模式，在社会资本外力分化介入下，开始发展农家乐旅游经济，目前已有 6 家农家乐、2 家商店以及从事炒茶制作的家庭作坊。通过选取面积相似的纯自住和自住与经营相结合的农户样本进行能耗对比，可以明显发现由于功能内容的变更，使得自住和经营相结合的单元群块较纯自住的民居宅院，在单位面积强度下用电能耗更高，尤其是 5～11 月的旅游旺季和 3 月份的清明炒茶季，可见碳排放量存在季节周期性和产业功能内容异同的差异性(图 7.9)。

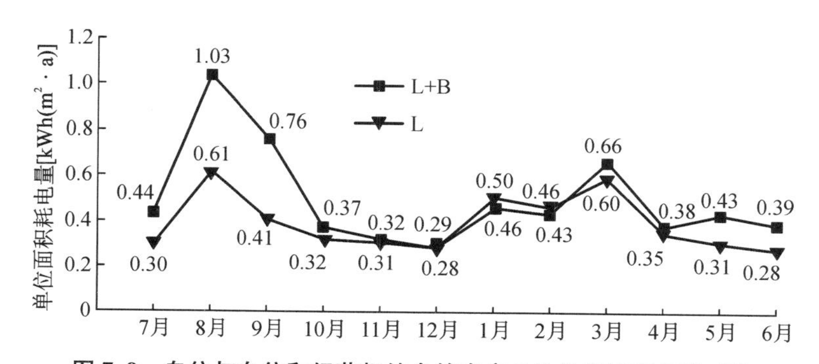

图 7.9 自住与自住和经营相结合的农户月均单位面积用能对比

(资料来源：刘彤，王美燕，黄胜兰. 处于乡村旅游发育阶段的农村建筑能耗调查——以浙江安吉里庚村为例[J]. 浙江建筑，2016，33(7)：59.)

此外，通过能源调查问卷和相关电力、统计部门走访，对公共服务、农居、交通三类主要碳源用地进行能源消耗统计(农居用地以生活用能为内容，主要包括柴薪、液化气和电能的能源消耗量)，其能源消耗量用公式(4-4)模型进行标准化转换计量，结果发现在近五年的时间中(2010—2014 年),农居用地单位面积碳排放系数值在三者中最大,且呈现逐年增长态势(图 7.10),各居住用地基本单元间的碳排放差异性也较为突出。如果仅从空间形态视角,碳排放量主要与建成区规模、宅基地覆盖率、户均建筑覆盖占宅基地面积比和公共空间分维度四个特征测度参数指标相关,其中,建成区规模和户均建筑覆盖占宅基地面积比与碳排放强度呈正相关,宅基地覆盖率和公共空间分维度与碳排放强度呈负相关(见第 5 章分析)。

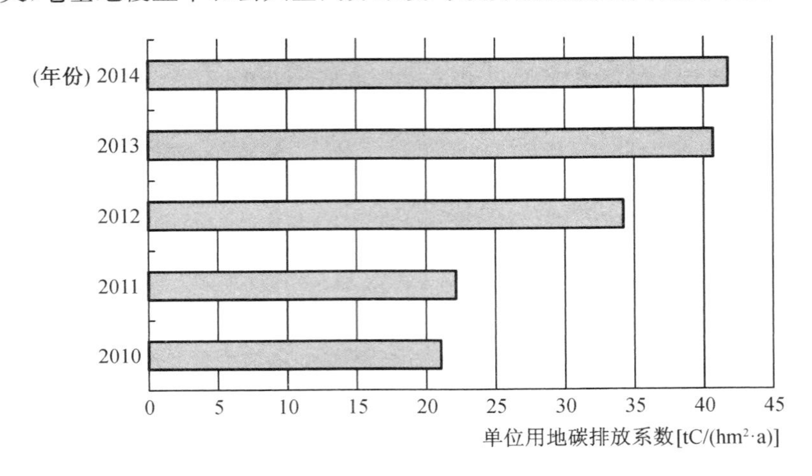

图 7.10　年单位用地碳排放系数(2010—2014 年)

(资料来源:作者根据相关资料绘制)

7.2.3　现状客观解读

(1) 公共配套设施支撑不足。里庚自然村处于旅游发展转型的萌芽阶段,公共设施配套不足,难以支撑作为未来休闲旅游乡村的基本配套容量。因而,需要考虑如何在维持较低能耗且对原空间形态结构不产生较大影响的基础上,增加相应的公共服务用地,这是机遇同样也是挑战。

(2) 资源和环境约束趋紧,可建设用地有限。得益于天然的地理优势,也受限于山地丘陵地形,里庚自然村耕地资源有限而宅基地用地较为紧凑,这使得对建设用地指标的挖掘潜力也有限,但也由此避免了乡村整体迁并重构或大面积新区不良嫁接,对原人居环境空间形态适应性优势的破坏。

(3) 民居宅院建设水平差异大,节能关注不足。大部分 2000 年后更新的农居只关注外在形式、样态的趋城镇化,却忽视内部平面功能序列实际需求以及构造结构的热舒适性条件,对保温、隔热等节能做法关注不足,因而,有必要对量大面广的农居宅院进行调整与改造提升。

7.3　适应性单元建构与机制协调

依据上位规划要求和原则,乡村整体改造规划配合旅游经济的转型发展目标,在提升环境综合品质、增加公共服务设施的同时,保持并加强既有人居环境空间形态的适应性能力、降低新功能融入的能源消耗依赖,这是此次乡村低碳化改造营建规划的两大关键内容。

针对既有乡村社区空间形态适应性单元的建构与改造,需要秉持“记忆优良基因,遗忘并抛弃不适应性”的原则,以用地调控和容量控制为主要手段,对与碳排放强度和适应性能力相关的主要特征测度指标进行重点调控,完善空间形态结构的适应性能力,并在此基础上选取关键、有代表性的“灸点”进行针灸治疗,利用空间形态的适应性联动效应,循序渐进推动低碳化的发展前行。

7.3.1 关键记忆保存

1) 外部形态——受限控制

根据地形地势、环境承载力和可发掘潜力,将规划范围内的用地划分为禁建区、限建区和适宜建设区,引导并控制乡村经济转型需求下的开发活动对自然景观环境的影响,尽量保持沿线原有人居环境的稳定平衡(图 7.11)。

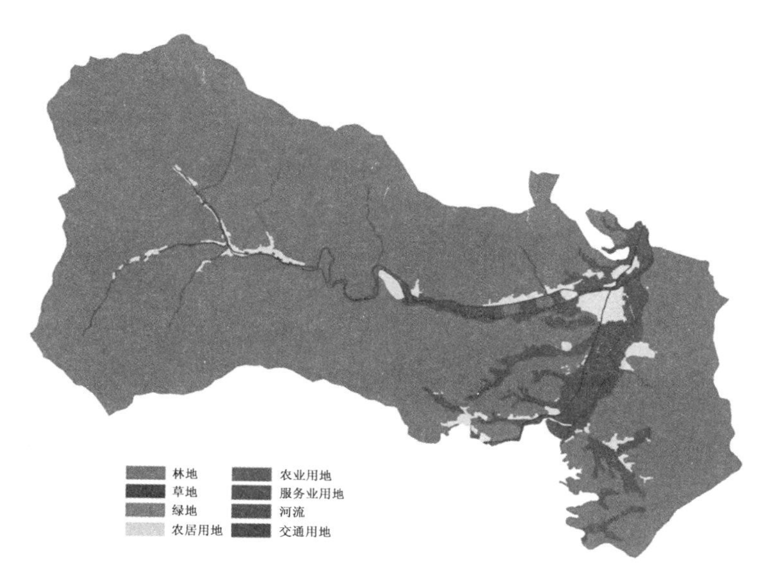

图 7.11 景坞村村域用地情况示意图

(资料来源:课题组资料)

(1) 山林控制

景坞村村域由东向西深入,两侧由开阔山谷到山林竹海,在农居改造或公共配套设施营建提升时,需对周边山林地严格控制,禁止任何形式的滥伐与侵占,对原边界外侧的自然环境予以高度保护并适度开发。

(2) 水体控制

郭吴溪水系沿线应积极推进河道清水工作,开展流域综合整治,采取砌筑河岸、绿化滨河等方式改善环境,保证在水体景观管理范围内禁建妨碍或影响水系稳定的构筑物、建筑物。

2）内部结构——适宜介入

（1）宅院组织

由于地形限制，边界内侧原有民居宅院多遵循沿入村道路排列，依山面水，布局紧凑而有秩序，点群状与围合式相结合的团组形态具有较良好的公共空间组织能力和适应性能，与周边山、水、竹、田等自然契合。因而，相较于那些外延扩张式的乡村空间形态，本次规划着重探讨如何通过内涵式拓展在有限的用地空间内，一方面使介入的功能结构能尽快完成与环境相互适应的"落地"动作，另一方面满足并容纳经济发展转型所不断需要的各种配套设施。

首先，对原人居环境空间形态的优良基因进行记忆与保留，"保持形制，延续肌理"①。里庚自然村民居宅院宅基地用地面积差异不大，一般维持在 200～250 m^2，适宜的规模大小，从"量"的角度限制了单元面积上的活动量水平，也约束了碳排放总量。因而，对形制的保持必须建立在对宅基地用地审批制度的严格遵守基础上，不随意侵占或缩减农居宅基用地。同时，在相同宅基地覆盖率下的所有组合布局中，围合式布局的碳排放强度普遍较低（见第 5 章分析），其能借助相互的遮挡以及联排共墙，增加阳光遮挡加强通风能力，从"度"的调控视角减少能源碳排放，保证建筑投影与基地下垫面图底关系，尽量不过多调整现有民居宅院用地的具体位置、大小和方向，保存个体的随机性和整体面域相对均质的相似性，有利于外部新介入部分的连接点弹性空间塑造。

其次，对需要改造和新介入的功能结构进行梳理和定位选择，完成灸点治疗的关键节点选取。从空间形态的动态走势看，由东至西的入村道路是主轴引线，而位于三角岔地的月亮湾组团节点是引线方向上的一个主要高潮，需要对该节点片区景观的公共性进行加强，除考虑整治月亮湾的水体景观外，在周边驳岸还考虑增加小型休憩场所和便民服务点。此外，在沿鄣吴溪两侧的入村道路口以及中段分流的岔支档口角地，均是介入新功能结构的关键节点处。规划考虑在鄣吴溪的分叉角地建构滨水景观步道和配套绿地小广场，借助开敞空间的自然渗透糅合人工建成构筑物和周边自然环境构成局部微气候的下垫面基础（图 7.12）。

（2）开敞空间

——绿化系统。虽然村域整体植被覆盖率不低，周边竹林、田地等景观保留较好，但边界内侧水体岸边及民居宅院旁绿植稀松、景观完整度较差。在具体实践中，尽量在有限开敞空间内，提高绿地水平向度的覆盖率和垂直向度的植物容量，增大碳汇绿地总面积，并注意优化植物种群配置和种植搭配模式，在水系岸边及宅院侧种植毛竹、常绿乔木等适宜景观物种，院墙内种植绿篱，形成集中而适宜的郁闭度。由点及线再至面域，并将平面与立面相结合，使景观环境质量获得提升，与周边自然环境的山、林、竹、水有机结合，实现与人工建成环境的互相渗透，共同形成局部微气候的调节作用（图 7.13）。

① 王竹，钱振澜，贺勇，等. 乡村人居环境"活化"实践——以浙江安吉景坞村为例[J]. 建筑学报，2015(9)：32.

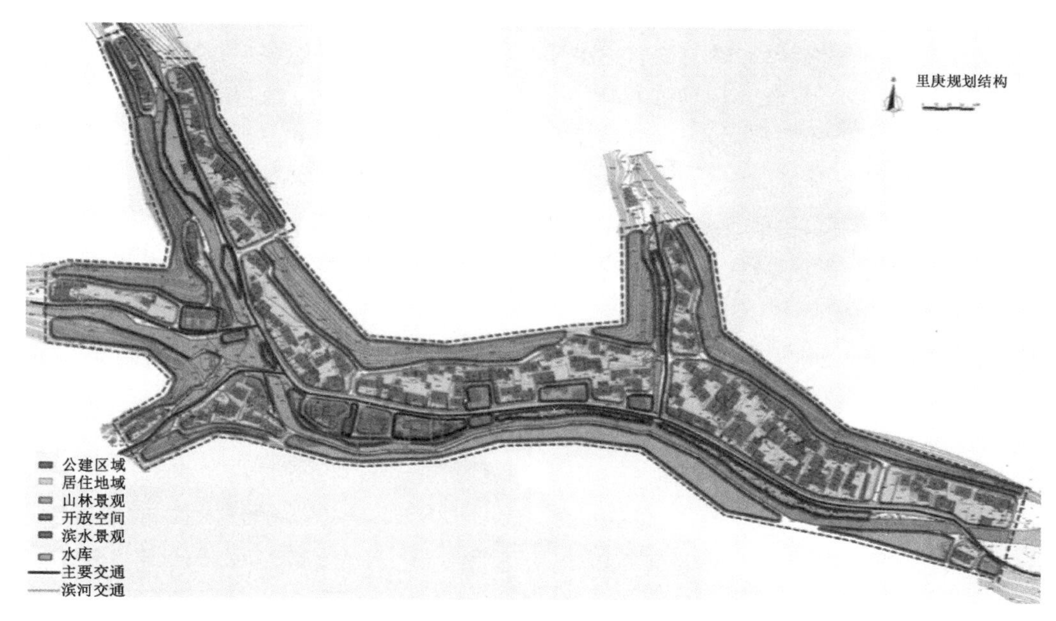

图 7.12 里庚自然村规划结构

(资料来源:课题组资料)

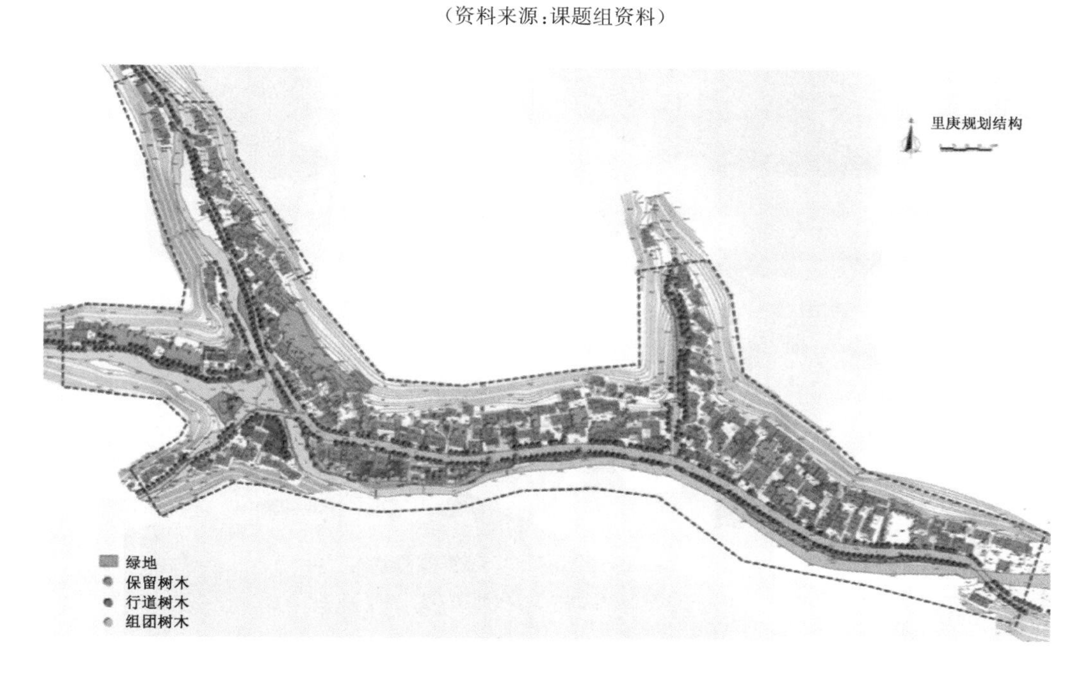

图 7.13 里庚自然村绿化景观整治提升

(资料来源:课题组资料)

——水体景观。本案基地内河床干枯、碎石杂乱、水岸凌乱,亲水性较差,未充分利用水系资源优势。改造提升方案首先根据高程和溪流走势,利用当地石材修筑三道阶梯形跌水台,在月亮湾原节点处形成不同标高的水势,跌水台边缘的滚水坝用切割完成的方形毛石以汀步形式沿曲线自然展开①,解决冬季枯水期的河床裸露问题。其次,与疏通治理后的郭吴溪串联形成滨水游步道,极大地增强水体景观的同时,结合层层推进台面,成为生活所需的亲水平台(图 7.14～图 7.16)。

图 7.14　月亮湾改造前现状(课题组资料)

图 7.15　月亮湾治理后图景(课题组资料)

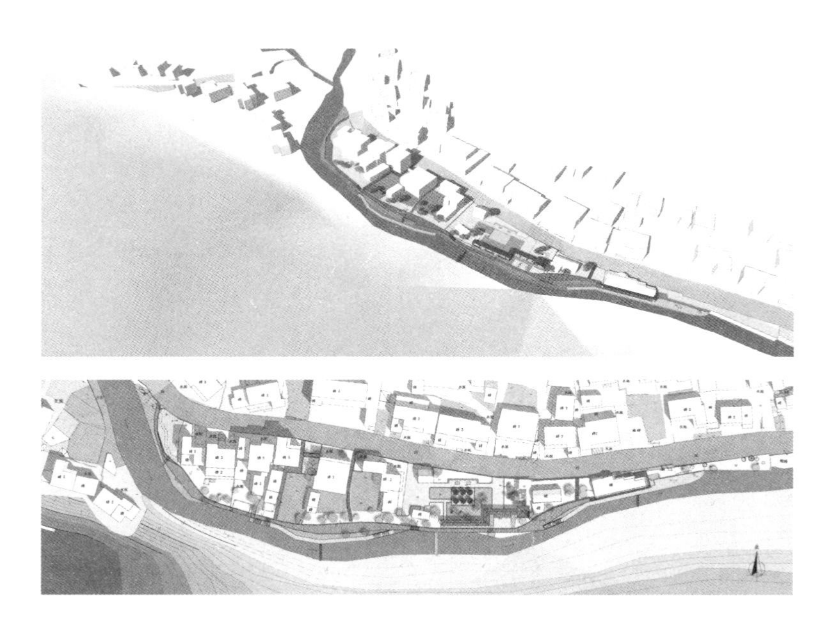

图 7.16　郭吴溪滨水步道整体整治

(资料来源:课题组规划文本)

7.3.2　新功能需求融入

在乡村经济转型的客观需求下,过去与周边环境相适应的空间形态会发生模糊和调整,

① 王竹,钱振澜,贺勇,等.乡村人居环境"活化"实践——以浙江安吉景坞村为例[J].建筑学报,2015(9):33.

在需要更多配套公共设施适宜介入的同时,对新功能融入、在材料使用和适宜建造技术方面也提出不一样的要求。因此,如何在传统和创新前行中孕育地域性的适应性融入,兼顾传统与现代材料的共生共存,并突出现代材料的耐久和实用性优势;如何把握适宜新技术与传统建造工艺的建构平衡,降低碳排放总量,是适应性单元建构在微观实践操作过程中的重要课题。本次规划中,考虑从平面序列组织、材料选取与构造、低技术适宜转换与继承三个方面对新功能的融入进行优化(图 7.17)。

图 7.17 基于本地材料与建造技术的乡村营建

(资料来源:课题组资料)

作为入村主轴引线上的主要高潮点,月亮湾团组应成为节点选取的重点。因此,选取月亮湾团组三角岔地驳岸的一所废弃小学,成为具有代表性的改造示范对象。原小学校舍为两层砖混结构,自身结构完整,各建筑构件自身破损并不十分严重(图 7.18,图 7.19),建筑面积约为 192 m^2,层高 3.9 m,单开间间距为 3.6 m,墙体和楼板分别采用 240 mm 黏土实心砖墙和预制多孔楼板。通过夏季对其进行热环境的测量发现,整体保温隔热性能一般(图 7.20)。

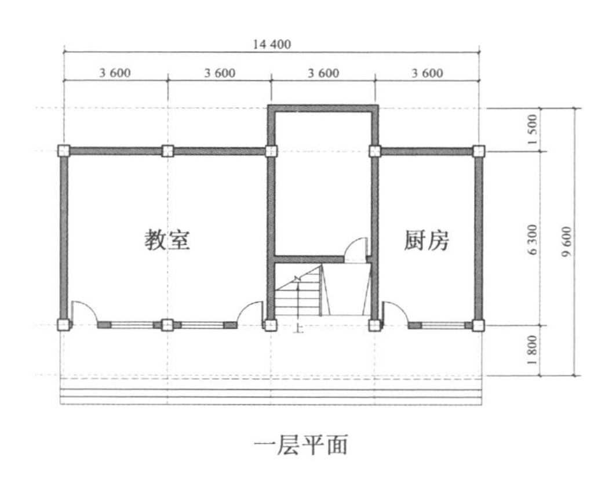

一层平面

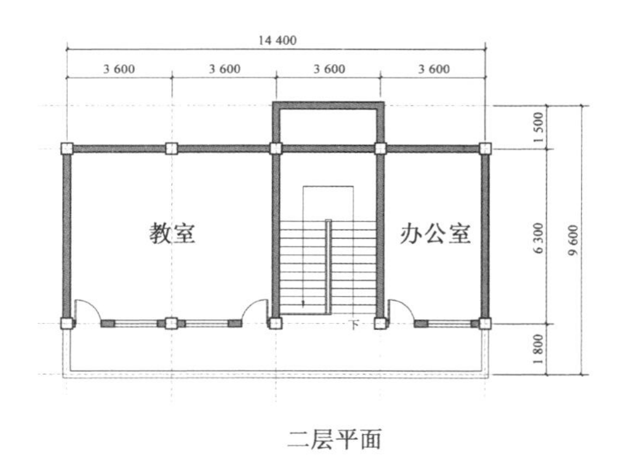

二层平面

图 7.18 小学改造前平面图

（资料来源：课题组资料）

图 7.19 里庚自然村废弃小学改造前现场

（资料来源：课题组资料）

图 7.20 室内各热桥部位热成像仪图

（资料来源：课题组资料）

注：对建筑中各热桥部位进行红外热像仪拍摄。在教室空间内，窗户表面与内墙面温差达 6.6 ℃，其中过梁温度略低于墙面温度；在室外的檐廊空间，二层敞廊顶底温度高达 42.9 ℃，室外次梁的温度略高于外墙面约为 33.5 ℃，整体保温隔热性能一般。

1）平面序列组织

现根据规划营建内容将其改建为自住和经营一体的小型民宿示范点。通过对原建筑空间的梳理以及深入的现场调查和村民家中的走访与了解，及时听取和反馈意见，以优化方案并提高适宜性与可推广程度。

因此，改造工作首先将矩形平面西侧拓增南北竖向L形，与原矩形平面紧密咬合。在新拓增的L形空间内，布置书房、厨房、餐厅、内庭院井和储藏室等辅助功能用房(图7.21)，使得主要功能用房位于较佳向阳面，且处于冬季辅助用房的背风侧，减少西北风的直接肆虐及主要空间围护结构的热损耗(原小学体形系数达0.674)。原一层西侧的教室改为接待室，公共空间保持南北纵向布局，能有效组织穿堂风，并将原开放的敞廊封闭起来，形成可调节开启的窗口。东侧厨房以及二层教室和办公室，划分改造成四间客房，占据最佳朝向、采光和良好视野。

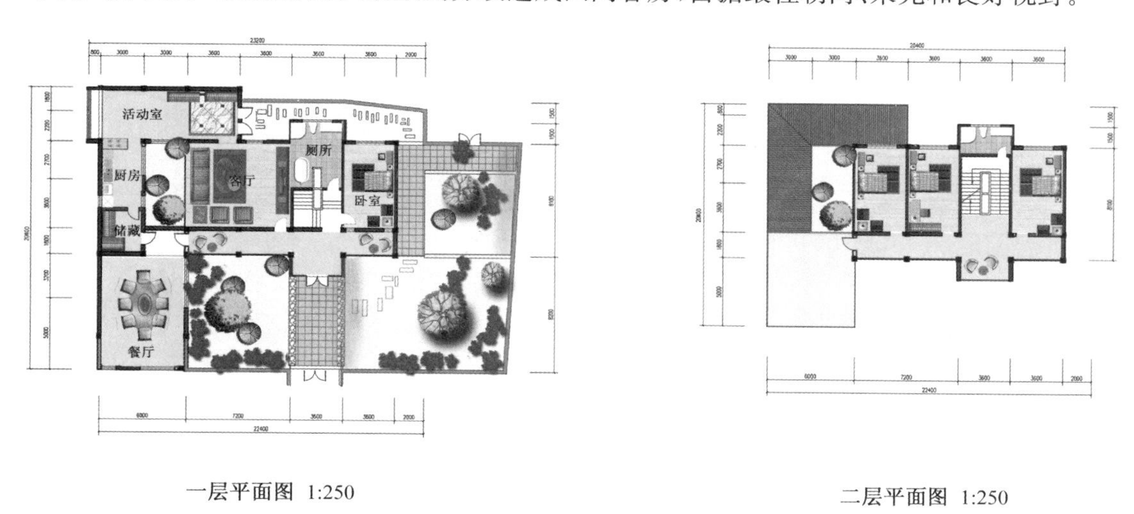

图7.21 小学改造后平面布局图

(资料来源:课题组资料)

新改造的平面布局，满足了现代生活功能需求的序列组织，也延续了传统民居形制中对通风效果的继承。在水平方向，形成前庭、中井、后院的通风开敞空间；在垂直方向，结合楼梯间通风竖井、南北可开启窗口位置的组织，与水平通风区块一起，促进自然风行的循环路径，有利于室内外主导风和宅间局部风量的交织、渗透与融合(图7.22)。

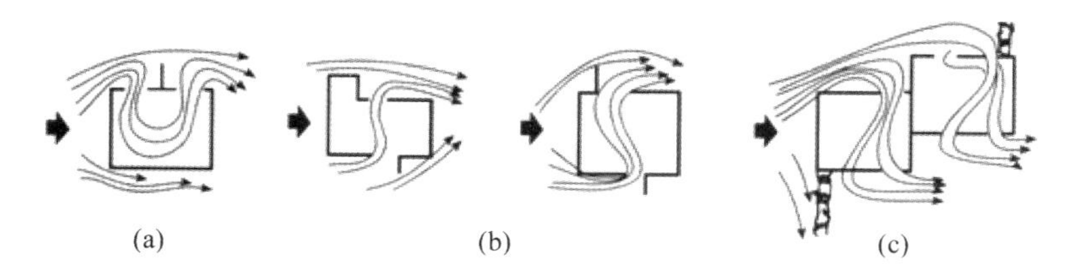

图7.22 改造平面序列组织过程中运用到的通风组织手段

(资料来源:课题组资料)

注:(a)利用挡风板组织正负风压;(b)利用建筑凸起或附加导风板组织通风;(c)利用阶段高差的平面组织及绿化

2）材料选取与构造

传统乡土建筑中土、木、竹、石、瓦等材料各尽所长，形成了材料选取利用与建构营建逻辑的适应性。这种适应性真实并直接反映了建筑与所在自然环境之间的朴素地域性关联。因而，在小学校舍改造的材料选取上，充分利用安吉当地资源储量较为丰富的毛石与竹材，注重传统技术范式的转换与重新认知，使其与新功能的融入相适应，维护乡土文化风貌的延续性与合理性。

（1）竹片复合墙体和竹制外遮阳

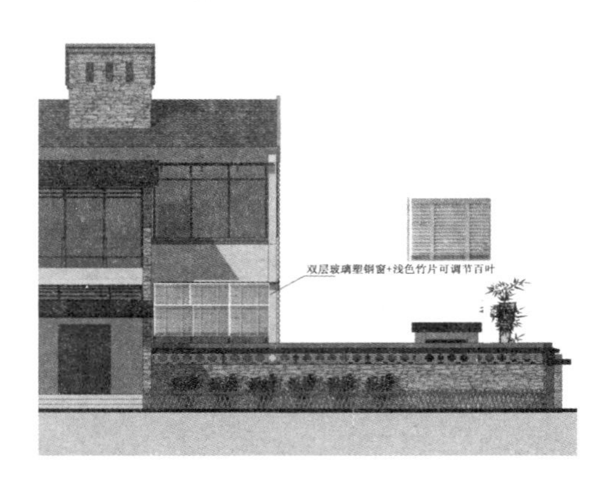

图 7.23　竹制可调节外遮阳（课题组资料）

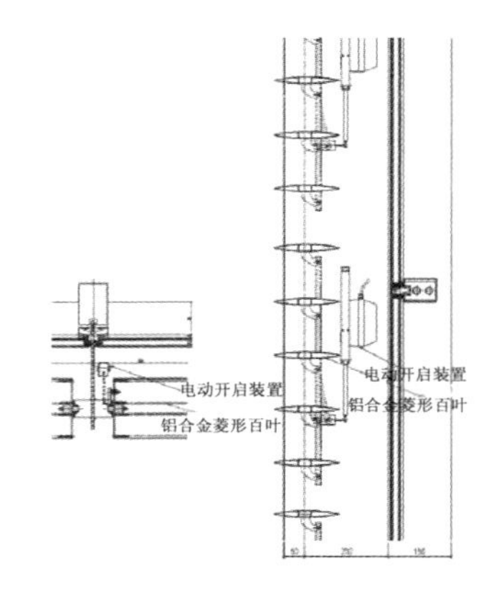

图 7.24　竹制百叶构造做法（课题组资料）

安吉当地的竹制品加工技艺较为成熟，且成本低廉易于被普通村民接受，根据其适用、易加工、易维护的特性，可制作成标准构件，进行自主选择与组合，作为遮阳构件、竹片复合墙体甚至混凝土的浇筑模板。在小学校舍的东西山墙体外附加竹片外挂幕墙，与自身主体墙面形成空气间层，能有效起到对围护结构隔热、保温、防水的作用。此外，竹材可制成可调节的垂直百叶或者外遮阳板，从而有效解决夏季遮阳、冬季纳阳的需求，调节室内采光。（图 7.23，图 7.24）

（2）毛石墙面与基础

毛石同样是安吉当地储量丰富的现成建材资源，将其巧妙运用在院墙立面、主体墙身、门斗、拔风塔等处，在利用其良好的保温隔热性能优势的同时，也有助于形成地域性风貌特征。此外，安吉的春季时节容易返潮，夏季又多雨，用毛石或乱石砌筑成台基基础，再以斗板石或砖压边，能形成防潮构造阻隔潮气进入墙体及室内（图 7.25）。

（3）材质色彩

在材质色彩的控制上，总体原则应选择太阳辐射吸收系数较小的材料和颜色。屋顶宜使用低明度、低色彩，外墙表面宜采用高明度、低彩度材质，使屋顶与墙面形成较鲜明对比（图 7.26）。

3）低技术适宜转换与继承

针对现有室内热环境隔热保温性能不佳的现状，设计实践在空间营建中摒弃“低劣”的一味技术堆砌，巧妙融入适宜低技术与空间资源相契合，增加阳光间、拔风井、庭院及墙体绿化、小型人工湿地净化等被动式节能技术集成。

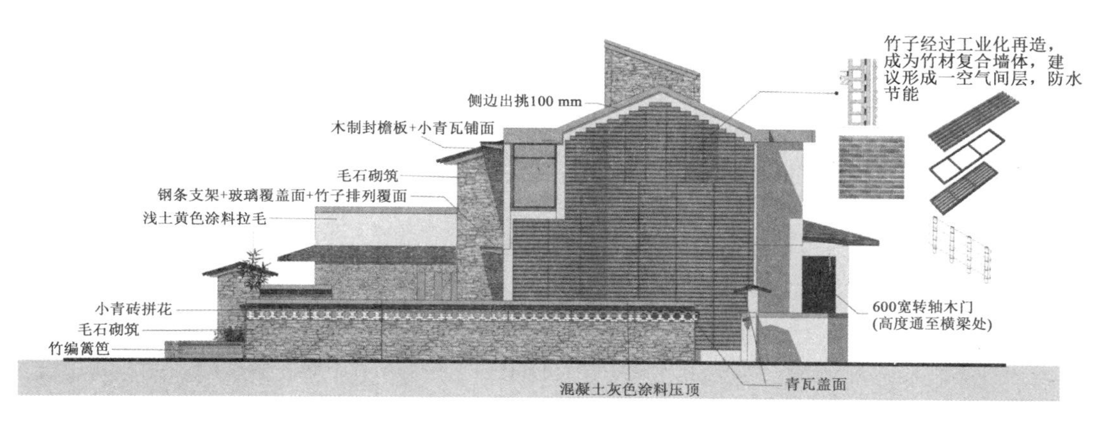

图 7.25 当地乡土材料的集成使用

(资料来源:课题组资料)

图 7.26 废弃小学改造后实景现状

(资料来源:课题组资料)

(1) 楼梯间与拔风管井结合

小学校舍原有楼梯开间为 3.6 m,仅适用于过去学生人流量较大时的功能需求,而不再适用于改造后的民宿居住需求。于是,在设计方案中,选用当地毛石截取梯井 900 mm 宽空间,砌筑高升出屋顶面的垂直拔风管井,利用烟囱效应的热压和风压差促进冷热空气的交替进出。在拔风管井相邻的房间侧墙底部有通风口相连。夏季,屋顶突起部分受太阳辐射而温度持续升高,由管井顶侧部开口排出,室外新鲜冷空气则在气压差下进入室内以及拔风管井内,完成循环通风(图 7.27)。

(2) 增加阳光间

设计方案将原有敞廊改造成同时兼有保温隔热和防风遮雨功能的阳光间。阳光间在吸收南向太阳辐射保证冬季室内温度的同时,又形成缓冲区,减少围护结构的热损失和直接得热(图 7.28,图 7.29)。

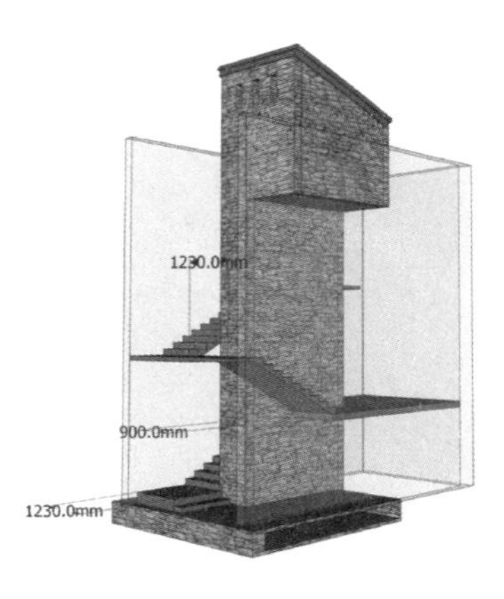

图 7.27 通风塔井建造实景(左、中)与改造示意方案(右)

(资料来源:课题组资料)

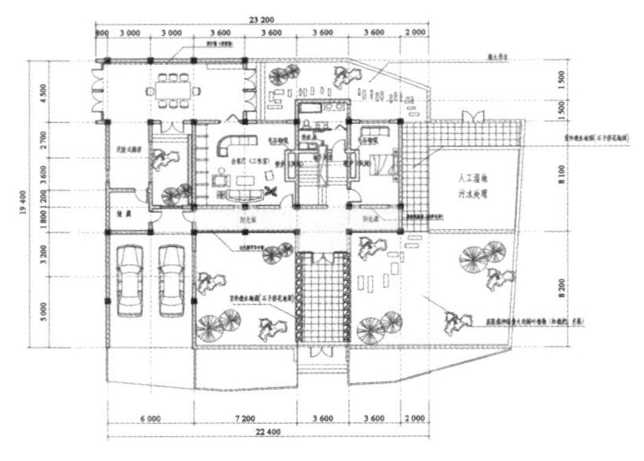

图 7.28 阳光间平面位置

(资料来源:课题组资料)

图 7.29 阳光间建造实景图

(资料来源:课题组资料)

(3) 其他适宜技术的运用(图 7.30)

①雨水收集利用。将雨水汇聚入室外水池,利用水体的蒸发与降温作用,促进通风流动,增加干燥时室内湿气的补充,实现局部微气候的调节。

②透水地面。宅基地用地范围内道路铺设透水性较强的拼花地面,其具有比水泥、混凝土地面更高的强度和耐久性,有利于雨水的下渗补充,也可缓解雨季积水问题。

③庭院种植。L 形平面与宅基地有机结合,形成前、中、后庭院,合理栽植乔木科和常绿灌木的优化搭配,利用植物蒸腾和叶面郁闭度遮挡或降低地面温度。

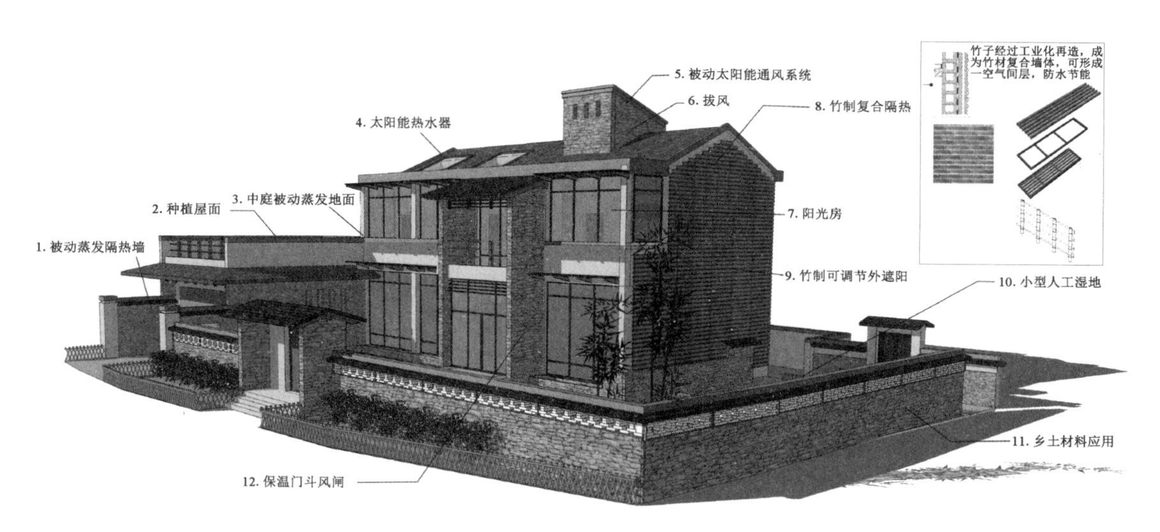

图 7.30　适宜低技术集成

(资料来源:课题组资料)

7.4　本章小结

作为长三角地区经济活跃地带,浙江安吉县鄣吴镇景坞村的优良人居环境为低碳营建提供了有利的外部环境条件,而城乡关系的逐渐密切以及第三产业的快速发展,将推动、促进并激发人居环境低碳建设的需求,而且对空间形态结构的适应性能力和功能融入的协调性也提出了更高的要求。低碳规划改造实践基于这样的背景,从对关键性特征与记忆的保存,到新功能需求的融入,以景坞村小学校舍的改造为实践样本,实现空间形态调理式延展和扩伸的低碳化发展路径和基本模式。

结　　语

佛告须菩提：凡所有相，皆是虚妄。若见诸相非相，即见如来。

——《金刚般若波罗蜜经》

城镇化高速发展、人口快速转迁流动背景下，乡村不可回避地在并不十分完善的城乡关系间发生蜕变：已建成区与外部环境间的共生关系模糊，内部团组布局的相互关联度较弱，单体宅院的加建与增生频发，“户在人不在”的空置性建房涌现……这是乡村人居环境在挣脱环境可持续发展“缰绳”之后，非秩序化的单向资源利用模式。其空间形态与土地利用、生态环境与资源利用、社会经济与生活方式、营建技术与管理方法，均处于持续的未知变化中。

“乡愁”，“愁”的不仅仅是对过去乡土人文风情的念怀，更是对资源条件约束下乡村未来人居环境发展趋态的担忧……

本书所提出的“空间形态低碳适应性”内容体系及其实践路径，将有助于低碳乡村向系统性、实践性的研究方向不断趋近。当然，由于“低碳”本身过程性、复杂性和动态性的特征，因而，现有研究成果会呈现出一定的阶段性特点。而对本研究的主要观点与结论进行梳理和总结，将有助于下一阶段研究工作的展开。

1）主要观点与结论

（1）概念认知：低碳多维度架构和认知误区的扭转

首先，低碳与生态、可持续概念在内涵上既有相似性又存在微差别，其强调“生态”的人与环境和谐共生，也注重“可持续”的系统化发展路径营建，还关注人居环境与能源之间的适宜关系，存在复杂而联动的过程变化，并以量化数值来实现目标诉求的可视化调整。可见，低碳是定性与定量的结合，既是目标亦是手段。

其次，低碳并非是对技术的简单堆砌和盲目追求，需始终保持一种怀疑和自省的态度。过度依赖技术的运用，容易忽略从宏观人居环境视角思考问题，割裂建成区空间形态与自然环境之间长久保持的自调适关系，致使其失稳、失调和失和，忽略由此可能带来的技术“反弹效应”对环境产生的进一步破坏。显然，一味以碳减排技术为手段，以忽视甚至制约乡村本体空间形态的逻辑生发秩序为代价，是极其不明智的。

（2）基因记忆：传统乡村聚居社会的“和”智慧

传统民居的形制和聚居空间形态，是对所处基地环境和气候条件充分解读后的秩序诠释。聚居空间的起承转合顺应于“在地”之土性与“礼乐”之约束，体现出“惟和”理念。这里的“和”是“和协”，即境域观的“天地和”，注重基址选择与环境关系；也是“和合”，即营建观的“阴阳和”，考量规模、等级、体量与气候环境关联；还是“和宜”，即人居观的“礼乐和”，遵从差序格局与礼义廉耻，约束人居营建行为。“惟和”理念中体现出的“和”智慧，是部分低碳思想的雏形来源。因而，低碳不是无中生有，而是顺其自然的产物。

（3）基本原理：空间形态的适应性与结构碳锁定

既有乡村社区的整体空间形态具有一种规律性的共通形式结构和一般法则。在纵向维度，近域择优拓展的城乡区域形态、相似韧性生长的邻里团组形态和功能序列组织的宅院空间形态，分别表现出区域化、秩序化和结构化的层次形态关系，其三者间的相互支撑作用形成对碳排放的结构性“绩效”考量；在横向维度，膨胀收缩的“边界”、秩序集聚的“群域”、路径邻接的“通廊”是主要的显性结构要素，其与包含信息力场、心理力场和行为力场的隐性结构要素一同，共同决定了各纵向层次的差异性，由此，建立空间形态的三种结构组织关系——量结构、度结构和率结构，分别对土地投入和利用的规模、类型和形态进行适应性组织，进而从要素、结构、层次三方面完成对乡村社区空间形态的规律性共通形式结构的梳理，探索并揭示出乡村社区空间形态构成的内在秩序与一般性法则，即结构与功能的自适应性、互匹配性以及互为构成基础。两者的配置关系，在一定程度上影响并决定了碳循环流动和代谢的规模和速率，对乡村社区空间形态形成结构碳锁定。

（4）理论建构：提出“空间形态低碳适应性”

在尊重传统乡村聚居的“和”智慧以及空间形态规律性的共通形式结构与一般性法则基础上，本书将复杂适应系统理论引入“空间形态低碳适应性”建构的研究框架中。从认识论、方法论、系统论出发，明晰适应性对象、理论基础、研究思路和实现路径，进一步阐释在适应性视野下，通过空间形态的重构或再组织，使乡村社区的低碳化发展成为可能。即借助空间形态本体与低碳自身“过程性”属性相似的特点，以及空间形态结构碳锁定作用，与低碳之间建立动态量化的关联桥梁。从碳脉结构识别、适应性单元构造、影响因素分级，再到过程机制建构，完成空间形态低碳适应性内容体系的基本框架建立，为空间形态的“二次适应”认知和实践飞跃做准备。

（5）量化方法：空间形态适应性能力识别与碳计量

立足实证调查研究，本书选取了浙北地区 15 个乡村社区样本案例，根据第 2 章空间形态的规律性共通形式结构与一般性法则，归纳出共同表征土地投入和开发利用水平，以及空间形态性状的特征测度参数指标，主要有：建设用地总面积（S_{b_area}）、户均宅基地面积（S_{ph_area}）、户均建筑覆盖占宅基地面积比（*pa_density*）、宅基地覆盖率（*h_density*）、人口密度（*pp_density*）、空间异质性指数（Heterogeneity Indices，HI）、土地紧凑度（Compact Ratio，CR）和公共空间分维数（Area-Perimeter Relation，*D*）。对在三种结构关系（量结构、度结构和率结构）导向下的空间形态适应性能力进行了比较和评价。其中，土地紧凑度（CR）、宅基地覆盖率（*h_density*）和公共空间分维数（*D*），共同影响并决定了空间形态的利用效率和一定适应性能力，也肯定并验证了传统自体生发型乡村社区良好的空间形态适应性能力。

同时，提出有别于以各能源消耗部门为分类依据的碳计量方法，以空间形态的显性结构要素作为起点，描述各结构要素在不同土地利用性质上承载的活动量水平，协助分析空间形态结构要素与碳排放强度之间的动态关系。

（6）路径推导：空间形态与碳排放强度的相关性

借鉴各相关学科已有成果及碳排放量的实证数据统计，依照本书提出的空间形态结构关系，将其与碳排放强度进行相关性分析。结果发现，总体和个体尺度上的土地利用规模（建设用地总面积 S_{b_area}）和户均宅基地面积（S_{ph_area}），在不同程度上影响了人均碳排放量变化，但不是主导因素；宅基地覆盖率（$h\_density$）在各个布局形式中呈现出与碳排放强度的负相关趋势，尤其是点式、综合式与行列式。而在围合式乡村社区样本中，其宅基地覆盖率（$h\_density$）与其他同等数值的不同布局方式相比，碳排放强度值普遍较低；户均建筑覆盖占宅基地面积比（$pa\_density$）越大，碳排放强度值越大；空间异质性指数（HI）与单位用地碳排放之间呈现正相关性；土地紧凑度（CR）与碳排放强度间的相关联性不明晰，不能凭借单一紧凑度值来判断碳排放量情况；公共空间分维数（D）与碳排放强度，在外力分化型乡村社区中存在负相关性，而在自体生发型乡村社区中则呈正相关性。

当对空间形态映射下的土地利用规模（量结构）、类型（度结构）和形态（率结构）进行关键特征测度参数指标的确定和获取时，得到建设用地面积（S_{b_area}）、宅基地覆盖率（$h\_density$）、户均建筑覆盖占宅基地面积比（$pa\_density$）和公共空间分维数（D）四个指标，即完成对空间形态的低碳影响因素进行分级。

在三种空间形态的结构关系中，相较于空间形态的规模性“量”扩张，空间形态结构利用“率”的低效和“度”的失控，对引起碳排放量变化的影响作用更大。

从对空间形态构成的纵向维度出发，借助空间形态的共通形式结构和一般性法则，并结合这些表征结构关系的测度参数指标与碳排放强度的相关性，建立空间形态低碳控制要素的关联框架，包含用地调控（用地的规模、密度、强度、性质与环境适应性等）和容量控制（人口数量、构造材质、自然环境资源、行为人活动量水平等）两个维度，在空间维度完成对空间形态低碳适应性的建构。

（7）过程协调：“空间形态—环境碳行为—活动碳排放”机制建立

同时，探讨时间维度上空间形态低碳适应性的生成过程，使其在时间历练下不断进行调整和修正，突出相互作用的连接性和包容性，而不仅仅是个体间的独立行为，使最终的“二次适应”低碳化空间形态具有“时间—空间”属性，以及地域性、特征态、类型化的动态效应，具备真正持存性的低碳适应能力。

过程协调以空间形态的适应性作用规律为基础，借助标识机制的“择重标识”对相关低碳控制要素进行选取，同时，加入主观随机偶然因素的调控，在积木机制的“叠加融合”下，实现新组分的更新与结构的层进迭代和重组。从短程通讯、信息共享、协同竞争直至集聚涌现，进而完成对“空间形态—环境碳行为—活动碳排放”的机制构建和过程调控。其适应性能力的强度将优于依赖单一客观因素限定条件而生成的形态样式，并尝试建立与环境间进行物质、能量、信息交换的流通渠道。

（8）体系构建：乡村社区空间形态低碳适应性体系营建

“空间形态低碳适应性”的提出正是在适应性视野下，时空维度中用地控制和容量调控的综合表达，使其能转化为具有弹性结构秩序、多元化生态环境、低碳化节能与构造，实现具有低碳适应效应的空间形态模式语言。在空间维度，进行适应性单元构建，加强结构低碳适应性：社区层级，注重择居与控形；邻里层级，调整布局与择径；宅院层级，控制筑体与节能。在时间维度，促进机制协调，通过微介入式针灸的激发，依托结构适应性作用和网络联动效应，调控并优化空间形态低碳适应性的过程机制，并进行相关评价指标的制约。

2）研究创新与未来展望

（1）研究价值与创新点

常规低碳乡村研究往往偏重单纯数理分析统计和技术的创新运用，缺乏从整体上与建筑学本体建立关联研究，也难以从空间形态视角提出解决问题的方法。本书不满足于对低碳研究宏观定性的概念描述与理论体系的框架搭建，从定性描述延伸到定量分析，克服了传统建筑学难以较精确表述的短板，提高了研究成果的信服力度，使传统概念向量化、目标细分化、深度化扩展，进而更好把握空间形态特征与能源消耗碳排放的关联，有助于乡村人居环境空间形态低碳适应性过程机制的营建，以及环境行为的引导和调控。具体可概括为以下几方面：

① 提出“空间形态低碳适应性”内容体系，建构基于复杂适应系统理论下的空间形态低碳适应性研究框架，从碳脉结构分析、适应单元构造、影响因素分级、过程机制建构再到形态模式营建，完善并创建了一套方法体系。

② 量化空间形态特征测度参数指标与碳排放强度之间的相关性，从定性描述延伸到量化对比分析，把握空间形态与能源消耗关系。

③ 运用空间形态低碳适应性研究框架下所建立的方法和成果，对空间形态的适应性生发进行“二次飞跃”，建构适应性单元并对过程机制进行组织优化与协调，以进一步完善和建立空间形态低碳适应性的营建模式语言。

④ 借助微介入式针灸的网络联动效应，在空间形态结构的低碳适应性不断加强与深化基础上，基于低碳概念的多维度架构，对乡土营建范式进行适宜转换与重新认知，对传统修补匠野性思维的复兴进行朴素修正与认知进化，形成“在地”公共参与的共同体基础。从调控管理视角，作为一种思考方式而不是具体的设计方法，使适应性主体行为个体或群体实现意识自省，对空间形态低碳适应性发展起到约束、指引或激发效用，逐步推进地区性良性发展。

（2）值得思考和解决的问题

① 本书基于探索空间形态和碳排放之间的内在关系，借助空间形态生发的适应性作用规律，在理论和方法上寻求有助于降碳减排的空间形态调控模式与策略。但这不意味降碳减排就是乡村社区低碳发展的全部内容和主旨目标，构建适宜人居空间形态与乡村社区环境，并进行统筹考量和适宜评估，才是乡村低碳营建的最终目标。

② 实证研究中，碳排放原始数据计算获取的误差以及动态信息获悉的精确性偏差，都会影响部分研究结果的判断。同时，本研究成果主要适用于长三角地区的乡村社区，由于乡村人口构成、业态分布、文化历史背景以及自然环境的差异性，导致研究成果的适用性会受一定限制，只能具体问题具体解决。

③ 本书虽明确了乡村社区空间形态某些关键控制要素对碳排放强度的影响，以及空间形态适应性能力的对比与评价，但依旧缺乏对未来空间形态发展和整体碳排放量的预测。

后续研究可考虑与计算机技术充分结合，研发基于乡村人居环境的碳排放动态可视化模拟分析工具，依据前文对“空间形态低碳适应性”的相关研究成果，借助封闭曲线或深浅色块表达，产生空间形态的“碳图谱”，以更为直观的方式对空间形态的低碳化差异表现进行判断和预测，使策略的提出更具有针对性和动态性。

④ 本书以复杂适应系统理论为基础，提出空间形态低碳适应性研究框架，对适应性单元进行建构，对其低碳适应性的过程机制进行解析，形成空间形态低碳营建的“二次适应”。面对当下持续变迁的乡村社区现状，如何在类型多样的具体乡村社区中实践本书的研究成果，则仍需要结合案例做长期而持续深入的观察学习与探讨验证。

参考文献

专著书目

[1] [美]阿尔温德·克里尚,尼克·贝克,西莫斯·扬纳斯,等. 建筑节能设计手册——气候与建筑[M]. 刘加平,张继良,谭良斌,译. 北京:中国建筑工业出版社,2005.

[2] [美]阿摩斯·拉普卜特. 宅形与文化[M]. 常青,徐菁,李颖春,等,译. 北京:中国建筑工业出版社,2007:46.

[3] [美]安德烈斯·杜安伊,杰夫·斯佩克,迈克·莱顿. 精明增长指南[M]. 王佳文,译. 北京:中国建筑工业出版社,2014:40.

[4] 柏春. 城市气候设计——城市空间形态气候合理性实现的途径[M]. 北京:中国建筑工业出版社,2009.

[5] [南非]保罗·西利亚斯. 复杂性与后现代主义:理解复杂系统[M]. 曾国屏,译. 上海:上海世纪出版集团,2006.

[6] 毕凌岚. 城市生态系统空间形态与规划[M]. 北京:中国建筑工业出版社,2007:108.

[7] [美]伯纳德·鲁道夫斯基(Bernard Rudofsky). 没有建筑师的建筑:简明非正统建筑导论[M]. 高军,译. 天津:天津大学出版社,2011.

[8] [美]P K 博克. 多元文化与社会进步[M]. 余兴安,彭振云,童奇志,译. 沈阳:辽宁人民出版社,1988.

[9] 陈蓉霞. 进化的阶梯[M]. 北京:中国社会科学出版社,1996:144-145.

[10] 陈玮. 现代城市空间建构的适应性理论研究[M]. 北京:中国建筑工业出版社,2010:5.

[11] 陈泳. 城市空间:形态、类型与意义——苏州古城结构形态演化研究[M]. 南京:东南大学出版社,2006.

[12] 储金龙. 城市空间形态定量分析研究[M]. 南京:东南大学出版社,2007.

[13] [英]戴维·史密斯·卡彭. 建筑理论(下):勒·柯布西耶的遗产——以范畴为线索的20世纪建筑理论诸原则[M]. 王贵祥,译. 北京:中国建筑工业出版社,2007.

[14] 戴吾三. 考工记图说[M]. 济南:山东画报出版社,2002.

[15] [美]道格拉斯·法尔. 可持续城市化——城市设计结合自然[M]. 黄靖,徐燊,译. 北京:中国建筑工业出版社,2013.

[16] 段进,季松,王海宁. 城镇空间解析:太湖流域古镇空间结构与形态[M]. 北京:中国建筑工业出版社,2002:12.

[17] 段进,邱国潮. 空间研究5:国外城市形态学概论[M]. 南京:东南大学出版社,2009.

[18]《社会学概论》编写组. 社会学概论[M]. 天津:天津人民出版社,1984.

[19] 冯江. 祖先之翼——明清广州府的开垦、聚族而居与宗族祠堂的衍变[M]. 北京:中国建筑工业出版社,2010.

[20] 顾朝林. 气候变化与低碳城市规划[M]. 南京:东南大学出版社,2013.
[21] 韩笋生,秦波. 低碳空间规划与可持续发展——基于北京居民碳排放调查的研究[M]. 北京:中国人民大学出版社,2014.
[22] 何强,井文涌,王翊亭. 环境学导论[M]. 北京:清华大学出版社,1994.
[23] 贺雪峰. 乡村治理的社会基础——转型期乡村社会性质研究[M]. 北京:中国社会科学出版社,2003.
[24] [德]赫尔曼·舍尔. 阳光经济:生态的现代战略[M]. 黄凤祝,马黑,译. 北京:生活·读书·新知三联书店,2000.
[25] 胡俊. 城市:模式与演进[M]. 北京:中国建筑工业出版社,1995.
[26] 黄杉. 城市生态社区规划理论与方法研究[M]. 北京:中国建筑工业出版社,2012.
[27] [美]B. 吉沃尼. 人·气候·建筑[M]. 陈士筦,译. 北京:中国建筑工业出版社,1982.
[28] 金观涛,刘青峰. 兴盛与危机:论中国封建社会的超稳定结构[M]. 北京:法律出版社,2011.
[29] [美]卡斯滕·哈里斯. 建筑的伦理功能[M]. 申嘉,陈朝晖,译. 北京:华夏出版社,2001.
[30] [美]凯文·林奇. 城市形态[M]. 林庆怡,译. 北京:华夏出版社,2001.
[31] [英]康泽恩(M. R. G. Conzen). 城镇平面格局分析:诺森伯兰郡安尼克案例研究[M]. 宋峰,许立言,侯安阳,等,译. 北京:中国建筑工业出版社,2011.
[32] [美]克里斯托弗·亚历山大. 建筑的永恒之道[M]. 赵冰,译. 北京:知识产权出版社,2002.
[33] 雷振东. 整合与重构——关中乡村聚落转型研究[M]. 南京:东南大学出版社,2009.
[34] 李道增. 环境行为学概论[M]. 北京:清华大学出版社,1999.
[35] 李立. 乡村聚落:形态、类型与演变——以江南地区为例[M]. 南京:东南大学出版社,2007.
[36] 李宁. 建筑聚落介入基地环境的适宜性研究[M]. 南京:东南大学出版社,2009.
[37] 梁思成. 梁思成全集(第四卷)[M]. 北京:中国建筑工业出版社,2001.
[38] 林语堂. 中国人[M]. 郝志东,沈益洪,译. 上海:学林出版社,2001.
[39] 刘爱伦. 思维心理学[M]. 上海:上海教育出版社,2002.
[40] 刘邵权. 农村聚落生态研究——理论与实践[M]. 北京:中国环境科学出版社,2006.
[41] 柳孝图. 建筑物理[M]. 北京:中国建筑工业出版社,2000.
[42] 吕明伟,黄生贵. 城乡重构:从田园城市理想到新城镇田园主义[M]. 北京:中国建筑工业出版社,2015.
[43] [加拿大]麦克·豪福(Michael Hough). 都市和自然作用[M]. 洪得娟,颜家芝,李丽雪,译. 台北:田园城市文化事业有限公司,1998.
[44] [法]B. 曼德尔布洛特. 分形对象——形、机遇和维数[M]. 文志英,苏虹,译. 北京:世界图书出版公司,1999.
[45] 毛刚. 生态视野·西南高海拔山区聚落与建筑[M]. 南京:东南大学出版社,2003.

[46] 孟建民. 城市中间结构形态研究[M]. 南京:河海大学出版社,1991.
[47] 彭一刚. 传统村镇聚落景观分析[M]. 北京:中国建筑工业出版社,1990.
[48] 齐康. 城市建筑[M]. 南京:东南大学出版社,2001.
[49] 乔家君. 中国乡村社区空间论[M]. 北京:科学出版社,2011.
[50] 秦红岭. 建筑的伦理意蕴[M]. 北京:中国建筑工业出版社,2006.
[51] 清华大学建筑节能研究中心. 中国建筑节能年度发展研究报告 2012[M]. 北京:中国建筑工业出版社,2012.
[52] [瑞士]让·皮亚杰(Jean Piaget). 结构主义[M]. 倪连生,王琳,译. 北京:商务印书馆,1984.
[53] [法]Serge Salat. 城市与形态——关于可持续城市化的研究[M]. 北京:中国建筑工业出版社,2012.
[54] [丹]塞西尔·C. 科奈恩德克,希尔·尼尔森,托马斯·B. 安卓普,等. 城市森林与树木[M]. 李智勇,何友均,等,译. 北京:科学出版社,2009.
[55] 沈清基,安超,刘昌寿. 低碳生态城市理论与实践[M]. 北京:中国城市出版社,2012.
[56] [英]E. F. 舒马赫. 小的是美好的[M]. 虞鸿钧,郑关林,译. 北京:商务印书馆,1984.
[57] 苏毅. 自然形态的城市设计——基于数字技术的前瞻性方法[M]. 南京:东南大学出版社,2015.
[58] 单德启. 从传统民居到地区建筑:单德启建筑学术论文自选集[M]. 北京:中国建材工业出版社,2004.
[59] 单军. 建筑与城市的地区性:一种人居环境理念的地区建筑学研究[M]. 北京:中国建筑工业出版社,2010.
[60] [英]特伦斯·霍克斯. 结构主义和符号学[M]. 瞿铁鹏,译. 上海:上海译文出版社,1987.
[61] [日]藤井明,王昀. 聚落探访[M]. 宁品,译. 北京:中国建筑工业出版社,2003.
[62] 田青. 人类感知和适应气候变化的行为学研究——以吉林省敦化市乡村为例[M]. 北京:中国环境科学出版社,2011.
[63] 王贵祥. 中国古代人居理念与建筑原则[M]. 北京:中国建筑工业出版社,2015.
[64] 王小斌. 演变与传承——皖、浙地区传统聚落空间营建策略及当代发展[M]. 北京:中国电力出版社,2009.
[65] 王振. 绿色城市街区——基于城市微气候的街区层峡设计研究[M]. 南京:东南大学出版社,2010.
[66] 邬建国. 景观生态学——格局、过程、尺度与等级[M]. 北京:高等教育出版社,2007.
[67] 吴良镛. 建筑学的未来[M]. 北京:清华大学出版社,1999.
[68] 吴良镛. 人居环境科学导论[M]. 北京:中国建筑工业出版社,2001.
[69] 吴彤. 自组织方法论研究[M]. 北京:清华大学出版社,2001.
[70] 吴一洲. 转型时代城市空间演化绩效的多维视角研究[M]. 北京:中国建筑工业出版社,2013:45.

[71] 武进.中国城市形态:结构、特征及演变[M].南京:江苏科学技术出版社,1990.
[72] 徐小东,王建国.绿色城市设计——基于生物气候条件的生态策略[M].北京:中国建筑工业出版社,2009.
[73] [美]C.亚历山大,S.伊希卡娃,M.西尔佛斯坦,等.建筑模式语言[M].王听度,周序鸿,译.北京:知识产权出版社,2002.
[74] 叶祖达,王静懿.中国绿色生态城区规划建设:碳排放评估方法、数据、评价指南[M].北京:中国建筑工业出版社,2015.
[75] [日]伊藤真次.适应的肌理[M].北京:中国环境科学出版社,1990.
[76] 余英.中国东南系建筑区系类型研究[M].北京:中国建筑工业出版社,2001.
[77] [美]约翰·H.霍兰.隐秩序——适应性造就复杂性[M].周晓牧,韩晖,译.上海:上海世纪出版集团,2011.
[78] [英]R.J.约翰斯顿.地理学与地理学家[M].唐晓峰,李平,叶冰,等,译.北京:商务印书馆,1999.
[79] 张国清.当代科技革命与马克思主义[M].杭州:浙江大学出版社,2006.
[80] 张泉,等.低碳生态与城乡规划[M].北京:中国建筑工业出版社,2011.
[81] 张宇星.城镇生态空间理论:城市与城镇群空间发展规律研究[M].北京:中国建筑工业出版社,1998.
[82] 赵荣钦.城市系统碳循环及土地调控研究[M].南京:南京大学出版社,2012.
[83] 赵之枫.传统村镇聚落空间解析[M].北京:中国建筑工业出版社,2015.
[84] 中华人民共和国国家统计局.中国统计年鉴[M].北京:中国统计出版社,2007.
[85] 仲德崑.南京高淳县淳溪街的空间模式及其保护性城市设计[M].天津:天津科技出版社,1993.
[86] 周美立.相似学[M].北京:中国科学技术出版社,1993.
[87] 周美立.相似性科学[M].北京:科学出版社,2004.
[88] 周彝馨.移民聚落空间形态适应性研究——以西江流域高要地区八卦形态聚落为例[M].北京:中国建筑工业出版社,2014.
[89] 朱文一.空间·符号·城市:一种城市设计理论[M].第二版.北京:中国建筑工业出版社,2010.
[90] Brown G Z, Mark D. Sun, Wind & Light-Architectural Design Strategies[M]. 2nd ed. New York: John Wilkey & Sons, 2001.
[91] Brueckner S, Di Marzo Serugendo G, Karageongos A, et al. Engineering Self Organising Systems: Methodologies and Applications[M]. Berlin: Springer-Verlag, 2005.
[92] Christopher A. Notes on the Synthesis of Form[M]. Cambridge: Harvard Press, 1964.
[93] Encyclopaedia Britannica Editorial. The New Encyclopaedia Britannica[M]. Chicago: Encyclopaedia Britannica, Inc. 2005.
[94] Ewing R, Bartholomew K, Winkelman S, et al. Growing Cooler: The Evidence on

Urban Development and Climate Change[M]. Washington, DC: Urban Land Institute, 2008.
[95] George F T, Frederick R S. Ecological Design and Plan[M]. New York: John Wiley & Sons, 1997.
[96] Howard D. The Culture of Building[M]. London: Oxford University Press, 2006.
[97] Low N, Gleeson B, Green R, et al. The Green City, Sustainable Homes, Sustainable Suburbs[M]. London: Routledge, 2005.

期刊文献

[1] 包庆德,王金柱.生态文明:技术与能源维度的初步解读[J].中国社会科学院研究生院学报,2006(2):34-39.
[2] 蔡向荣,王敏权,傅柏权.住宅建筑的碳排放量分析与节能减排措施[J].防灾减灾工程学报,2010(9):428-431.
[3] 柴彦威,肖作鹏,刘志林.基于空间行为约束的北京市居民家庭日常出行碳排放的比较分析[J].地理科学,2011(7):843-849.
[4] 陈翀,阳建强.古代江南城镇人居营建的意与匠[J].城市规划,2003(10):53-57.
[5] 陈飞,诸大建.低碳城市研究的内涵、模型与目标策略确定[J].城市规划学刊,2009(4):7-13.
[6] 陈艳,朱雅丽.中国农村居民可再生能源生活消费的碳排放评估[J].中国人口·资源与环境,2011,21(9):88-92.
[7] 陈振库.杭州市建设低碳农村的思考与构想[J].农业环境与发展,2010(6):48-67.
[8] 丛建辉,朱婧,陈楠,等.中国城市能源消费碳排放核算方法比较及案例分析——基于"排放因子"与"活动水平数据"获取的视角[J].城市问题,2014(3):5-11.
[9] 董魏魏,刘鹏发,马永俊.基于低碳视角的乡村规划探索——以磐安县安文镇石头村村庄规划为例[J].浙江师范大学学报(自然科学版),2012,35(4):459-465.
[10] 段德罡,刘慧敏,高元.低碳视角下我国乡村能源碳排放空间格局研究[J].中国能源,2015,37(7):28-34.
[11] 谷凯.城市形态的理论与方法——探索全面与理性的研究框架[J].城市规划,2001(12):36-41.
[12] 顾朝林,谭纵波,刘宛,等.气候变化、碳排放与低碳城市规划研究进展[J].城市规划学刊,2009(3):38-45.
[13] 顾朝林,张晓明.基于气候变化的城市规划研究进展[J].城市问题,2010(10):2-11.
[14] 顾道金,谷立静,朱颖心,等.建筑建造与运行能耗的对比分析[J].暖通空调,2007,37(5):60.
[15] 韩俊,秦中春,张云华.引导农民集中居住存在的问题与政策思考[J].调查研究报告,2006(254):1-20.
[16] 胡鸿保,姜振华.从"社区"的语词历程看一个社会学概念内涵的演化[J].学术论坛,

2002(5):123-126.
[17] 黄欣,颜文涛. 山地住区规划要素与碳排放量相关性分析——以重庆主城区为例[J]. 西部人居环境学刊,2015,30(1):100-105.
[18] 姜洋,何永,毛其智,等. 基于空间规划视角的城市温室气体清单研究[J]. 城市规划,2013,37(4):50-56.
[19] 李光全,聂华林,杨艳丽,等. 中国农村生活能源消费的空间格局变化[J]. 中国人口资源与环境,2010(4):29-34.
[20] 李梅,苗润莲. 韩国低碳绿色乡村建设现状及对我国的启示[J]. 环境保护与循环经济,2011(11):24-27.
[21] 李嵘,祁斌. 从资源的循环利用探讨可持续的农村住宅设计[J]. 建筑学报,2006(11):64-67.
[22] 李晓东,华黎. 一场有关乡村建筑的对话[J]. 城市·环境·设计(UED),2015(93):158-159.
[23] 李永乐,吴群,何守春. 土地利用变化与低碳经济实现:一个分析框架[J]. 国土资源科技管理,2010,27(5):1-5.
[24] 刘鹏发,马永俊,董魏魏. 低碳乡村规划建设初探——基于多个村庄规划的思考[J]. 广西城镇建设,2012(4):67-70.
[25] 刘彤,王美燕,黄胜兰. 处于乡村旅游发育阶段的农村建筑能耗调查——以浙江安吉里庚村为例[J]. 浙江建筑,2016,33(7):59.
[26] 刘晓星. 中国传统聚落形态的有机演进途径及其启示[J]. 城市规划学刊,2007(3):55-60.
[27] 刘志林,秦波. 城市形态与低碳城市:研究进展与规划策略[J]. 国际城市规划,2013,28(2):4-11.
[28] 吕斌,曹娜. 中国城市空间形态的环境绩效评价[J]. 城市发展研究,2011,18(7):38-45.
[29] 骆高远. 城市"屋顶花园"对城市气候影响方法研究[J]. 长江流域资源与环境,2001(7):373-379.
[30] 苗东升. 系统科学的难题与突破点[J]. 科技导报,2002(7):21-24.
[31] 潘海啸. 面向低碳的城市空间结构——城市交通与土地使用的新模式[J]. 城市发展研究,2010(1):41-44.
[32] 浦欣成,王竹,高林,等. 乡村聚落平面形态的方向性序量研究[J]. 建筑学报,2013(5):111-115.
[33] 秦波,邵然. 低碳城市与空间结构优化:理念、实证和实践[J]. 国际城市规划,2011,26(3):72-77.
[34] 秦波,田卉. 社区空间形态类型与居民碳排放——基于北京的问卷调查[J]. 城市发展研究,2014,21(6):15-20.
[35] 曲建升,王琴,曾静静,等. 我国 CO_2 排放的区域分析[J]. 第四纪研究,2010,30(3):

466-472.
[36] 仇保兴.我国城市发展模式转型趋势——低碳生态城市[J].城市发展研究,2009,16(8):1-6.
[37] 邵超峰,鞠美庭.基于DPSIR模型的低碳城市指标体系研究[J].生态经济,2010(10):95-99.
[38] 沈福煦.中国古代文化的建筑表述[J].同济大学学报(社会科学版),1997(2):1-10.
[39] 沈清基,安超,刘昌寿.低碳生态城市的内涵、特征及规划建设的基本原理探讨[J].城市规划学刊,2010(5):48-57.
[40] 王长波,张力小,栗广省.中国农村能源消费的碳排放核算[J].农业工程学报,2011(S1):6-11.
[41] 王冬.乡土建筑的技术范式及其转换[J].建筑学报,2003(12):26-27.
[42] 王革华.农村可再生能源建设对减排 CO_2 的贡献及行动[J].江西能源,2002(1):1-3.
[43] 王桂新,武俊奎.城市规模与空间结构对碳排放的影响[J].城市发展研究,2012,19(3):89-95.
[44] 王青.城市形态空间演变定量研究初探——以太原市为例[J].经济地理,2002,22(5):330-341.
[45] 王艺瑾,吴剑.基于精明增长理论的美丽村庄规划研究[J].广西城镇建设,2014(7):33-37.
[46] 王竹,钱振澜,贺勇,等.乡村人居环境"活化"实践——以浙江安吉景坞村为例[J].建筑学报,2015(9):30-35.
[47] 王竹,项越,吴盈颖.共识、困境与策略——长三角地区低碳乡村营建探索[J].新建筑,2016(4):33-39.
[48] 韦惠兰,杨彬如.中国农村碳排放核算及分析:1999—2010[J].西北农林科技大学学报(社会科学版),2014,14(3):10-15.
[49] 吴宁,李王鸣,冯真,等.乡村用地规划碳源参数化评估模型[J].经济地理,2015,35(3):9-15.
[50] 吴庆洲.中国古城选址与建设的历史经验与借鉴[J].城市规划,2000(9):31-36.
[51] 吴盈颖,王竹,朱晓青.低碳乡村社区研究进展、内涵及营建路径探讨[J].华中建筑,2016(6):26-30.
[52] 吴永常.低碳村镇:低碳经济的一个新概念[J].中国人口·资源与环境,2010(12):52-55.
[53] 邢谷锐,徐逸伦,郑颖.城市化进程中乡村聚落空间演变的类型与特征[J].经济地理,2007,27(6):932-935.
[54] 徐怡丽,董卫.低碳视角下的新农村规划探索[J].小城镇建设,2011(5):35-38.
[55] 颜文涛,萧敬豪,胡海,等.城市空间结构的环境绩效:进展与思考[J].城市规划学刊,2012(5):50-59.
[56] 杨彬如,韦惠兰.关于低碳乡村内涵与外延的研究[J].甘肃金融,2013(9):12-15.

[57] 杨贵庆,刘丽. 农村社区单元构造理念及其规划实践——以浙江省安吉县皈山乡为例[J]. 上海城市规划,2012(5):78-83.
[58] 杨磊,李贵才,林姚宇,等. 城市空间形态与碳排放关系研究进展与展望[J]. 城市发展研究,2011(2):12-17.
[59] 杨庆媛. 土地利用变化与碳循环[J]. 中国土地科学,2010,24(10):7-12.
[60] 张群,成辉,梁锐,等. 乡村建筑更新的理论研究与实践[J]. 新建筑,2015(1):28-31.
[61] 张尚武,李京生,王竹,等. 乡村规划与乡村治理[J]. 城市规划,2004(11):23-28.
[62] 张璇. 我国农村社区发展问题综述[J]. 安徽农业科学,2013,41(6):2744-2746.
[63] 赵荣钦,黄贤金. 基于能源消费的江苏省土地利用碳排放与碳足迹[J]. 地理研究,2010(9):1639-1649.
[64] 郑伯红,刘路云. 基于碳排放情景模拟的低碳新城空间规划策略——以乌鲁木齐西山新城低碳示范区为例[J]. 城市发展研究,2013,20(9):106-111.
[65] 郑思齐,霍燚,曹静. 中国城市居住碳排放的弹性估计与城市间差异性研究[J]. 经济问题探索,2011(9):124-130.
[66] 郑莘,林琳. 1990 年以来国内城市形态研究述评[J]. 城市规划,2002(7):59-64.
[67] Alberti M. Managing urban sustainability[J]. Environment Impact Assessment Review, 1996(16):213-221.
[68] Bagley M N, Mokhtarian P L. The impact of residential neighborhood type on travel behavior: a structural equations modeling approach[J]. The Annals of Regional Science, 2002, 36(2):279-297.
[69] Bristowa A L, Tight M, Pridmore A, et al. Developing pathways to low carbon land-based passenger transport in Great Britain by 2050[J]. Energy Policy, 2008,36(9):3427-3435.
[70] Crawford J, French W. A low-carbon future: spatial planning's role in enhancing technological innovation in the built environment[J]. Energy Policy, 2008(12):4574-4579.
[71] Doxiadis C A. Ekistics: an introduction to the science of human settlements[J]. American Journal of Public Health & the Nations Health, 1968, 59(3):744.
[72] Edward L G, Matthew E K. The greenness of cities: carbon dioxide emissions and urban development[J]. Journal of Urban Economics, 2010(67):404-418.
[73] Ewing R, Rong F. The impact of urban form on U. S. residential energy use[J]. Housing Policy Debate, 2008,19(1):1-30.
[74] Ewing R. Is Los Angeles style sprawl desirable? [J]. Journal of the American Planning Association, 1997(63):107-126.
[75] Ewing R, Pendall R, Chen D. Measuring sprawl and its impact[J]. Joural of Planning Education & Research, 2002, 57(1):320-326.
[76] Gleaser E L, Kahn M E. The greenness of cities: carbon dioxide emissions and urban

development[J]. Journal of Urban Economics, 2008, 67(3):404-418.

[77] Goldewijk K, Ramankutty N. Land cover change over the last three centuries due to human activities: the availability of new global data sets[J]. Geo J, 2004(61): 335-344.

[78] Grazi F, Bergh J, Ommeren J. An empirical analysis of urban form, transport, and global warming[J]. The Energy Journal, 2008, 29(4):97-122.

[79] Hillier B, Pem A. Cities as movement economies[J]. Urban Design International, 1996(1):49-60.

[80] Houghton R A. The annual net flux of carbon to the atmosphere from changes in land use 1850-1990[J]. Tellus, 1999(51):298-313.

[81] Johnson M P. Environmental impacts of urban sprawl: a survey of the literature and proposed research agenda[J]. Environment and Planning A,2001(33):717-735.

[82] Kennedy C, Steinberger J, Gasson B, et al. Greenhouse gas emissions from global cities[J]. Environmental Science and Technology, 2009, 43(19): 7279-7302.

[83] Kevin L. Environmental adaptability[J]. Journal of American Institute of Planners, 1958(24):16-24.

[84] Liu C, Qing S. An empirical analysis of the influence of urban form on household travel and energy consumption[J]. Computers, Environment and Urban System, 2011(35):347-357.

[85] Longley P A, Mesev V. Measurement of density gradients and space-filling in urban systerms[J]. Regional Science, 2002, 81:1-28.

[86] Virginia W Maclaren V. Urban sustainability reporting[J]. Journal of the American Planning Association, 1996(2):185-202.

[87] Newman P W G, Kenworthy J R. The land use-transport connection: an overview[J]. Land Use Policy, 1996,13(1):1-22.

[88] Rosenfeld A. Mitigation of urban heat islands: materials, utility programs, updates[J]. Energy and Buildings, 1995,22(3):255-265.

[89] Spear C, Stephenson K. Does sprawl cost us all? Isolating the effects of housing patterns on public water and sewer costs[J]. Journal of the American Planning Association, 2002,68(1):56-70.

[90] Wheeler S M. Planning for metropolitan sustainability[J]. Journal of Planning Education and Research, 2000(20):133-145.

学位论文

[1] 陈宗炎. 浙北地区乡村住居空间形态研究[D]. 杭州:浙江大学,2011.

[2] 段威. 浙江萧山南沙地区当代乡土住宅的历史、形式和模式研究[D]. 北京:清华大学,2013.

[3] 冯真. 浙江山区型乡村用地低碳规划模拟分析研究[D]. 杭州：浙江大学，2015.
[4] 高伟. 建筑现象复杂性的描述方法及应用[D]. 重庆：重庆大学，2013.
[5] 何峰. 湘南汉族传统村落空间形态演变机制与适应性研究[D]. 长沙：湖南大学，2012.
[6] 黄欣. 南方山地住区低碳规划要素研究[D]. 重庆：重庆大学，2015.
[7] 李长虹. 可持续农业社区设计模式研究[D]. 天津：天津大学，2012.
[8] 李蕊. 中国传统村镇空间规划生态设计思维研究[D]. 天津：河北工业大学，2012.
[9] 李涛. 浙江安吉农村集中居住区住宅的节能设计研究[D]. 南京：东南大学，2006.
[10] 李晓峰. 多维视野下的中国乡土建筑研究——当代乡土建筑跨学科研究理论与方法[D]. 南京：东南大学，2004.
[11] 林萍英. 适应气候变化的建筑腔体生态设计策略研究[D]. 杭州：浙江大学，2008.
[12] 林涛. 浙北乡村集聚化及其聚落空间演进模式研究[D]. 杭州：浙江大学，2012.
[13] 刘启波. 绿色住区综合评价的研究[D]. 西安：西安建筑科技大学，2004.
[14] 卢建松. 自发性建造视野下建筑的地域性[D]. 北京：清华大学，2009.
[15] 吕红医. 中国村落形态的可持续性模式及实验性规划研究[D]. 西安：西安建筑科技大学，2004.
[16] 倪书雯. 基于社会关系体系的农村社区公共空间研究[D]. 杭州：浙江大学，2013.
[17] 彭军旺. 乡村住宅空间气候适应性研究[D]. 西安：西安建筑科技大学，2014.
[18] 浦欣成. 传统乡村聚落二维平面整体形态的量化方法研究[D]. 杭州：浙江大学，2012.
[19] 邱红. 以低碳为导向的城市设计策略研究[D]. 哈尔滨：哈尔滨工业大学，2011.
[20] 田浩. 基于复杂适应性系统的建筑生成设计方法研究[D]. 大连：大连理工大学，2011.
[21] 田银城. 传统民居庭院类型的气候适应性初探[D]. 西安：西安建筑科技大学，2013.
[22] 汪晓茜. 生态建筑设计理论与应用理论[D]. 南京：东南大学，2002.
[23] 汪洋. 山地人居环境空间信息图谱：理论与实证[D]. 重庆：重庆大学，2012.
[24] 王闯. 有关建筑用能的人行为模拟研究[D]. 北京：清华大学，2014.
[25] 王建华. 基于气候条件的江南传统民居应变研究[D]. 杭州：浙江大学，2008.
[26] 王建龙. 江南水乡典型农村住宅能耗及能源结构优化研究[D]. 南京：东南大学，2015.
[27] 王静. 低碳导向下的浙北地区乡村住宅空间形态研究与实践[D]. 杭州：浙江大学，2014.
[28] 王飒. 中国传统聚落空间层次结构解析[D]. 天津：天津大学，2011.
[29] 王舒扬. 我国华北寒冷地区农村可持续住宅建设与设计研究[D]. 天津：天津大学，2011.
[30] 王韬. 村民主体认知视角下乡村聚落营建的策略与方法研究[D]. 杭州：浙江大学，2014.
[31] 王鑫. 环境适应性视野下的晋中地区传统聚落形态模式研究[D]. 北京：清华大学，2014.
[32] 魏秦. 黄土高原人居环境营建体系的理论与实践研究[D]. 杭州：浙江大学，2008.
[33] 吴锦绣. 建筑过程的开放化研究[D]. 南京：东南大学，2000.

[34] 杨彬如. 多维度的中国低碳乡村发展研究[D]. 兰州:兰州大学,2014.
[35] 杨昌新. 从潜存到显现:城市风貌特色的生成机制研究[D]. 重庆:重庆大学,2014.
[36] 杨磊. 城市空间形态与居民碳排放关系研究——以珠江三角洲为例[D]. 北京:北京大学,2011.
[37] 杨柳. 建筑气候分析与设计策略研究[D]. 西安:西安建筑科技大学,2003.
[38] 杨阳. 济南市住区建成环境与家庭出行能耗关系的量化研究[D]. 北京:清华大学,2013.
[39] 余颖. 城市结构化理论及其方法研究[D]. 重庆:重庆大学,2002.
[40] 张慧. 农业土地利用方式变化的固碳减排潜力分析——以惠州市上沙田村为例[D]. 重庆:西南大学,2011.
[41] 张乾. 聚落空间特征与气候适应性的关联研究[D]. 武汉:华中科技大学,2012.
[42] 张小林. 乡村空间系统及其演变研究[D]. 南京:东南大学,1997.
[43] 张勇强. 城市空间发展自组织研究——以深圳为例[D]. 南京:东南大学,2003.
[44] 赵建世. 基于复杂适应理论的水资源优化配置整体模型研究[D]. 北京:清华大学,2003.

会议报告

[1] Harmaajarvi I, Huhdanmaki A, Lahti P. Urban form and greenhouse gas emission[R]. http://www. ymparisto. fi/eng/orginfo/publica/electro/fe573/fe573. htm,2014.
[2] Kahn M E. Urban growth and climate change[R]. http://repositories. edlib. org/cepr/olwp/CCPR-029-08,2008.
[3] US National Research Council. Driving and the built environment: the effects of compact development on motorized travel, energy use, and CO_2 emissions[R]. Transportation Research Board Special Report 298, Committee for the Study on the Relationships among Development Patterns, Vehicle Miles Travelled, and Energy Consumption, 2012.
[4] UN-Habitat. Cities and Climate Change: Policy Directions in Global Report on Human Settlements[R]. Earthscan Publications, 2011.
[5] Wahlgren I. Eco efficiency of urban form and transportation[R]. Proceedings of the ECEEE 2007 Summer Study, Panel 8(Transport and Mobility), The European Council for an Energy Efficient Economy(ECEEE), 2007.

电子文献

[1] 浙江统计信息网.《基于第二次农业普查的浙江农村居民住房状况专题分析》[EB/OL]. [2014-08-27]. http://www. zj. stats. gov. cn/ztzl/lcpc/nypc/dec_1987/ktxb_1989/201408/t20140827_143851. html.

[2] 浙江统计信息网.《浙江省第二次农业普查资料汇编》农村卷·第二部分[EB/OL].[2008-03-18]. http://www.zj.stats.gov.cn/tjgb/nypcgb/200803/t20080318_122166.html.

[3] 中国国土资源报.低碳排放:土地利用调控新课题[EB/OL].[2009-12-25]. http://www.mlr.gov.cn/tdsc/lt_/200912/t20091228_131048.htm.

[4] IPCC. 2006 IPCC guidelines for national greenhouse gas inventories: volume II[EB/OL]. http://www.ipcc-nggip.iges.

[5] IPCC. The fourth IPCC assessment report: climate change 2007[R/OL]. http://www.ipvv.ch/publications_and_data.

[6] Taniguchi M, Matsunaka R, Nakamichi K. A Time-series analysis of relationship between urban layout and automobile reliance: have cities shifted to integration of land use and transport? [EB/OL]. http://library.witpress.com/pages/PaperInfo.asp? PaperID=19423. 2008.

[7] Town, CP Association. Community energy: urban planning for a low carbon future [EB/OL].[2008-03-31]. http://www.tcpa.org.uk/press_files/pressreleases_2008/20080331_Energy_Guide.

[8] UK Faber. Planning policy statement: planning and climate change-supplement to planning policy statement 1[R/OL]. http://www.communities.gov.uk/publications/planningandbuilding/ppsclimatechange.

[9] United Nations Intergovernmental Panel on Climate Change(IPCC). Climate Change 2013: The Physical Science Basis[M/OL]. Cambridge: Cambridge University Press.[2013-09-30]. http://www.climatechange2013.org/images/uploads/WGIAR5_WGI12Doc2b_FinalDraft_All.pdf.

附件 A 乡村社区空间形态及用能现状调查问卷

样卷编号：

乡村社区农户住区能耗利用现状调查问卷

尊敬的村民：

您好！

我们是浙江大学建筑工程学院的学生，依托国家自然科学基金课题项目的资助，正开展低碳乡村社区营建研究的实地调查研究。您所提供的信息，可帮助课题的基础数据收集工作，并为改善您所处的生活环境和品质献出一份力。

我们将严格保护您所填写的个人信息内容，如果有任何疑问，请随时予以提出。本次调查大约会占用您 10～15 分钟时间，衷心感谢您的支持和合作。祝全家幸福安康！

浙江大学建筑工程学院乡村人居环境研究中心

2015 年 9 月

受访地址：省市镇村组

调查时间：

请将答案填在横线上或在相应的选项后打钩

村民家庭基本情况

1. 家庭年均经济收入(农业收入________万元，非农业收入________万元)：

☐ 1 万～3 万元　☐ 3 万～5 万元　☐ 5 万～7 万元　☐ 7 万～10 万元

☐ 10 万～15 万元　☐ 15 万～20 万元　☐ 20 万元以上

2. 家庭常住人口结构：

成员编号	与户主关系	性别	年龄	文化程度	从事何种工作
户主					
1					
2					
3					

注：1. “与户主关系”一栏主要填“夫妻、父子、母子、父女、母女、兄弟”等

2. 工作类型可选择：a. 家庭经营农业劳动者　b. 家庭经营非农业劳动者　c. 私营企业劳动者　d. 个体、合伙工商劳动经营者　e. 乡村干部　f. 外出打工者　g. 其他劳动者

3. 家庭基本结构是：

☐ 单身　☐ 夫妇二人　☐ 双亲加子女　☐ 祖亲家庭
☐ 两代夫妻　☐ 三代同堂

农居形式与结构

1. 您所居住的住房属于以下哪一种形式

☐ 单层平房　☐ 单户底层住宅　☐ 多层居民楼　☐ 其他

2. 您的住房宅基地面积大约有________平方米，建筑面积大约有________平方米
3. 您所居住的房屋建筑结构是(层数)：

☐ 砖混　☐ 钢混　☐ 砖木　☐ 土坯　☐ 木结构

4. 住房建设年代：

☐ 中华人民共和国成立前　☐ 50 年代　☐ 60 年代　☐ 70 年代
☐ 80 年代　☐ 90 年代　☐ 2000 年以后

5. 您所居住的住房墙体材料属于以下哪一种

☐ 240 实心砖墙　☐ 普通混凝土砌砖　☐ 加气混凝土砌砖
☐ 土坯　☐ 石块　☐ 其他

6. 您居住的住房墙体保温及材料属于以下哪一种

☐ 无保温　☐ 外保温　☐ 内保温　☐ 自保温　☐ 复合保温　☐ 其他
☐ 无　☐ 苯板　☐ 石棉　☐ 保温砂浆　☐ 空心砖　☐ 其他

7. 您居住的住房窗户材料属于以下哪一种

☐ 单玻璃木框　☐ 单玻璃铝合金框　☐ 其他

8. 您居住的住房是否安装雨篷及遮阳设备：☐有　☐ 无
9. 您居住的住房屋顶是哪一种形式：☐ 平屋顶　☐ 坡屋顶

农居点宅基地布局

1. 您居住的房屋朝向：☐坐北朝南　☐ 坐南朝北　☐ 坐东朝西　☐ 坐西朝东
2. 您居住的房屋交通位置：☐临村边公路　☐ 临村内主要街道　☐ 不临主要街道
3. 相对于建前旧宅，新住宅选址类型：

☐ 旧宅原地重建　☐ 重新选择宅基地，异地新建

4. 相对于建前旧宅，新宅搬迁类型(距原宅________米)：

☐ 老宅旁，近距离迁移　☐ 迁至村中　☐ 迁至村边
☐ 迁至村外交通线　☐ 村外远距离迁移

5. 若为异地新建，则原有旧宅的处理方式：

☐ 闲置　☐ 其他家人居住　☐ 转卖给其他村民
☐ 找人临时看管　☐ 村集体收回

6. 现有宅基地的选择方式：

☐ 自家耕地置换　☐ 依据乡村规划的申请先后次序　☐ 村集体统筹安排

□ 由村集体和农户协商获得

7. 为什么要更新住宅?

□ 原有住房陈旧　□ 人口增多面积不够　□ 与父母兄弟姐妹分家　□ 子女结婚
□ 由于经商或出租所需　□ 原居住环境自然环境差　□ 政府统一发展规划

8. 近五年内是否在宅基地有新建房屋：　□ 有　　□ 无

9. 未来有可能再建房或迁居,希望建在什么地方?

□ 现有宅基地上　□ 村内其他地方　□ 村附近
□ 村外交通线附近　□ 镇上　□ 其他地方

建筑及生活能耗(可多选)

1. 家庭平均每月缴纳电费约:

夏季________元/月,冬季________元/月,春秋季________元/月

2. 家庭采暖主要方式及用量:

□ 空调(________台数)　□ 烧炭(________kg/月)　□ 电暖气
□ 其他(请注明)____________________

3. 您家夏季室内主要降温措施:

□ 无　□ 电风扇　□ 空调　□ 开窗通风　□ 扇子　□ 户外乘凉　□ 其他

4. 夏季开空调时设定的温度是________度,使用习惯是:

□ 人在屋里,觉得热才会开　□ 不论是否有人,一直开,保持恒定温度
□ 离开房间时会把空调随手关闭　□ 离开房间时不关闭空调
□ 睡觉前关闭空调,开窗通风降温　□ 开空调睡觉

5. 家庭炊事主要能源及用量:

□ 液化石油气(升)________瓶/月(□大瓶 15 公斤　□ 小瓶 5 公斤)
□ 柴薪________kg/月　□ 管道燃气________元/月(________元/立方米)　□ 电
□ 煤________kg/月　□ 其他生物质能用量:沼气,秸秆________

6. 家庭冬季热水加热方式:

□ 太阳能热水器　□ 电热水器　□ 燃柴烧热水　□ 燃气热水器　□ 其他

7. 家庭节能设施利用情况:

□ 节能灯　□ 太阳能　□ 节能灶　□ 沼气池　□ 其他(请注明)________
□以上均无

8. 您家的生物质材料(秸秆、稻草等)如何处理:

□ 就地焚烧　□ 废弃　□ 饲料　□ 农家肥料　□ 生火做饭　□ 其他

9. 家畜粪便处理情况:

□ 化粪池处理　□ 排入沼气池　□ 用作肥料　□ 不作任何处理

10. 日常生活用水来源:

□ 河水　□ 湖水　□ 井水　□ 泉水

家庭机动车拥有量及出行能耗

1. 您家拥有小汽车________辆(若没有,选择下一题)
   使用时间________年,百公里油耗________升,月均油费约为________元
2. 您家拥有摩托车________辆(若没有,选择下一题)
   使用时间________年,百公里油耗________升,月均油费约为________元
3. 您家拥有电动车________辆(若没有,选择下一题)
   使用时间________年,平均充电频率________天/次,车功率为________千瓦
4. 家庭成员外出时经常采用何种出行方式:
   □ 步行 □ 公交 □ 私家车 □ 摩托车 □ 电车 □ 其他(请注明)________
5. 住宅与耕作地距离________米

居住环境评价

1. 教育设施便捷程度
   □ 满意 □ 一般 □ 不满意
2. 生活设施便利程度
   □ 满意 □ 一般 □ 不满意
3. 公共交通便利程度
   □ 满意 □ 一般 □ 不满意
4. 居住宅院通风情况
   □ 满意 □ 一般 □ 不满意
5. 您认为自建房屋存在的不足之处有:
   □ 位置 □ 朝向 □ 房型 □ 外观面貌 □ 面积 □ 有无院坝
   □ 厕所 □ 厨房 □ 卧室 □ 其他
6. 您是否愿意住宅相互紧邻:□是 □ 否,原因________
7. 在具备相同基本生活设备及建造价格条件下,您愿意选择何种住宅:
   □ 有阳台的多层住宅 □ 有院坝的两层住宅 □ 有院坝的单层住宅
   □ 以上都可 □ 其他________
8. 如果有机会再建房,首先会考虑改善什么?
   □ 宅基地方位 □ 交通便利性 □ 周边环境 □ 住房面积
   □ 住房结构 □ 其他
9. 您赞成向城镇居民一样,建楼房统一集中居住的方式吗?
   □ 赞成 □ 不赞成(原因)________

村民低碳意识与态度

1. 在日常生活中使用各类电器时,是否会考虑能耗节约
   □ 会考虑,因为节省费用 □ 会考虑,因为节能减排 □ 不会考虑
2. 平时会关注低碳知识宣传吗 □ 会,经常 □ 偶尔 □ 不会

3. 您了解现在宣传的新能源使用吗　☐ 根本不了解　☐ 了解一点　☐ 十分了解
4. 您认为农村使用诸如太阳能能源还存在什么问题：
   ☐ 效果不好　☐ 成本太高　☐ 受天气影响大
   ☐ 不美观　☐ 不安全　☐ 其他
5. 您所在的地区有新农村建设能源推广项目吗　☐ 有　☐ 没有　☐ 不清楚
6. 您愿意为实用新型能源多花一些投资吗　☐ 愿意　☐ 不愿意　☐ 视具体情况而定
7. 您认为在农村实现低碳清洁能源消费面临的主要问题是什么
   ☐ 农民整体收入水平制约　☐ 对能源节约、环境保护方面意识的淡薄
   ☐ 新能源使用技术难度大，缺乏有效引导　☐ 新能源前期投入大
   ☐ 其他原因

再次对您的合作表示感谢！

附件 B　样本乡村社区用电量调查基础资料

浙江安吉景坞村 2010—2014 年抽样用户用电量数据　　（单位：kWh）

电表账户号	用户姓名	年份				
		2010	2011	2012	2013	2014
371＊＊＊＊146	查＊毛	249	232	391	366	407
371＊＊＊＊207	沈＊林	803	917	888	881	988
371＊＊＊＊235	刘＊青	865	823	1 001	1 028	1 230
371＊＊＊＊306	方＊明	1 061	1 182	1 559	1 309	1 667
371＊＊＊＊292	朱＊贵	809	798	1 012	942	801
371＊＊＊＊297	方＊高	96	14	23	125	109
371＊＊＊＊299	方＊春	1 293	762	1 138	1 157	1 309
371＊＊＊＊302	方＊根	628	634	721	392	244
371＊＊＊＊303	方＊	784	905	812	787	107
371＊＊＊＊307	沈＊祥	104	5	20	91	687
371＊＊＊＊226	汪＊启	2 182	1 616	1 081	381	98
371＊＊＊＊293	沈＊如	1 248	1 210	1 372	1 828	1 234
371＊＊＊＊245	沈＊义	134	112	378	528	507
371＊＊＊＊174	叶＊富	199	96	520	1 196	707
371＊＊＊＊192	钱＊华	1 061	1 059	1 097	1 198	1 404
371＊＊＊＊194	沈＊鹏	515	607	514	1 415	794
371＊＊＊＊200	徐＊胜	25	82	101	8	66
371＊＊＊＊201	徐＊平	764	902	1 054	994	1 101
371＊＊＊＊206	沈＊顺	1 985	1 645	1 357	2 940	2 798
371＊＊＊＊208	查＊德	30	229	134	3	24
371＊＊＊＊210	方＊和	538	588	1 049	1 236	1 348
371＊＊＊＊213	沈＊华	417	420	493	567	633

续表

电表账户号	用户姓名	年份				
		2010	2011	2012	2013	2014
371＊＊＊＊214	陈＊和	1 363	1 230	1 332	1 154	854
371＊＊＊＊218	沈＊宏	1 296	1 255	1 325	711	1 686
371＊＊＊＊220	陈＊虎	58	67	283	77	479
371＊＊＊＊221	陈＊告	1 178	1 052	1 189	1 111	1 167
371＊＊＊＊223	陈＊胜	881	936	883	686	771
371＊＊＊＊224	陈＊龙	1 027	827	1 235	991	970
371＊＊＊＊229	沈＊勤	997	1 084	1 343	1 479	1 695
371＊＊＊＊232	沈＊南	328	577	893	801	723
371＊＊＊＊238	沈＊清	480	1 094	1 259	1 601	1 793
371＊＊＊＊242	徐＊明	1 629	1 851	1 837	1 638	452
371＊＊＊＊243	徐＊华	410	342	105	5	59
371＊＊＊＊245	徐＊荣	914	989	1 711	1 436	1 794
371＊＊＊＊246	徐＊告	733	1 260	1 344	1 644	1 352
371＊＊＊＊172	丁＊顺	149	72	328	351	376
371＊＊＊＊231	沈＊春	689	1 308	1 349	1 003	905
371＊＊＊＊295	沈＊培	1 261	1 345	1 910	2 023	1 700
371＊＊＊＊147	徐＊成	594	579	897	772	1 006
371＊＊＊＊149	徐＊清	93	129	170	395	548
371＊＊＊＊151	凌＊强	1 463	1 343	1 224	1 640	1 147
371＊＊＊＊154	徐＊林	481	761	881	884	1 308
371＊＊＊＊155	徐＊平	384	663	1 196	2 112	1 627
371＊＊＊＊179	沈＊齐	440	508	566	485	266
371＊＊＊＊240	沈＊进	552	529	630	657	927
371＊＊＊＊180	周＊富	138	72	45	169	449
371＊＊＊＊215	徐＊祥	838	1 044	1 320	1 746	2 653
371＊＊＊＊049	沈＊勇	991	1 242	2 032	1 300	1 301

续表

电表账户号	用户姓名	年份				
		2010	2011	2012	2013	2014
371＊＊＊＊096	方＊顺	653	638	821	678	799
371＊＊＊＊129	叶＊林	108	364	485	141	259
371＊＊＊＊130	叶＊五	1 728	1 524	1 505	1 452	1 648
371＊＊＊＊173	叶＊发	466	404	540	521	415
371＊＊＊＊241	徐＊祥	518	493	592	539	606
371＊＊＊＊236	沈＊荣	238	574	815	741	851
371＊＊＊＊233	张＊文	664	681	988	1 015	707
371＊＊＊＊227	方＊宝	707	649	783	248	221
371＊＊＊＊217	叶＊芽	2 117	2 165	2 899	3 024	3 368
371＊＊＊＊551	陈＊和	1 145	805	655	160	97
371＊＊＊＊212	余＊林	1 129	1 140	590	593	631
371＊＊＊＊202	沈＊平	1 736	1 487	1 504	2 010	1 256
371＊＊＊＊251	沈＊祥	299	135	140	130	154
371＊＊＊＊178	徐＊发	981	1 341	1 578	2 374	3 086
371＊＊＊＊250	丁＊根	820	892	976	770	982
371＊＊＊＊175	方＊富	697	703	1 028	1 260	979
371＊＊＊＊176	沈＊贵	1 101	1 105	1 496	1 413	1 199
371＊＊＊＊133	朱＊财	749	1 248	2 484	416	1
371＊＊＊＊144	凌＊钢	848	356	347	979	1 361
371＊＊＊＊150	凌＊喜	563	464	500	533	703
371＊＊＊＊152	徐＊义	104	51	101	679	1 534
371＊＊＊＊157	方＊华	253	333	397	366	899
371＊＊＊＊177	沈＊周	0	1 070	765	1 065	1 062
371＊＊＊＊145	凌＊明	75	304	792	790	827
371＊＊＊＊204	沈＊平	97	109	124	250	272
371＊＊＊＊248	钱＊红	1 175	1 463	1 597	1 564	856

续表

电表账户号	用户姓名	年份				
		2010	2011	2012	2013	2014
371＊＊＊＊153	徐＊国	75	146	1 233	1 184	1 094
371＊＊＊＊193	陈＊平	496	456	659	671	524
371＊＊＊＊195	叶＊花	1 216	1 398	2 100	1 875	1 424
371＊＊＊＊203	徐＊六	1 197	786	826	783	750
371＊＊＊＊209	查＊财	670	627	790	1 200	1 112
371＊＊＊＊211	方＊胜	1 145	1 540	1 360	1 718	2 101
371＊＊＊＊216	沈＊俭	313	400	1 103	1 100	869
371＊＊＊＊219	沈＊德	564	586	748	810	742
371＊＊＊＊222	陈＊启	981	1 105	1 512	1 926	1 455
371＊＊＊＊228	方＊全	271	675	837	1 160	794
371＊＊＊＊230	沈＊财	701	671	642	995	1 061
371＊＊＊＊244	徐＊禄	126	37	831	923	979
371＊＊＊＊247	沈＊华	824	1 005	1 204	1 570	1 548
371＊＊＊＊296	凌＊田	0	142	743	648	724
371＊＊＊＊298	方＊明	768	876	978	1 365	2 291
371＊＊＊＊301	方＊元	579	649	762	854	1 046
371＊＊＊＊197	沈＊鑫	1 037	1 144	1 655	16 796	21 231
371＊＊＊＊304	方＊祥	1 032	968	1 404	746	984
371＊＊＊＊323	汪＊启	1 613	1 421	2 149	1 957	1 186
371＊＊＊＊196	沈＊年	1 310	2 145	2 406	1 810	2 259
371＊＊＊＊225	陈＊和	271	37	94	38	146
372＊＊＊＊451	查＊桃	576	647	540	646	885
372＊＊＊＊884	沈＊慧	428	496	587	452	410
372＊＊＊＊766	徐＊秉	0	0	283	902	307
372＊＊＊＊693	徐＊苗	0	0	0	0	413

其他乡村社区样本月用电量基础资料汇总

（单位：kWh）

社区名称	月份											
	201401	201402	201403	201404	201405	201406	201407	201408	201409	201410	201411	201412
劳岭村	25 515	17 744	15 858	18 900	16 728	11 915	13 269	26 809	18 368	12 465	10 342	21 090
深澳村	100 124	102 081	95 858	101 052	89 837	94 234	95 826	157 045	1 288 353	93 565	82 045	93 128
环溪村	34 418	34 454	33 017	28 159	33 462	25 160	25 587	34 475	30 304	25 906	23 410	23 997
五四村	21 078	17 579	16 778	15 349	14 033	14 319	14 889	22 431	16 374	14 110	13 311	14 891
何村	9 072	11 139	10 026	10 358	13 329	9 746	8 454	18 460	13 859	9 758	8 297	8 605
晓山佳苑	22 031	19 594	19 686	21 181	17 612	15 228	16 534	32 513	20 329	16 137	14 186	15 901
张家湾村	15 109	21 351	24 739	18 554	16 166	11 436	11 436	7 190	8 712	5 824	5 820	6 016
大竹园村	24 862	21 589	22 120	23 629	22 448	20 582	21 702	33 857	26 472	22 446	21 031	27 308
横山坞村	11 213	8 728	10 374	12 134	9 868	7 362	4 763	4 453	4 272	7 361	6 976	11 216
东浜社区	114 607	94 789	97 467	85 070	82 485	92 926	129 028	148 247	87 804	80 996	92 489	113 223
南北湖村	21 371	19 992	22 007	19 584	20 991	21 539	28 886	25 809	19 347	18 050	18 673	23 127
高家堂村	26 361	30 367	29 005	23 499	23 847	21 425	21 098	40 379	31 264	24 791	21 979	27 429
鄣吴村	22 156	20 818	15 940	14 974	16 082	16 075	24 890	21 490	15 699	15 082	16 631	23 717
剑山社区	75 731	62 656	64 426	56 231	54 523	61 424	85 288	97 991	58 038	53 538	61 135	74 840

致　　谢

值此书稿付梓之际，我想首先特别感谢导师王竹教授一路以来对我的无私帮助与教导。2011年，我有幸进入王老师门下学习与感悟乡村人居环境中的一方水土和百态人情。王老师细腻而浪漫的乡土情怀，严谨而务实的治学态度，深厚而广博的学术涵养，克己而宽人的师者风范以及对生活的无限热情和积极态度都令我折服。从研究方向的选定、论文题目的选取、研究思路的拓展到成文后的反复修改、润色和精心点拨，王老师始终认真负责地给予悉心指导并一直鼓励和支持我，让我不断保持初心、信心和动力。而在五年的学习期间，王老师更是给予我众多学习与实践的机会，以最大的信任给予我成长和进步的空间。王老师的谆谆教导和治学精神将会一直激励我在今后的工作、学习和生活中不断前行。

其次，感谢浙江工业大学朱晓青教授对论文研究思路的展开提出的宝贵建议和悉心指导，与朱老师的交流与互动，让我不断反省自身的欠缺和不足，找到差距并努力迎头赶上。

感谢在调研过程中给予过我帮助的各地乡村社区的村干部、村领导，感谢各供电所工作人员为我的研究工作提供的大量基础数据资料，感谢安吉生态房建造者任卫中老师热心分享其生态造屋的研究实践成果，以及田野调查中遇到的众多热心村民，从他们那里我获得了许多一手资料与对乡村现状生活的感悟。

感谢在论文写作过程中帮助和鼓励过我的师兄师姐以及同门，他们是钱振澜、王韬、孙佩文、温芳、戴靓华、黄立坤、楼英浩、毛志远，与你们的每一次交流都让我获得新思路和想法，感谢在课题项目中曾经一起并肩同行的项越、沈昊、严嘉伟、王静、陈晨。

此外，还要感谢我在日本北九州大学研修期间高伟俊教授、巴特(Bart)教授、范理扬师姐在生活和学习上的指导与帮助，以及同期研修同学张雁、黄胜兰、王美艳、林秋洁(Chelgy Lim)、琳娜·陈(Lena Tran)、赵丽君、刘禹龙对我的鼓励和支持。

最后，要特别感谢父母在写作的最后阶段，对我日常起居生活无微不至的照顾、关怀和最大的支持与信任！

吴盈颖

2017年10月于杭州